"十四五"职业教育国家规划教材

信息技术

基础与应用

（第2版）（上册）

主　编　王　华　孟繁增　左　浩

主　审　薛大龙

電子工業出版社

Publishing House of Electronics Industry

北京 · BEIJING

内 容 简 介

本书突出基础性、操作性、实用性和新颖性，注重对学生信息素养的提升和信息技术实践能力、创新能力和自学能力的培养。全书由上、下两册组成。上册由 6 个项目组成，主要内容包括计算机与信息技术基础、Windows 10 操作系统及使用、Word 2016 文档制作、Excel 2016 电子表格处理软件、PowerPoint 2016 演示文档制作与展示、新一代信息技术。各项目内容通过任务逐步展开，有利于适应高等职业院校项目化教学要求，适应高职学生的学习特点。本书简明通俗，便于理解，不仅可以拓宽学生的知识面，还可以培养学生的计算机应用能力和解决问题的能力。

本书具有简明、实用、操作性强等特点，既可作为高等职业院校各专业计算机基础的教学用书，也可作为专业人员和一般读者的自学参考书，还可作为培训教材。

图书在版编目（CIP）数据

信息技术基础与应用. 上册 / 王华，孟繁增，左浩主编. —2 版. —北京：电子工业出版社，2024.4

ISBN 978-7-121-47354-8

Ⅰ. ①信… Ⅱ. ①王… ②孟… ③左… Ⅲ. ①电子计算机－高等学校－教材 Ⅳ. ①TP3

中国国家版本馆 CIP 数据核字(2024)第 043528 号

责任编辑：祁玉芹
印　　刷：中国电影出版社印刷厂
装　　订：中国电影出版社印刷厂
出版发行：电子工业出版社
　　　　　北京市海淀区万寿路 173 信箱　邮编：100036
开　　本：787 × 1092　1/16　印张：15.25　字数：371 千字
版　　次：2020 年 9 月第 1 版
　　　　　2024 年 4 月第 2 版
印　　次：2024 年 7 月第 3 次印刷
定　　价：49.80 元

凡所购买电子工业出版社图书有缺损问题，请向购买书店调换。若书店售缺，请与本社发行部联系，联系及邮购电话：（010）88254888，88258888。

质量投诉请发邮件至 zlts@phei.com.cn，盗版侵权举报请发邮件至 dbqq@phei.com.cn。

本书咨询联系方式：qiyuqin@phei.com.cn。

信息技术基础与应用

（“十四五”职业教育国家规划教材）

本书编委会

主　编： 王　华　四川交通职业技术学院教授

四川计算机学会高职高专分会常务理事

四川省职业教育信息技术教研中心组组长

四川省公路学会副秘书长

孟繁增　陕西国防工业职业技术学院教授、副院长

陕西省计算机类专业教学指导委员会主任

中国职教学会全国工业互联网专业指导委员会执行主任

中国软件行业协会职业教育产教融合专业委员会副理事长

左　浩　西安汽车职业大学教授

陕西省职业技术教育学会委员

西安教育技术与网络学会委员

陕西省教学名师

副主编： 段　超　广州工商学院

张　鸽　山西农业大学

扈　宁　济南护理职业学院

张　莹　黑龙江林业职业技术学院

刘　星　湖北幼儿师范高等专科学校

裴志宏　昆仑数智科技有限责任公司

杨永新　河海大学

方化雨　黄淮学院

参　编： 刘向锋　陕西国防工业职业技术学院

王兴广　重庆资源与环境保护职业学院

李　林　南方医科大学南方医院

彭　浩　圣点世纪科技股份有限公司

唐国强　四川交通职业技术学院

梁敦毫　广东茂名幼儿师范专科学校

劳雪松　安徽警官职业学院

主　审： 薛大龙　北京理工大学博士、教授

工信部中国智库专家（政府专家）

前言

21世纪，人类已经步入信息化社会。信息化社会将打破人们传统的工作方式和学习方式。人们的工作、生活都离不开计算机和网络，人工智能和大数据更给人们的生活添加了科学、准确、高效和智能的色彩。熟悉并掌握计算机信息处理技术的基本知识和技能已经成为胜任本职工作、适应社会发展的必备条件之一。随着计算机在各个领域的广泛使用，必然要求进入社会就业岗位的劳动者具有较好的计算机应用能力，这是信息社会对未来劳动者的要求，也是对培养社会新型劳动者的职业技术教育的必然要求。

中国共产党第二十次全国代表大会报告指出：“教育、科技、人才是全面建设社会主义现代化国家的基础性、战略性支撑。”本书为强化现代化建设人才支撑，秉持“尊重劳动、尊重知识、尊重人才、尊重创造”的思想，以人才岗位需求为目标，突出知识与技能的有机融合，让学生在学习过程中举一反三，创新思维，以适应高等职业教育人才建设需求。

因此，如何引导学生掌握计算机应用技术，注重培养、练习和提高他们的计算机应用能力，是每一位高校教师应该认真思考和解决的问题，并且要将好的解决方案贯穿于整个教学过程中，创造性地开展计算机教学，摸索合适的教学模式和教学方法。

本书主要内容共6个项目，包括计算机与信息技术基础、Windows 10操作系统及使用、Word 2016文档制作、Excel 2016电子表格处理软件、PowerPoint 2016演示文档制作与展示、新一代信息技术。

通过本书的学习，学生能够对计算机的基本概念、计算机原理、网络知识、人工智能、大数据等有一定的了解和认识，并能熟练掌握Windows 10操作系统和常用Office办公软件的制作和应用。在拓宽知识面的同时，培养学生的计算机应用能力和解决问题的能力。所有知识点讲解借助“三类项目循环训练”思想，配有在线课程视频、实操微课视频、教案、习题、拓展训练等资源。

教材特色。第一、本书每个项目融入“思政导学”，引出当下热点，培养学生塑造良好品格和职业素养；第二、知识点内容及案例的开发，融入专业新技术、新规范；第三、每个项目末尾增设“项目小结”“项目测评”，总结每个项目知识点中容易出现的问题和解决方案，检验学生的掌握程度。

此书由王华、孟繁增、左浩主编。在编写过程中，编者参阅了大量的资料，在此向各位作者表示感谢，由于编者水平有限，书中难免存在不足之处，希望广大读者批评指正。

编　者

2023 年 11 月

目录

项目 1

计算机与信息技术基础

思政课堂

信息技术拓宽了人们获取信息的渠道与范围，加强了国际和人际之间的联系与沟通，极大地丰富了人们的信息资源，然而任何事物都是有两面性的，信息技术的诞生和应用也存在着正负两方面的矛盾。例如，计算机可以促进人类的工作学习和生产生活，如果国家不大力发展信息技术，则社会发展就会落后，但是，与信息技术同步诞生的计算机病毒会对计算机产生灾难性的影响，使用户遭受巨大的损失。这要求我们在工作和学习的过程中必须融入哲学思想，分清主要矛盾和次要矛盾，培养辩证思维，一分为二地看待问题，既要发展信息技术，又要防止其弊端带来的影响，树立问题意识，不断思考，提高解决问题的能力。

学习导航

知识目标

- 了解计算机的发展历程、特点、应用领域及分类；
- 掌握计算机信息处理原理，包括数制及相互转换、存储单位、数据编码等；
- 熟悉计算机系统的基本组成，包括软、硬件系统及性能指标等。

技能目标

- 初步了解计算机的组成和结构，为后面的学习打下基础；
- 认识计算机的基本硬件组成，并能区分它们的功能。

素养目标

- 提高学生的认知能力和观察能力；
- 引导学生理解系统化概念和培养科学的态度。

任务1.1 认识计算机

1.1.1 任务要点

- 计算机的发展历程。
- 计算机的特点。
- 计算机的应用。
- 计算机的分类。

1.1.2 任务要求

在信息化如此发达的今天，计算机已成为人们工作、学习和生活中离不开的工具，了解和应用计算机也成为各行各业工作人员的必备知识和技能。要求掌握计算机的基础知识，对计算机的发展历程、特点、应用和种类等知识有一个大概的了解。

1.1.3 实施过程

1. 通过理论学习，了解计算机的发展历程、特点、应用、种类等基础知识。
2. 课外通过实地走访的形式观察和了解不同种类计算机的应用场合和应用方式。

1.1.4 知识链接

1. 计算机的发展历程

（1）第一代计算机（1946—1957年）：电子管计算机。

硬件方面，逻辑元件采用真空电子管；主存储器采用汞延迟线、阴极射线示波管、静电存储器、磁鼓、磁芯；外存储器采用磁带。软件方面，采用机器语言、汇编语言。应用领域以军事和科学计算为主。特点是体积大、功耗高、可靠性差、速度慢（一般为每秒数千次至数万次）、价格昂贵，但第一代计算机为以后的计算机发展奠定了基础。

（2）第二代计算机（1958—1964年）：晶体管计算机。

硬件方面，逻辑元件采用晶体管，主存储器采用磁芯，外存储器采用磁盘。软件方面，出现了以批处理为主的操作系统、高级语言及其编译程序。应用领域以科学计算和事务处理为主，并开始进入工业控制领域。特点是体积缩小、能耗降低、可靠性提高、运算速度提高（一般为数十万次每秒，可高达300万次每秒），性能相比第一代计算机有很大的提高。

（3）第三代计算机（1965—1970年）：中小规模集成电路计算机。

硬件方面，逻辑元件采用中、小规模集成电路（MSI、SSI），主存储器仍采用磁芯。软件方面，出现了分时操作系统以及结构化、规模化程序设计方法。应用领域开始进入文字处理和图形图像处理领域。特点是速度更快（一般为数百万次至数千万次每秒）、可靠性显著提高、价格进一步下降，产品走向了通用化、系列化和标准化。

（4）第四代计算机（1971年至今）：大规模、超大规模集成电路计算机。

硬件方面，逻辑元件采用大规模和超大规模集成电路（LSI和VLSI）。软件方面，出现了数据库管理系统、网络管理系统和面向对象语言等。1971年世界上第一台微处理器在美国硅谷诞生，开创了微型计算机的新时代。应用领域从科学计算、事务管理、过程控制逐步走向家庭。

计算机的产生和发展

2. 计算机的特点

计算机作为一种通用的信息处理工具，它具有极高的处理速度、很强的存储能力、精确的计算逻辑判断能力，其主要特点如下。

（1）运算速度快。截至2019年年底，超级计算机的运算速度已经达到每秒数十亿亿次，微型计算机也可以高达每秒几万亿次以上，使大量复杂的科学计算问题得以解决。

（2）计算精确度高。科学技术的发展尤其是尖端科学技术的发展，需要高度精确地计算。计算机的计算精度从千分之几到百万分之几，令其他任何计算工具都望尘莫及。

（3）具有记忆和逻辑判断能力。随着计算机存储容量的不断增大，可存储记忆的信息越来越多。计算机不仅能进行计算，而且能把参加运算的数据、程序以及计算结果保存起来，以供用户随时调用。还可以对各种信息通过编码进行算术运算和逻辑运算，甚至进行推理和证明。

（4）具有自动控制能力。计算机内部操作是根据人们事先编好的程序自动控制进行的。用户根据实际应用需要，事先设计好运行步骤与程序，计算机会十分严格地按设定的步骤操作，整个过程无须人工干预。

（5）可靠性高。计算机的运行不会受外力、情绪的影响，只要内部元器件不损坏就可以连续工作。

3. 计算机的应用

计算机的应用已渗透到社会的各个领域，正在改变着传统的工作、学习和生活方式，推动着社会的发展。总结起来计算机的主要应用领域有以下几个方面。

（1）科学计算。

科学计算也称为数值计算，是计算机最基本的功能之一。计算机最开始是为了解决科学研究和工程设计中遇到的大量数学问题中的数值计算而研制的计算工具。随着现代科学技术的进一步发展，数值计算在现代科学研究中的地位不断提高，在尖端科学领域中显得尤为重要。例如，卫星运行轨迹、水坝应力、气象预报、油田布局、潮汐规律等，这些无法用人工解决的复杂的数值计算，都可以使用计算机快速而准确地解决。

（2）数据处理。

数据处理也叫信息处理，是计算机应用最广泛的领域。电子计算机早期主要用于数值计算，但不久应用范围就突破了这个局限，除了能进行数值计算外，还能对字母、符号、表格、图形、图像等信息进行处理。计算机系统也发展了非数值算法和相应的数据结构，现代计算机可对数据进行采集、分类、排序、统计、制表、计算等方面的加工，并对处理的数据进行存储和传输。与科学计算相比，数据处理的特点是数据输入/输出量大，而计算则相对简单得多。

计算机的应用从数值计算发展到非数值计算的数据处理，大大拓宽了计算机应用的领域。目前，计算机的信息处理已经应用得非常普遍，如人事管理、库存管理、财务管理、图书资料管理、商业数据交流、情报检索和经济管理等。信息处理已成为当代计算机的主要任务，是现代化管理的基础。

（3）自动控制。

自动控制是通过计算机对某一过程进行自动操作的行为，它不需要人工干预，能够按人预定的目标和预定的状态进行过程控制。所谓过程控制是指对操作数据进行实时采集、检测、处理和判断，按最佳值进行调节的过程。

计算机加上感应检测设备及模/数转换器，就构成了自动控制系统。使用计算机进行自动控制可大大提高控制的实时性和准确性，提高劳动效率和产品质量，降低成本，缩短生产周期，目前被广泛用于操作复杂的钢铁工业、石油化工业和医药工业等生产过程中。计算机自动控制还在国防和航空航天领域中起着决定性作用，如无人驾驶飞机、导弹、人造卫星和宇宙飞船等飞行器的控制，都是靠计算机来实现的。可以说计算机在现代国防和航空航天领域是必不可少的。

（4）辅助设计和辅助教学。

计算机辅助设计（Computer Aided Design，CAD）是指借助计算机的帮助自动或半自动地完成各类工程设计工作。目前CAD技术已应用于飞机设计、船舶设计、建筑设计、机械设计和大规模集成电路设计等。采用计算机辅助设计可以缩短设计时间，提高工作效率，节省人力、物力和财力，更重要的是提高了设计质量。CAD已经得到各国工程技术人员的高度重视，有些国家甚至把CAD和计算机辅助制造（Computer Aided Manufacturing）、计算机辅助测试（Computer Aided Test）及计算机辅助工程（Computer Aided Engineering）组成一个集成系统，使设计、制造、测试和管理有机地组成为一体，形成高度的自动化系统，因此产生了自动化生产线和“无人工厂”。

计算机辅助教学（Computer Aided Instruction，CAI）是指用计算机来辅助完成教学计划或模拟某个实验过程。计算机可按不同要求，分别提供所需的教材内容，还可以进行个别教学，及时指出学生在学习中出现的错误，根据计算机对学生的测试成绩决定学生的学习从一个阶段进入另一个阶段。CAI不仅能够减轻教师的负担，还能激发学生的学习兴趣，提高教学质量，为培养现代化高质量人才提供有效的方法。

（5）人工智能。

人工智能（Artificial Intelligence，AI）是指计算机模拟人类某些智力行为的理论、技术和应用。人工智能是计算机应用的一个重要领域，这方面的研究和应用正处于高速发展阶段，在医疗诊断、定理证明、语言翻译、机器人等方面已取得了显著的成效。例如，用计算机模拟人脑的部分功能进行思维学习、推理、联想和决策，使计算机具有一定的“思维能力”。

机器人是计算机人工智能的典型例子，其核心就是计算机。第一代机器人的代表是机械手；第二代机器人对外界信息能够反馈，有一定的触觉、视觉和听觉；第三代机器人是智能机器人，具有感知和理解周围环境，使用语言、推理、规划和操纵工具的技能，可以模仿人完成某些动作。机器人不怕疲劳，精确度高，适应力强，现已开始用于搬运、喷漆、焊接、装配等工作中。机器人还能代替人在危险工作中进行繁重的劳动，如在有放射线、污染有毒、高温、低温、高压和水下等环境中工作。

（6）多媒体技术应用。

随着电子技术特别是通信和计算机技术的发展，人们已经有能力把文本、动画、图形、图像、音频、视频等各种媒体综合起来，构成一种全新的概念——多媒体（Multimedia）。在医疗、教育、商业、银行、保险、行政管理、军事、工业、广播和出版等领域中，多媒体的应用发展很快。

（7）计算机网络。

计算机网络是现代计算机技术与通信技术高度发展和密切结合的产物，它利用通信设备和线路将地理位置不同、功能独立的多个计算机系统互联起来，以功能完善的网络软件实现网络中资源共享和信息传递的系统。

人类已经进入信息社会，处理信息的计算机和传输信息的计算机网络组成了信息社会的基础。目前，各种各样的计算机局域网在学校、政府机关甚至家庭中起着举足轻重的作用，全世界最大的计算机网络Internet（因特网）把整个地球变成了一个小小的村落，人们通过计算机网络实现数据与信息的查询、高速通信服务（电子邮件、电视电话、电视会议、文档传输）、电子教育、电子娱乐、电子商务、远程医疗和会诊、交通信息管理等。

计算机的特点及应用

4. 计算机的分类

（1）按照性能指标分类。

① 巨型机：高速度、大容量。

② 大型机：速度快、应用于军事技术科研领域。

③ 小型机：结构简单、造价低、性能价格比突出。

④ 微型机：体积小、重量轻、价格低。

（2）按照用途分类。

① 专用机：针对性强、特定服务、专门设计。

② 通用机：通过科学计算、数据处理、过程控制解决各类问题。

（3）按照原理分类。

① 数字机：速度快、精度高、自动化、通用性强。

② 模拟机：用模拟量作为运算量，速度快、精度差。

③ 混合机：集中前两者的优点、避免其缺点，处于发展阶段。

1.1.5 技能训练

练习：

（1）去计算机市场参观，浏览各种不同形状和种类的计算机实体。

（2）去超市、银行或其他公共服务部门观察这些场合的计算机的用途。

任务 1.2 计算机信息处理

1.2.1 任务要点

- 数制的概念。
- 各数制间的转换。
- 信息的存储单位。
- 常见的信息编码。

1.2.2 任务要求

1. 了解数制的概念、信息的存储单位、常见的信息编码。
2. 掌握各数制间的转换。

1.2.3 实施过程

通过理论学习了解数制的概念、信息的存储单位和常见的信息编码，并通过实际计算掌握不同数制间的转换。

1.2.4 知识链接

1. 数制的概念

数制也称计数制，是用一组固定的符号和统一的规则来表示数值的方法。计算机的电子元器件间只能识别两种状态，如电流的通断、电平的高低、磁性材料的正反向磁化、晶体管的导通与截止等，这两种状态由“0”和“1”分别表示，形成了二进制数。计算机中所有的数据或指令都用二进制数来表示。但二进制数不便于阅读、书写和记忆，通常用十六进制数和八进制数来简化二进制数的表达。

2 数制的转换

数制转换即进制转换。不同进位计数制之间的转换实质上是基数间的转换。一般转换的原则：如果两个有理数相等，则两数的整数部分和小数部分一定分别相等。因此，各数制之间进行转换时，通常对整数部分和小数部分分别进行转换，然后将其转换结果合并。

（1）非十进制数转换成十进制数。

非十进制数转换成十进制数的方法：把各个非十进制数按以下求和公式展开求和，即把二进制数（或八进制数，或十六进制数）写成2（或8，或16）的各次幂之和的形式，然后计算其结果。

例1：把二进制数$(110101)_2$和$(1101.101)_2$转换成十进制数。

解：$(110101)_2=1\times2^5+1\times2^4+0\times2^3+1\times2^2+0\times2^1+1\times2^0$

$=32+16+0+4+0+1=(53)_{10}$

$(1101.101)_2=1\times2^3+1\times2^2+0\times2^1+1\times2^0+1\times2^{-1}+0\times2^{-2}+1\times2^{-3}$

$=8+4+0+1+0.5+0+0.125=(13.625)_{10}$

例2：把八进制数$(305)_8$和$(456.124)_8$转换成十进制数。

解：$(305)_8=3\times8^2+0\times8^1+5\times8^0$

$=192+5=(197)_{10}$

$(456.124)_8=4\times8^2+5\times8^1+6\times8^0+1\times8^{-1}+2\times8^{-2}+4\times8^{-3}$

$=256+40+6+0.125+0.03125+0.0078125$

$=(302.1640625)_{10}$

例3：把十六进制数$(2A4E)_{16}$和$(32CF.48)_{16}$转换成十进制数。

解：$(2A4E)_{16}=2\times16^3+A\times16^2+4\times16^1+E\times16^0$

$=8192-2560+64+14$

$=(10830)_{10}$

$(32CF.48)_{16}=3\times16^3+2\times16^2+C\times16^1+F\times16^0+4\times16^{-1}+8\times16^{-2}$

$=12288+512+192+15+0.25+0.03125$

$=(13007.28125)_{10}$

（2）十进制数转换成非十进制数（R进制数）。

把十进制数转换为R进制数的方法：整数部分的转换采用“除以R取余法”；小数部分的转换采用“乘以R取整法”，然后再拼接起来。

十进制整数转换成R进制整数时，可用十进制数连续地除以R，其余数即为R进制的各位系数。

十进制小数转换成R进制数时，可连续地乘以R，直到小数部分为零，或达到所要求的精度为止。

例4：将十进制数（125.625）D =（ ? ）B转换为二进制数。

除数	被除数/商	余数	低位 ↑ 高位
2	125		低位
2	62	1	↑
2	31	0	↑
2	15	1	↑
2	7	1	↑
2	3	1	↑
2	1	1	↑
	0	1	高位

即（125）D=（1111101）B

运算	取整	高位 ↓ 低位
0.625		高位
× 2		↓
1.250	1	↓
0.250		↓
× 2		↓
0.50	0	↓
× 2		↓
1	1	低位

即（0.625）D=（0.101）B

转换结果为：(125.625)D = (1111101.101)B

注：十进制小数不一定能转换成完全等值的二进制小数，有时要取近似值。

（3）二、八、十六进制数之间的相互转换。

由于一位八（十六）进制数相当于三（四）位二进制数，因此要将八（十六）进制数转换成二进制数时，只需以小数点为界，向左或向右每一位八（十六）进制数用相应的三（四）位二进制数取代即可。如果不足三（四）位，可用零补足。反之，二进制数转换成相应的八（十六）进制数，只是上述方法的逆过程，即以小数点为界，向左或向右每三(四）位二进制数用相应的一位八（十六）进制数取代。

二进制和八进制、十六进制的相互转换

例5：将八进制数$(714.431)_8$转换成二进制数。

7	1	4	.	4	3	1
111	001	100	.	100	011	001

即$(714.431)_8 = (111001100.100011001)_2$。

例6：将二进制数$(11101110.00101011)_2$转换成八进制数。

011	101	110	.	001	010	110
3	5	6	.	1	2	6

即$(11101110.00101011)_2 = (356.126)_8$。

例7：将十六进制数$(1AC0.6D)_{16}$转换成相应的二进制数。

1	A	C	0	.	6	D
0001	1010	1100	0000	.	0110	1101

即$(1AC0.6D)_{16} = (1101011000000.01101101)_2$。

例8：将二进制数$(10111100101.00011001101)_2$转换成相应的十六进制数。

0101	1110	0101	·	0001	1001	1010
5	E	5	·	1	9	A

即$(10111100101.00011001101)_2 =(5E5.19A)_{16}$。

3. 信息的存储单位

计算机中表示数据的单位有位和字节等。

位（bit）：是计算机处理数据的最小单位，用0或1来表示，如二进制数10011101是由8个“位”组成的，“位”常用bit来表示。

字节（Byte）：是计算机中数据的最小存储单元，常用B表示。计算机中由8个二进制位组成一个字节，一个字节可存放一个半角英文字符的编码，两个字节可存放一个汉字编码。

计算机中的计量单位关系如下：

1B =8bit

1KB=2^{10}B= 1024B

1MB=2^{10}KB=1024KB

1GB=2^{10}MB=1024MB

1TB=2^{10}GB=1024GB

1PB=2^{10}TB=1024TB

4. 常见的信息编码

计算机中的信息是指二进制代码所表达的具体内容。在计算机中，数据以二进制数的形式存在，同样，文字、声音、图像等信息也都以二进制数的形式存在，但是，人们习惯使用十进制数，因此就出现了一些转换码，可以将二进制数和十进制数进行转换。

（1）BCD码。

BCD码是将十进制的每一位数用多位二进制数表示的编码方法。表1-1列出了十进制数和BCD码的对照。

表 1-1　十进制数和 BCD 码的对照

十进制数	BCD 码	十进制数	BCD 码
0	0000	5	0101
1	0001	6	0110
2	0010	7	0111
3	0011	8	1000
4	0100	9	1001

例如：$(29.06)_{10}=(00101001.00000110)_{BCD}$。

（2）ASCII码。

ASCII码是被国际标准化组织（ISO）采纳的美国标准信息交换码，是计算机中普遍采用的一种字符编码形式。计算机中常用的基本字符包括十进制数字符号0～9，大写英文字母A～Z，小写英文字母a～z，以及各种运算符号、标点符号及一些控制符等，都能被转换成二进制编码形式，以便被计算机识别。表1-2列出的即是ASCII码。

表 1-2　ASCII 码

高位 低位	0000	0001	0010	0011	0100	0101	0110	0111
0000	NUL	DLE	SP	0	@	P	‘	p
0001	SOH	DC1	!	1	A	Q	a	q
0010	STX	DC2	“	2	B	R	b	r
0011	ETX	DC3	#	3	C	S	c	s
0100	EOT	DC4	$	4	D	T	d	t
0101	ENQ	NAK	%	5	E	U	e	u
0110	ACK	SYN	&	6	F	V	f	v
0111	BEL	ETB	‘	7	G	W	g	w
1000	BS	CAN	(	8	H	X	h	x
1001	HT	EM	)	9	I	Y	i	y
1010	LF	SUB	*	:	J	Z	j	z
1011	VT	ESC	+	;	K	[	k	{
1100	FF	FS	,	<	L	\	l	|
1101	CR	GS	-	=	M	]	m	}
1110	SO	RS	.	>	N	^	n	~
1111	SI	US	/	?	O	-	o	DEL

在ASCII中，每个字符用二进制代码表示。例如，要确定字符A的ASCII，可以从表中查到高位是0100，低位是0001，将高位和低位拼起来就是A的ASCII，即01000001，记做41H。一个字节有8位，每个字符的ASCII码存入字节低7位，最高位置0。十进制数用D（Decimal）表示或省略，二进制数用B（Binary）来表示，八进制数用O（Octal）来表示，十六进制数用H（Hexadecimal）来表示。一般约定，D可省略，即无后缀的数字为十进制数字。

1.2.5 技能训练

练习：

（1）将$(11101011.1101)_2$转换成十进制数。

（2）将$(258)_{10}$转换成二进制数。

任务 1.3　组装计算机

1.3.1 任务要点

- 计算机硬件系统。
- 计算机软件系统。
- 计算机的性能指标。

1.3.2 任务要求

某公司行政部门需要配置一台能处理办公文档的台式机，并提供 6500 元专项经费，不能超出经费最大金额。要求经过市场价格的调查，提供性价比高的配置清单，采购完计算机后，再根据公司的实际要求，填写安装软件清单，包括装机所必需的操作系统等系统软件和日常工作所需的应用软件。

1.3.3 实施过程

（1）通过市场调查价格，根据客户用途，形成计算机组装硬件参数及配件价格清单，根据硬件参数指标及计算机总价选择一组性价比较高的组装计算机，如图1-1所示。

（2）根据公司提出的实际工作要求，分类填写软件清单，首先讨论并填写适用的操作系统和数据库管理系统，然后综合工作需求和员工的使用习惯，填写需要安装的应用软件。

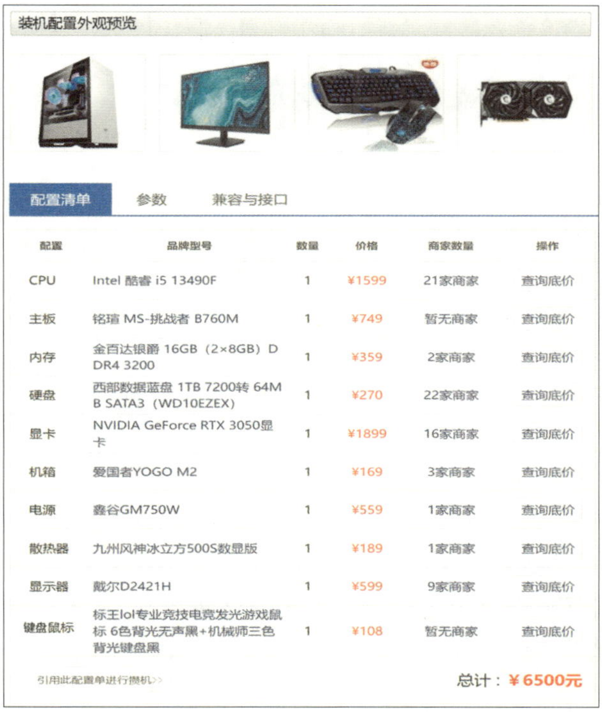
装机配置外观预览

配置清单　参数　兼容与接口

配置	品牌型号	数量	价格	商家数量	操作
CPU	Intel 酷睿 i5 13490F	1	¥1599	21家商家	查询底价
主板	铭瑄 MS-挑战者 B760M	1	¥749	暂无商家	查询底价
内存	金百达银爵 16GB（2×8GB）DDR4 3200	1	¥359	2家商家	查询底价
硬盘	西部数据蓝盘 1TB 7200转 64MB SATA3（WD10EZEX）	1	¥270	22家商家	查询底价
显卡	NVIDIA GeForce RTX 3050显卡	1	¥1899	16家商家	查询底价
机箱	爱国者YOGO M2	1	¥169	3家商家	查询底价
电源	鑫谷GM750W	1	¥559	1家商家	查询底价
散热器	九州风神冰立方500S数显版	1	¥189	1家商家	查询底价
显示器	戴尔D2421H	1	¥599	9家商家	查询底价
键盘鼠标	标王lol专业竞技电竞发光游戏鼠标 6色背光无声黑+机械师三色背光键盘黑	1	¥108	暂无商家	查询底价

引用此配置单进行攒机>>　总计：¥6500元

图 1-1　配置价格清单

1.3.4 知识链接

1. 计算机系统的组成

一个完整的计算机系统由硬件（Hardware）系统和软件（Software）系统两大部分组成，如图1-2所示。

计算机系统的组成

硬件系统通常是指组成计算机的所有物理设备，简单地说就是看得见、摸得着的东西，包括计算机的输入设备、输出设备、存储器、CPU等。通常把不装备任何软件的计算机称为“裸机”。

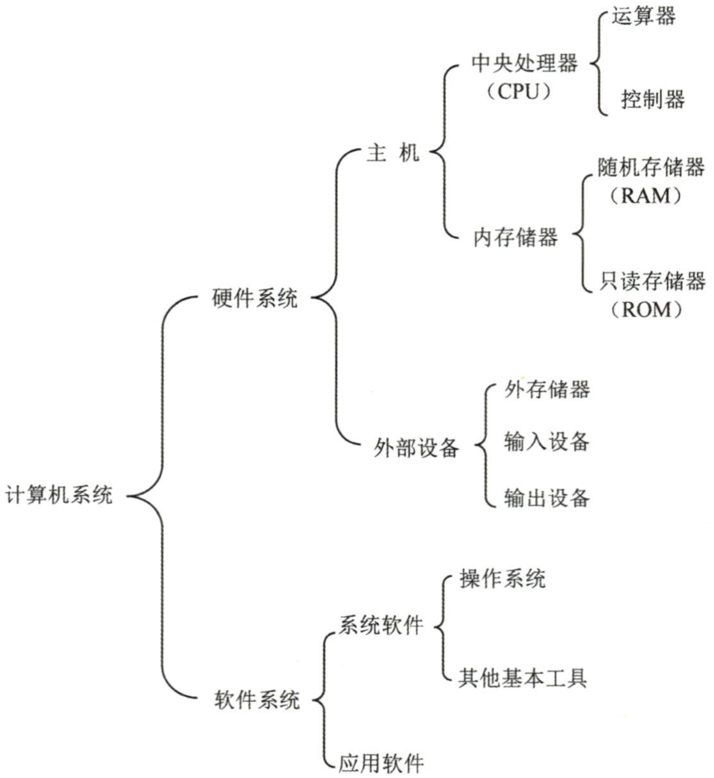

图 1-2　计算机系统的组成

软件系统是指在硬件设备上运行的程序、数据及相关文档的总称。软件是以文件的形式存放在软盘、硬盘、光盘等存储器上，一般包括程序文件和数据文件两类。软件系统按照功能的不同，通常分为系统软件和应用软件两类。

2. 计算机硬件系统

（1）中央处理器。

中央处理器（Central Processing Unit，CPU）主要由运算器、控制器两大功能部件组成，它是计算机系统的核心。中央处理器和内存储器构成了计算机的主机。

CPU的主要功能是按照程序给出的指令序列分析指令、执行指令，完成对数据的加工处理。计算机的所有操作，如数据处理、键盘的输入、显示器的显示、打印机的打印、结果的计算等都是在CPU的控制下进行的。CPU的外观如图1-3所示。

图 1-3　CPU 的外观

① 运算器。运算器主要完成各种算术运算和逻辑运算，是对信息进行加工和处理的部件，它主要由算术逻辑单元（Arithmetic Logic Unit，ALU）、寄存器组成。算术逻辑单元主要完成二进制数的加、减、乘、除等算术运算和或、与、非等逻辑运算以及各种移位操作。寄存器组一般包括累加器、数据寄存器等，主要用来保存参加运算的操作数和运算结果，状态寄存器则用来记录每次运算结果的状态，如结果是零还是非零、是正还是负等。

② 控制器。控制器是整个计算机的神经中枢，用来协调和指挥整个计算机系统的操作，它本身不具有运算功能，而是通过读取各种指令，并对其进行翻译、分析，而后对各部件做出相应的控制。它主要由指令寄存器、译码器、程序计数器、时序电路等组成。

（2）存储器。

存储器（Memory）是计算机系统中的记忆设备，用来存放程序和数据。计算机中的全部信息（包括输入的原始数据、计算机程序、中间运行结果和最终运行结果等）都保存在存储器中，它根据控制器指定的位置存入和取出信息。有了存储器，计算机才有记忆功能，才能保证正常工作。按在计算机中的作用，存储器可以分为主存储器、辅助存储器、高速缓冲存储器。

① 主存储器。

主存储器又称内存储器，简称主存（内存）。用于存放当前正在执行的数据和程序，与外存储器相比，其速度快、容量小、价格较高。主存储器与CPU直接连接，并与CPU直接进行数据交换。

按照存取方式，主存储器可分为随机存储器和只读存储器两类。

a. 随机存储器（RAM）。RAM用于存放当前运算所需要的程序和数据以及作为各种程序运行所需的工作区等。工作区用于存放程序运行产生的中间结果、中间状态、最终结果等。断电后，RAM中的内容自动消失，且不可恢复。

RAM又可分为动态RAM（DRAM）和静态RAM（SRAM）。DRAM的特点是集成度高，主要用于大容量内存储器；SRAM的特点是存取速度快，主要用于高速缓冲存储器。

内存条（SIMM）是将RAM集成块集中在一起的一小块电路板，它插在计算机中的内存插槽上。目前市场上常见的内存条有8GB/条、16GB/条等，如图1-4所示。

b．只读存储器（ROM）。ROM是一种只能读出不能写入的存储器，其信息通常是在脱机情况下写入的。ROM最大的特点是在断电后它的内容不会消失，因此，在微型计算机中常用ROM来存放固定的程序和数据，如监控程序、操作系统专用模块等。

图 1-4　内存条的外观

主存储器主要技术指标有存取时间、存储容量和数据传输速度。

存取时间是指从存储器读出一个数据或将一个数据写入存储器的时间。存取时间通常用纳秒（ns）表示。

存储容量是指存储器中可存储的数据总量，一般以字节为单位。

数据传输速度是指单位时间内存取的数据总量，一般以位/秒（bit/s）或字节/秒（Byte/s）表示。

② 辅助存储器。

辅助存储器又称外存储器，简称外存。与主存储器相比，它的特点是存储容量大、成本低、速度慢、可以永久地脱机保存信息。它不直接与CPU交换数据，而是和主存成批地交换信息。辅助存储器在断电的情况下可长期保存数据，又称为永久性存储器。

a．硬盘。硬盘是一种将可移动磁头、盘片组固定在全密闭驱动器舱中的磁盘存储器，具有存储容量大、数据传输率较高、存储数据可长期保存等特点。在计算机系统中，常用于存放操作系统、各种程序和数据。硬盘的外观如图1-5所示。

图 1-5　硬盘的外观

目前硬盘有固态硬盘（SSD新式硬盘）、机械硬盘（HDD传统硬盘）、混合硬盘（Hybrid Hard Disk，HHD基于传统机械硬盘诞生的新硬盘）。SSD采用闪存颗粒来存储，HDD采用磁性碟片来存储，HHD是把磁性硬盘和闪存集成到一起的一种硬盘。

b．光盘。光盘是以光信息作为存储物的载体存储数据的一种存储器，需要使用光盘驱动器来读写。按功能可分为只读型光盘（CD-ROM）、一次性写入光盘（CD-R）、可擦写光盘（CD-RW）等。光盘的外观与存储原理如图1-6所示。

光盘的最大特点是存储容量大、可靠性高，光盘的优势还在于它具有存取速度快、保存管理方便等特点。光盘主要分为CD、DVD、蓝光光盘等几种类型，其中，CD的存储容量可以达到700MB左右，DVD的存储容量可以达到4.7GB以上，而蓝光光盘的存储容量更是可以达到25GB以上。

c. U盘。U盘是一种新型存储器，全称USB闪存盘，英文名USB Flash Disk。它是一种使用USB接口的无须物理驱动器的微型高容量移动存储产品，通过USB接口与计算机连接，实现即插即用功能。U盘的外观如图1-7所示。

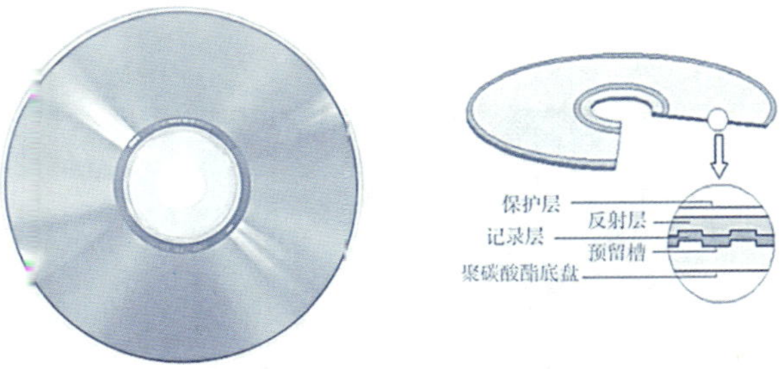

图 1-6　光盘的外观与存储原理

图 1-7　U 盘的外观

U盘的优点是小巧、便于携带、存储容量大、价格便宜、性能可靠等。另外，U盘还具有防潮防磁、耐高低温等特性，安全可靠性很高。U盘可重复使用，性能稳定，可反复擦写达100万次以上，数据至少可保存10年。

③ 高速缓冲存储器。

高速缓冲存储器（Cache）是为了解决CPU和主存之间速度不匹配而采用的一项重要技术，是介于CPU和主存之间的小容量存储器，但存取速度比主存快。Cache能高速地向CPU提供指令和数据，从而加快了程序的执行速度。从功能上看，它是主存的缓冲存储器，由高速的SRAM组成。

（3）输入设备。

输入设备（Input Device）是指向计算机输入数据和信息的设备，是计算机与用户或其他设备之间通信的桥梁。输入设备是人或外部与计算机进行交互的一种装置，用于把原始数据和处理这些数据的程序输入计算机。常用的输入设备有键盘、鼠标、硬盘驱动器、光盘驱动器、麦克风、摄像头、扫描仪等。键盘和鼠标的外观如图1-8所示。

图 1-8　键盘和鼠标的外观

① 键盘。键盘（Keyboard）是最常用也是最主要的输入设备，通过键盘，可以将英文字母、数字、标点符号等输入计算机，从而向计算机发出命令、输入数据等。键盘接口分为XT、AT、PS/2、USB等；PC系列机使用的键盘有83键、84键、101键、102键和104键等多种。

② 鼠标。鼠标（Mouse）是一种将位移信号转换为电脉冲信号，再通过程序的处理和转换来控制屏幕上的光标箭头的移动硬件设备。目前广泛使用的光电鼠标是用光电传感器取代了传统的滚球。

（4）输出设备。

输出设备（Output Device）是计算机的终端设备，用于接收计算机数据的输出显示、打印、声音、控制外围设备操作等，用于把各种计算结果的数据或信息以数字、字符、图像、声音等形式表示出来。常用的输出设备有显示器、打印机、软盘驱动器、硬盘驱动器、光盘驱动器、绘图仪、音箱、耳机等。

① 显示器。显示器（Monitor）是计算机必备的输出设备之一，常用的可以分为CRT、LCD、PDP、LED、OLED等多种，如图1-9所示。

图 1-9　显示器的外观

CRT纯平显示器具有可视角度大、无坏点、色彩还原度高、色度均匀、可调节的多分辨率模式、响应时间极短等特点，价格便宜。

LCD显示器即液晶显示器，具有辐射小、耗电小、散热小、体积小、图像还原精确、字符显示锐利等特点。

PDP等离子显示器比LCD显示器体积更小、重量更轻，而且具有无X射线辐射、显示亮度高、色彩还原性好、灰度丰富、对迅速变化的画面响应速度快等特点。

LED显示器具有耗电少、使用寿命长、成本低、亮度高、故障少、视角大、可视距离远等特点。

OLED显示器的特点是主动发光、视角范围大、响应速度快、图像稳定、亮度高、色彩丰富、分辨率高等。

② 打印机。打印机（Printer）是计算机的输出设备之一，用于将计算机处理结果打印在相关介质上，如图1-10所示。

图 1-10　打印机的外观

衡量打印机好坏的指标有三项：打印分辨率、打印速度和噪声。打印机的种类很多，按打印元件对纸是否有击打动作，分为击打式打印机和非击打式打印机。

打印机分辨率一般是指最大分辨率，分辨率越高，打印质量越高。一般针式打印机的分辨率是180DPI～360DPI；喷墨打印机的分辨率是720DPI～2880DPI；激光打印机的分辨率是300DPI～2400DPI。

常见的打印机主要包括以下三种。

a. 喷墨打印机。喷墨打印机（InkJet Printer）使用大量的喷嘴将墨点喷射到纸张上。由于喷嘴的数量较多，且墨点细小，能够做出比针式打印机更细致、混合更多种色彩的效果。喷墨打印机的价格居中，打印品质也较好，较低的一次性购买成本可获得彩色照片级输出的效果；使用耗材为墨盒，成本较高，长时间不用容易堵头。

b. 激光打印机。激光打印机（Laser Printer）是一种利用碳粉附着在纸上而成像的打印机，其工作原理主要是利用一个控制激光束的磁鼓，借助控制激光束的开启和关闭，当纸张在磁鼓间卷动时，上下起伏的激光束会在磁鼓产生带电核的图像区，此时打印机内部的碳粉会受到电荷的吸引而附着在纸上，形成文字或图形。由于碳粉属于固体，而激光束有不受环境影响的特性，所以激光打印机可以长年保持印刷效果清晰细致，打印在任何纸张上都可得到好的效果。激光打印机打印速度快，高端产品可以满足高负荷企业级输出以及图文输出；中低端产品的彩色打印效果不如喷墨机，可使用的打印介质较少。

c. 针式打印机。针式打印机（DotMatrix Printer）也称撞击式打印机，其基本工作原理类似于人们用复写纸复写资料一样。针式打印机中的打印头是由多支金属撞针组成的，撞针排列成一直行。当指定的撞针到达某个位置时，便会弹射出来，在色带上打击一下，让色素印在纸上成为其中的一个色点，配合多个撞针的排列样式，便能在纸上打印出文字或图形。针式打印机可以复写打印（如发票及多联单据打印），可以超厚打印（如存折证书打印），耗材为色带，耗材成本低；但工作噪声大，体积不可能缩小，打印精度不如喷墨打印机和激光打印机。

（5）其他设备。

其他设备（Other Device）包括组成计算机系统的扩展接口设备及其必备部件。

① 主板（Motherboard）。

主板在整个PC系统里扮演着非常重要的角色，所有的配件和外设都必须以主板作为运行平台，才能进行数据交换等工作。可以说主板是整个计算机的中枢，所有部件及外设只有通过它才能与处理器连接在一起进行通信，并由处理器发出相应的操作指令，执行相应的操作。因此主板是把CPU、存储器、输入/输出设备连接起来的纽带。

主板上包含CPU插座、内存插槽、芯片组、BIOS芯片、供电电路、各种接口插座、各种散热器等部件，它们决定了主板的性能和类型，如图1-11所示。

② 机箱。

机箱作为一种计算机配件，它的主要作用是放置和固定各个配件，起到一个承载和保护作用。此外，机箱具有屏蔽电磁辐射的重要作用。

从外观看，机箱包括外壳、各种开关、键盘、鼠标接口、USB扩展接口、显示器和网络接口、指示灯等，另外，机箱的内部还包括各种支架，如图1-12所示。

机箱的作用主要有两个：第一，它提供空间给电源、主机板、各种扩展板卡、软盘驱动器、光盘驱动器、硬盘驱动器等存储设备，并通过机箱内部的支撑、支架、各种螺丝或卡子、夹子等连接件将这些零配件牢固地固定在机箱内部，形成一个集约型的整体；第二，它的坚实的外壳保护着板卡、电源及存储设备，能防压、防冲击、防尘，并且它还能发挥防电磁干扰和辐射的功能。

图 1-11　主板的外观

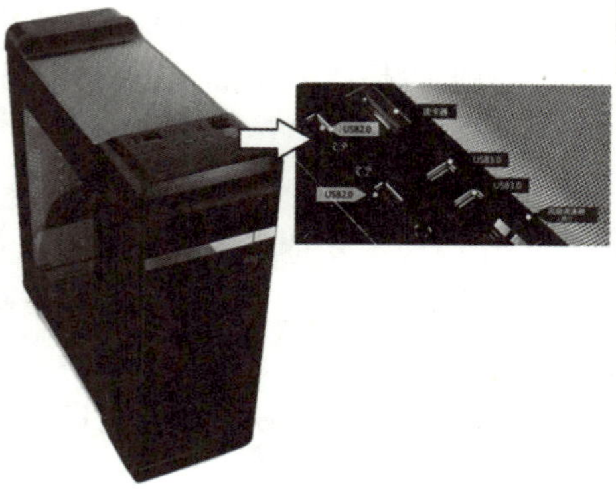
图 1-12　机箱的外观及其内部的支架

机箱的品牌较多，常见的品牌主要有爱国者、MSI（微星）、DELUX（多彩）、Tt、Foxconn（富士康）、金河田、世纪之星、Huntkey（航嘉）、新战线、麦蓝、技展等。

③ 电源。

电源是把220V交流电转换成直流电，并专门为计算机配件如主板、驱动器、显卡等供电的设备，其外观如图1-13所示。电源是计算机各部件供电的枢纽，是计算机的重要组成部分，目前PC电源大都是开关型电源。

电源的品牌比较多，常见的品牌有航嘉、长城、多彩、金河田、技展、Tt、鑫符、冷酷至尊、HKC、新战线等。

④ 显卡。

显卡是计算机的基本配置之一，其外观如图1-14所示。显卡承担输出显示图形的任务，对于从事专业图形设计的人来说非常重要。显卡图形芯片供应商主要有AMD和nVidia等。

图 1-13　电源的外观

图 1-14　显卡的外观

显卡按独立性可以分为集成显卡和独立显卡两种。

a. 集成显卡。集成显卡是将显示芯片、显存及其相关电路都集成在主板上，与其融为一体的显卡。集成显卡的显示效果与处理性能相对较弱，不能对显卡进行硬件升级，但可以通过CMOS调节频率或刷入新BIOS文件实现软件升级来挖掘显示芯片的潜能。

集成显卡的优点是功耗低、发热量小，部分集成显卡的性能已经可以媲美入门级的独立显卡。

b. 独立显卡。独立显卡是指将显示芯片、显存及其相关电路单独做在一块电路板上，自成一体而作为一块独立的板卡存在，它需占用主板的扩展插槽（ISA、PCI、AGP或PCI-E）。

独立显卡的优点是单独安装有显存，一般不占用系统内存，在技术上也较集成显卡先进得多，容易进行显卡的硬件升级。

独立显卡的缺点是功耗大，发热量也较大，需额外花费购买显卡的资金。

常见的显卡品牌有蓝宝石、华硕、迪兰恒进、丽台、索泰、讯景、技嘉、映众、微星、映泰、耕升、旌宇、影驰、铭瑄、翔升、盈通、北影、七彩虹、斯巴达克、昂达、小影霸等。

3. 计算机软件系统

软件是用户与硬件之间的接口界面，是计算机系统必不可少的组成部分，用户主要是通过软件与计算机进行交流的。微型计算机的软件系统分为系统软件和应用软件两类。

（1）系统软件。

系统软件是指控制和协调计算机及外部设备，支持应用软件开发和运行的软件，是无须用户干预的各种程序的集合。

① 操作系统。操作系统（Operating System，OS）是最基本、最重要的系统软件。它负责管理计算机系统的全部软件资源和硬件资源，合理地组织计算机各部分协调工作，为用户提供操作和编程界面。

② 程序设计语言。人和计算机交流信息使用的语言称为计算机语言或程序设计语言。

③ 数据库管理系统。数据库管理系统（DataBase Management System，DBMS）是一种为管理数据库而设计的大型计算机软件管理系统。数据库管理系统是有效地进行数据存储、共享和处理的工具。具有代表性的数据管理系统有Oracle、Microsoft SQL Server、Access、MySQL及PostgreSQL等。

（2）应用软件。

应用软件是用户可以使用的各种程序设计语言，以及用各种程序设计语言编制的应用程序的集合，应用软件是利用计算机解决某类问题而设计的程序的集合，供多用户使用。分为应用软件包和用户程序，如文字处理软件、表格处理软件、绘图软件、财务软件、过程控制软件等。

① 文字处理软件。文字处理软件主要用于对输入计算机的文字进行编辑，并能将输入的文字以多种字形、字体及格式打印出来。目前常用的文字处理软件有Microsoft Word、WPS等。

② 表格处理软件。表格处理软件能够根据用户的要求处理各式各样的表格并存盘打印出来。目前常用的表格处理软件有Microsoft Excel等。

4. 计算机的性能指标

对于大多数普通用户来说，可以从以下几个指标来大体评价计算机的性能。

（1）主频。主频是衡量计算机性能的一项重要指标。微型计算机一般采用主频来描述运算速度，如Intel Corei7-4790K的主频为4.0GHz。一般说来，主频越高，运算速度就越快。

（2）字长。一般说来，计算机在同一时间内处理的一组二进制数称为一个计算机的“字”，而这组二进制数的位数就是“字长”。在其他指标相同时，字长越大，计算机处理数据的速度就越快。现在的计算机字长大都为64位。

（3）内存储器的容量。内存是CPU可以直接访问的物理存储器，需要执行的程序与需要处理的数据均存放在内存中，内存储器的容量大小反映了计算机即时存储信息的能力。随着操作系统的升级，应用软件的不断丰富及其功能的不断扩展，人们对计算机内存容量的需求也不断提高。目前，常见的内存储器的容量都在4GB以上。内存储器的容量越大，系统功能就越强大，能处理的数据量就越庞大。

（4）外存储器的容量。外存储器的容量通常是指硬盘容量（包括内置硬盘和移动硬盘）。外存储器的容量越大，可存储的信息就越多，可安装的应用软件就越丰富。目前，硬盘容量一般为512GB至4TB。

除了上述这些主要性能指标外，计算机还有其他一些指标，例如，所配置外围设备的性能指标以及所配置系统软件的情况等。另外，各项指标之间也不是相互独立的，在实际应用时，应该把它们综合起来考虑，而且还要遵循“性能价格比”的原则。

1.3.5 技能训练

练习：

（1）根据个人对计算机的功能需求，填写一份个人计算机配置清单。

（2）按照完成的配置清单进行市场价格调研，完善清单，使其性价比更高。

（3）根据个人要求及学习需要，填写个人需要安装的操作系统和日常学习生活所需的应用软件清单。

项目小结

本项目主要介绍了计算机与信息技术的基础知识，包括计算机的发展历程、计算机的特点和分类、计算机的应用、数制的概念、各数制间的转换、信息的存储单位、常见的信息编码、计算机系统的组成、计算机的性能指标等。

通过对本项目的学习，学生能够了解计算机和信息技术的基本知识，掌握计算机系统的组成，并能完成计算机的组装。“万丈高楼平地起”，再高端的技术也需要以坚实的基础为支撑，要想在计算机和信息技术领域中驰骋疆场，必须先扎实地打好基础，并以此为起点不断精进。

项目测评

1. 到计算机市场了解不同价位的计算机整机的配置情况。
2. 到计算机市场浏览计算机配件，并了解各种配件的性能与兼容情况。

项目 2

Windows 10 操作系统及使用

思政课堂

操作系统是计算机运行的基础，管理着计算机系统全部的硬件资源和软件资源，因此在学习计算机知识时，我们要先学习操作系统的使用和设置方法，然后在此基础上学习各种应用程序的使用。只有牢固掌握了操作系统的知识，才能更好地运用和管理各种计算机资源。

学习导航

知识目标

- 了解 Windows 10 操作系统的桌面和基本操作对象；
- 掌握文件管理的手段和方法；
- 熟悉控制面板的使用与设置。

技能目标

- 全面了解 Windows 10 操作系统，学会安装和设置 Windows 10 操作系统；
- 认识文件和文件夹，并掌握文件管理的方法；
- 认识控制面板，并掌握其使用方法。

素养目标

- 提高学生的认知能力和动手能力；
- 引导学生强基础，促提升，由浅入深地步入计算机世界。

任务 2.1 Windows 10 操作系统安装

2.1.1 任务要点

- Windows 10 操作系统。
- Windows 10 系统桌面。
- 基本操作对象。

2.1.2 任务要求

1. 制作 U 盘启动盘。
2. 安装 Windows 10 操作系统。
3. 了解系统桌面的组成。
4. 设置 Windows 10 操作系统。

2.1.3 实施过程

1. 制作 Windows 10 启动 U 盘

准备好一块8GB空间的U盘，到微软官网下载最新版Media Creation Tool工具，运行后单击“下一步”按钮，进入如图2-1所示的界面。选中“为另一台电脑创建安装介质（U盘、DVD或ISO文件）”单选按钮，单击“下一步”按钮，按要求创建一个Windows 10启动U盘。

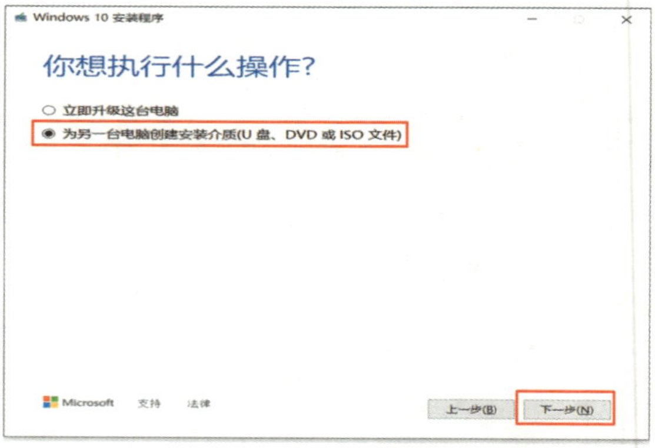

图 2-1 创建 Windows 10 启动 U 盘

如何安装 Windows 10 操作系统

2. 设置开机引导设备为 Windows 10 启动 U 盘

将制作好的U盘插入计算机USB接口，按下开机键，看到设置提示后快速按下“F2”键进入UEFI设置界面，找到相关菜单，设置启动引导设备为插入的U盘，如图2-2所示。之后按“F10”键保存后重启。

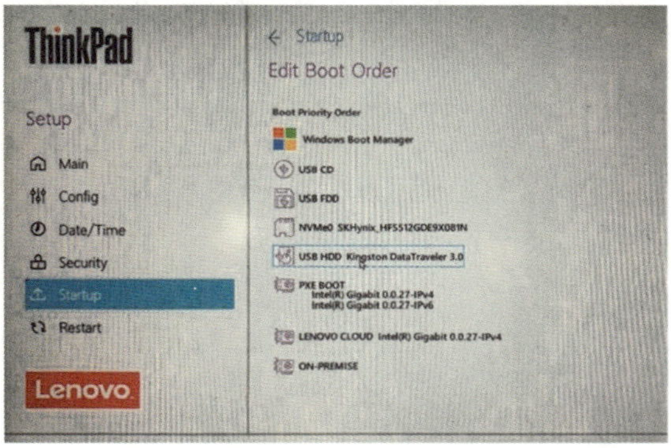

图 2-2　设置启动引导设备为 U 盘

3. 安装 Windows 10 操作系统

（1）从U盘启动后，系统会自动进入Windows 10安装流程，此过程中按照提示，首先设置好语言、货币格式、键盘输入方式，这些都是我们熟悉的选项，如图2-3所示。

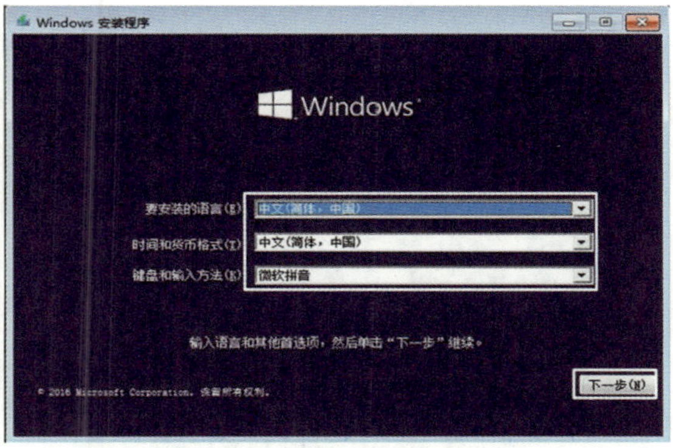

图 2-3　设置语言、货币格式及输入方式

（2）在选择安装类型界面选择“升级”安装类型，可以保留计算机中之前的文件和设置，如图2-4所示。

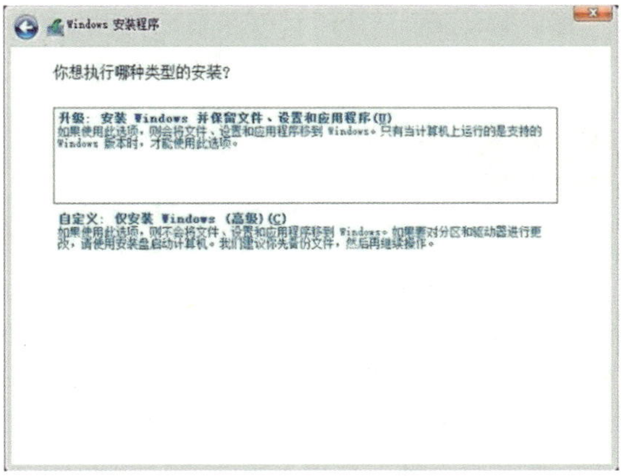

图 2-4　选择安装类型为“升级”

（3）选择要安装系统的分区（一般为之前系统的安装分区），按照微软官方要求，安装Windows 10系统的分区大小要大于32GB（此为64位系统需求，32位系统硬盘需求为大于16GB），如图2-5所示。

（4）为计算机创建一个账户，设置用户名后，记着设置一个便于记忆且不容易被人猜到的密码，单击“下一步”按钮，根据提示完成系统安装过程，如图2-6所示。

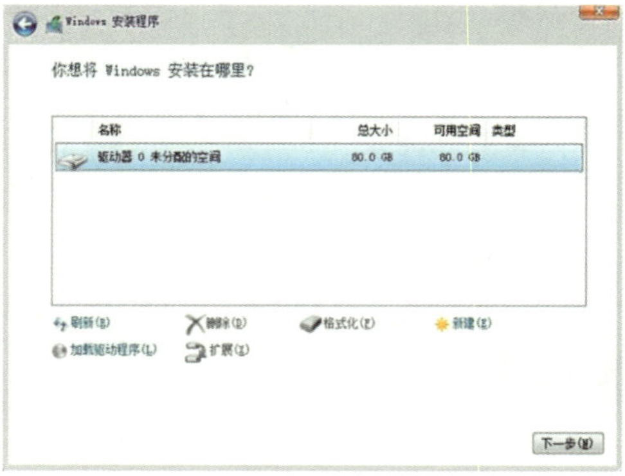

图 2-5　为新系统选择一个安装分区

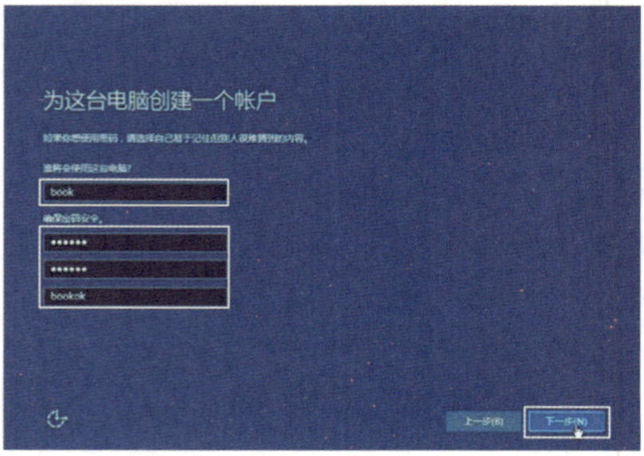

图 2-6　为计算机创建账户

（5）一切设置妥当，成功进入系统，如图2-7所示。

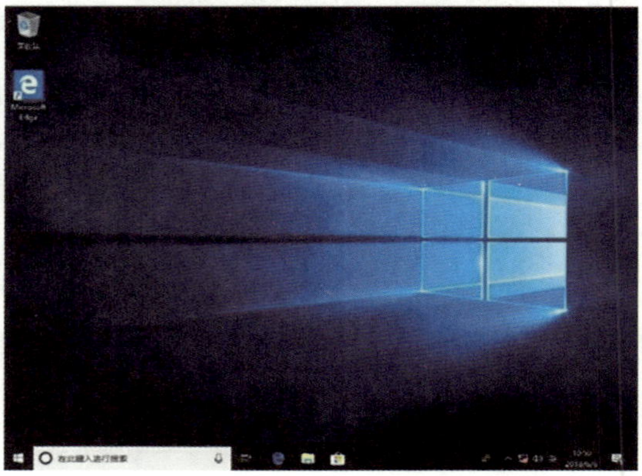

图 2-7　进入系统桌面

2.1.4 知识链接

1. 操作系统启动过程

Windows 10操作系统（Operation System）及其他操作系统都是作为文件存放在计算机硬盘中的，我们常说的系统启动，就是把操作系统从硬盘加载到内存的过程。

负责将Windows 10操作系统加入到内存的是UEFI（Unified Extensible Firmware Interface）。我们按下开机键，最先启动的是UEFI程序，它首先进行CPU、芯片组及主存的加电自检和初始化；如果这个阶段工作顺利完成，则加载各种硬件如键盘、鼠标、音响的驱动程序（驱动程序一般是用管理硬件，协助用户完成和硬件对话的程序）；接着选择启动设备，即选定操作系统所在的设备；最后加载操作系统到内存中，并把控制权交给操作系统。

在UEFI出现之前，类似的工作是由BIOS（Basic I/O System，基本输入/输出系统）完成的。相对BIOS而言，UEFI在用户体验、安全性及可维护性上更有优势。

2. 密码设置的技巧

数字时代的今天，信息安全的重要性越来越高，创建个人账户密码时要注意以下几点：

（1）密码长度应尽量设置为8位或以上。

（2）使用英文+数字且包含英文大小写，最好有特殊符号。

（3）密码没有明显的规则和组成规律。

（4）好的密码是自己能轻易记住，但别人看起来是毫无意义的乱码。

不安全的密码举例：

（1）与账号名称/网站名称相同或仅仅加上几个简单字符。

（2）使用自己的个人信息如英文名、生日数字、学号作为密码。

（3）纯数字或键盘连续按键密码，如000000、qwert等。

3. Windows 10 操作系统的桌面

Windows 10系统启动完成后，就进入Windows 10的桌面，桌面是用户和计算机进行交流的窗口，如图2-8所示。Windows 10系统的桌面由桌面背景、桌面图标、“开始”按钮、任务栏等组成。

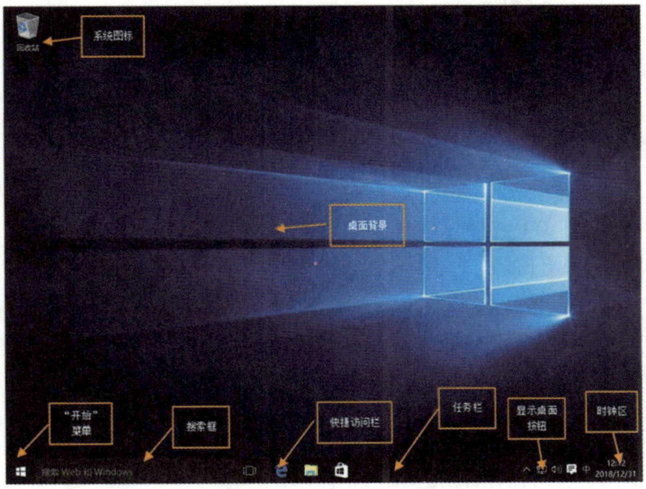

图 2-8　Windows 10 系统桌面

（1）桌面图标。

Windows 10系统默认情况下，桌面上只有一个系统图标“回收站”。为方便操作，在桌面上还可以放置或新建其他应用程序、文件、文件夹的图标或者它们的快捷方式图标。

（2）“开始”菜单。

“开始”菜单按钮位于桌面的左下角，单击“开始”菜单按钮或按“Ctrl+Esc”组合键即可打开“开始”菜单，从而可以访问计算机中的大部分系统程序和应用程序。

（3）任务栏。

任务栏用于显示和切换当前已打开的应用，一般位于桌面的底部，由“开始”菜单按钮、搜索框、程序按钮区、语言栏及通知区域、时钟区、显示桌面按钮等组成。

① 设置任务栏。

在任务栏空白处右键单击，在弹出的快捷菜单中选择“任务栏设置”命令，弹出“任务栏”窗口。在“任务栏”窗口中可以进行锁定任务栏、任务栏在屏幕上的位置等设置。

② 快速启动栏项目。

单击“开始”菜单按钮，右键单击要添加快速启动栏项目的图标，在弹出的快捷菜单中选择“更多”|“固定到任务栏”命令，即可完成添加。

③ 语言栏。

单击语言栏中的输入法图标按钮，在弹出的输入法选择菜单中选择所需要的输入法。这时，语言栏中会显示相应的输入法图标按钮。

④ 通知区域。

通知区域位于任务栏的右侧，用来显示系统中活动任务的图标和紧急执行任务的图标，如声卡的图标（扬声器）、网络图标、杀毒软件图标等。

⑤ 时钟区。

时钟区显示系统当前的日期和时间。更改日期和时间，可通过单击时钟区，从弹出的日期和时间显示框中修改“日期和时间设置”。

⑥ 显示桌面按钮。

单击任务栏右下角的显示桌面按钮，可以直接切换到Windows 10桌面。

4. 窗口的组成及管理

窗口是Windows 10系统最重要的对象，当用户打开程序、文件或者文件夹时，都会在屏幕上出现一个窗口。在Windows 10中，几乎所有的操作都是通过窗口来实现的。因此，了解窗口的基本知识和操作方法是非常重要的。

（1）窗口的组成。

在Windows 10中，虽然各个窗口的内容各不相同，但所有的窗口都有一些共同点。一方面，窗口始终在桌面上；另一方面，大多数窗口都具有相同的基本组成部分。下面以“计算机”窗口为例，介绍Windows 10窗口的组成。

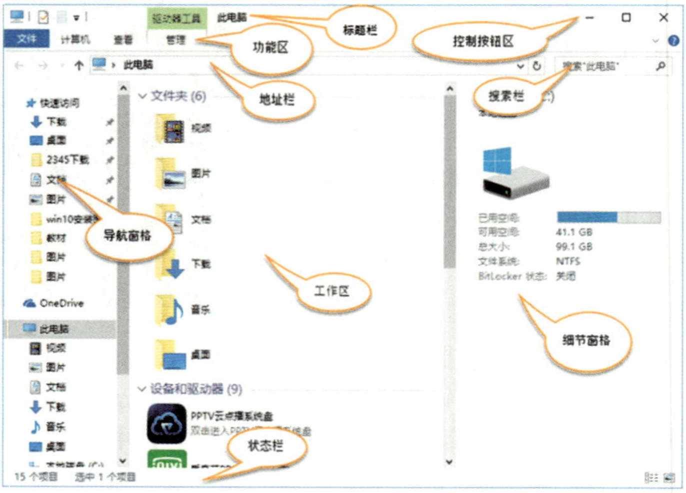

图 2-9　窗口的组成

双击桌面上的“计算机”图标，弹出“计算机”窗口。可以看到窗口一般由标题栏、控制按钮区、搜索栏、地址栏、功能区、导航窗格、状态栏、细节窗格和工作区组成，如图2-9所示。

a）标题栏和控制按钮区。标题栏位于窗口顶部，用来显示应用程序名、文件名等。在标题栏的最右边是控制按钮区，有三个窗口控制按钮。

b）地址栏。显示文件和文件夹所在的路径，通过它还可以访问因特网中的资源。

c）搜索栏。将要查找的目标名称输入到“搜索栏”文本框中，然后按“Enter”键即可。窗口中“搜索栏”的功能和开始菜单中的“搜索”框的功能相似，只不过在此处只能搜索当前窗口范围的目标。还可以添加搜索筛选器，以便更精确、更快速地搜索到所需要的内容。

d）功能区。一般来说，功能区单击后会出现功能区工具栏。

e）导航窗格。导航窗格位于工作区的左边区域。与已往的Windows版本不同的是，在Windows 10操作系统中，导航窗格一般包括收藏夹、库、计算机和网络四个部分。单击前面的“箭头”按钮既可以打开列表，还可以打开相应的窗口，方便用户随时准确地查找相应的内容。

f）工作区。工作区位于窗口的右侧，是整个窗口中最大的矩形区域，用于显示窗口中的操作对象和操作结果。当窗口中显示的内容太多而无法在一个屏幕内显示出来时，单击窗口右侧的垂直滚动条两端的上箭头按钮和下箭头按钮，或者拖动滚动条，都可以使窗口中的内容垂直滚动。

g）细节窗格。细节窗格位于窗口下方，用来显示选中对象的详细信息。例如，要显示“本地磁盘（C:）”的详细信息，只需单击一下“本地磁盘（C:）”，就会在窗口右方显示它的详细信息。当用户不需要显示详细信息时，可以将细节窗格隐藏进来。单击“工具栏”上的组织按钮，在弹出的下拉菜单中选择“布局”选项，然后选择“细节窗格”选项即可。

h）状态栏。状态栏位于窗口的最下方，显示当前窗口的相关信息和被选中对象的状态信息。

（2）窗口的基本操作。

1）窗口移动。

在窗口的标题栏按住左键拖动，可以移动窗口到屏幕的任何位置。

2）关闭窗口。

当某个窗口不再使用时，需要将其关闭，以节省系统资源。单击控制按钮区的“关闭”按钮或按“Alt+F4”组合键关闭窗口。

3）调整窗口大小。

窗口在显示器中显示的大小是可以随意控制的，这样可以方便用户对多个窗口进行操作。其窗口大小调整的方法主要有以下四种。

方法一：双击标题栏改变窗口大小。

方法二：单击“最小化”按钮将窗口隐藏到任务栏。

方法三：单击“还原”和“最大化”按钮将窗口进行原始大小和全屏切换显示。

方法四：在非全屏状态下可以拖动窗口的四个边界，调整窗口的高度和宽度。

4）排列窗口。

当桌面上打开的窗口过多时，就会显得杂乱无章，这时用户可以通过设置窗口的显示形式对窗口进行排列。在任务栏的空白处单击鼠标右键，弹出的快捷菜单中包含了显示窗口的三种形式，即层叠窗口、堆叠窗口和并排显示窗口，用户可以根据需要选择一种窗口的排列方式，对桌面上的窗口进行排列。如果要对窗口进行平铺，可以使用“Ctrl+Alt+Delete”组合键开启任务管理器，在其中按住“Ctrl”键单击选取需要平铺的窗口，然后单击鼠标右键，在弹出的快捷菜单中选择“纵向平铺”或“横向平铺”命令即可。

5）切换窗口。

在Windows 10系统环境下可以同时打开多个窗口，但是当前活动窗口只能有一个，因此用户在操作的过程中经常需要在不同的窗口间切换。具体操作方法如下：先按“Alt+Tab”

组合键，弹出窗口缩略图，再按住“Alt”键不放，同时按“Tab”键逐一选择窗口图标，当缩略图移动到需要使用的窗口图标时释放，即可打开相应的窗口。

2.1.5 技能训练

Windows 个性化设置

练习：

（1）为一台笔记本电脑安装Windows 10系统。

（2）为笔记本电脑设置启动密码。

任务 2.2 Windows 10 系统的基本操作

2.2.1 任务要点

- 控制面板。
- 桌面背景。
- 网络地址设置。
- 软件卸载。

2.2.2 任务要求

1. 启动控制面板。
2. 设置桌面背景。
3. 进行网络地址设置。
4. 卸载软件。

2.2.3 实施过程

1. 启动控制面板

在桌面左下方的搜索框中输入“控制面板”，搜索结果中会出现“控制面板”图标，如图2-10所示。双击图标，即可启动控制面板，如图2-11所示。

一般在“设置”菜单中进行，要对Windows 10系统进行管理，则需要借助控制面板中的功能菜单，控制面板涉及系统和安全、用户账户、网络和Internet、外观和个性化、硬件和声音、时钟和区域轻松使用、程序等管理。

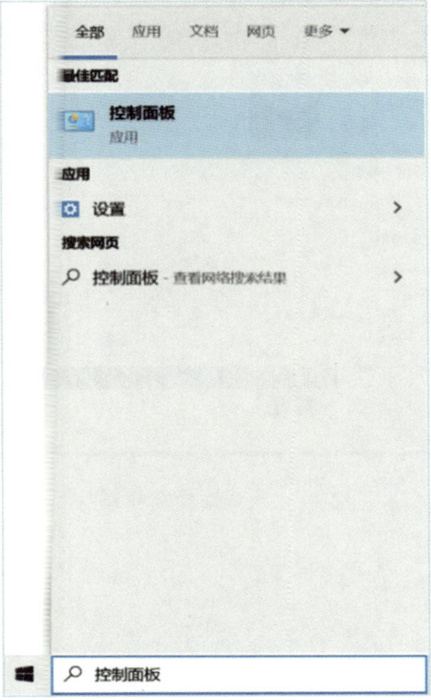

图 2-10　搜索控制面板

图 2-11　进入控制面板

2. 设置桌面背景

在桌面上右键单击鼠标，在弹出的快捷菜单中选择“个性化”选项，如图2-12所示，打开“个性化设置”窗口后，在左侧选择“背景”选项，然后单击右侧“背景”选项栏下拉箭头，选择“图片”，如图2-13所示。

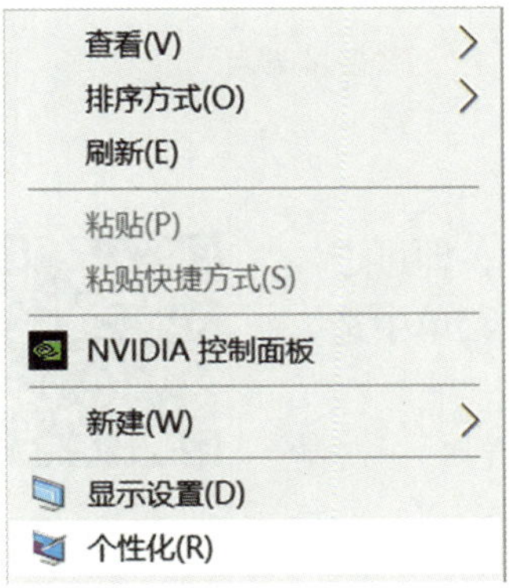

图 2-12　选择“个性化”选项

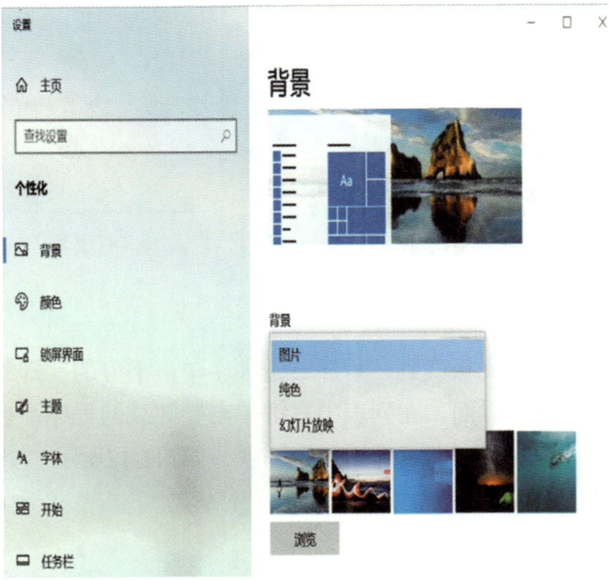

图 2-13　将背景设置为图片

单击“浏览”按钮，打开“打开”对话框，找到准备好的风景照片，单击“选择图片”按钮，如图2-14所示。

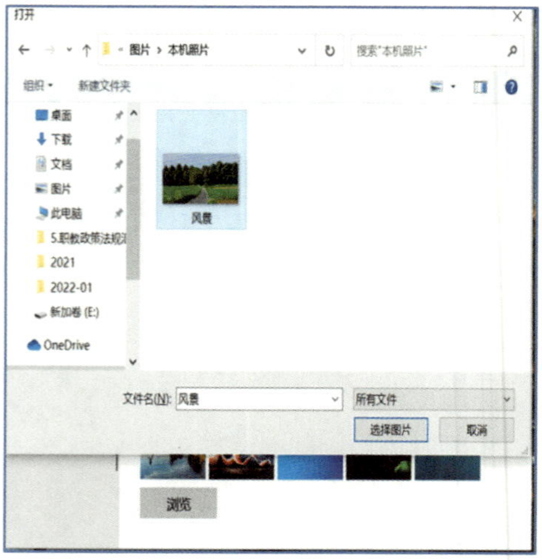

图 2-14　选择桌面背景图片

3. 进行网络地址设置

在控制面板中依次单击“网络和Internet”→“网络和共享中心”→“更改适配器设置”选项，即可看到现有网络的连接状态，如图2-15所示。某个网络连接图标的左下角如果显示“红色X”，则表示未连接或网络电缆被拔出。

用鼠标右键单击无线网WLAN图标，在弹出的快捷菜单中选择“属性”选项，打开“WLAN属性”对话框，再勾选“Internet协议版本4（TCP/IPv4）”复选框，即可进行IP地址的设置，如图2-16所示，校园网内一般要求设置“自动获得IP地址”和“自动获得DNS服务器地址”。

图 2-15　查看网络连接

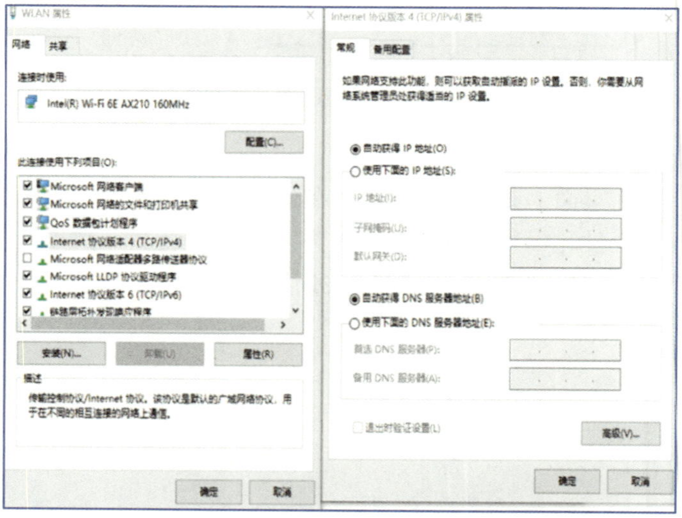

图 2-16　设置 WLAN 的 IP 地址为自动获取

4. 软件卸载

在控制面板找到“程序”选项，单击下方的“卸载”图标，即可进入程序卸载界面，在列表中右键单击要卸载的程序，在弹出的菜单中选择“卸载”选项即可开始程序卸载，如图2-17所示。

Windows 软件的卸载

图 2-17　程序卸载界面

2.2.4 知识链接

1. 计算机网络地址

计算机的网络地址也称作IP地址，用来表示一台计算机在网络中的唯一标识。我们按下Windows和“R”键，在弹出的运行窗口中输入cmd命令，按“Enter”键，弹出一个命令提示符窗口。在其中输入ipconfig命令，按“Enter”键，即可看到本机的IPv4地址，如图2-18所示。

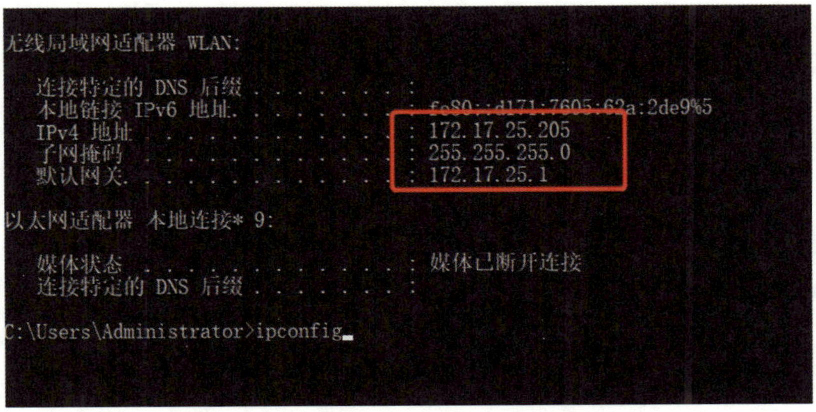

图 2-18　在命令提示符窗口输入 ipconfig 命令

我们一般说的IP地址即IPv4地址，它由32位二进制数表示，为了方便记忆，通常将32位二进制数每8位一组，分成4组，用小数点隔开，把每组二进制数转换成十进制数，如172.17.25.205，IPv4地址理论上可以分配给2^{32}台计算机，但是因为一部分IPv4地址用作特殊用途，随着计算机网络的发展，IPv4地址面临枯竭的情况。

为了解决这个问题，人们研究了IPv6地址，一个IPv6地址用128位二进制数表示，理论上可以为宇宙中的每一粒沙子分配一个地址。现在各国正在大力推广普及IPv6，我们在图2-18中也可以看到IPv6地址，它一般由八组十六进制数用:连接的方式表示，每组有4位十六进制数。

2. 垃圾软件

部分软件厂商通过捆绑下载和使用一些迷惑用户的方式违背用户意愿安装软件，抢占市场，这些软件经常弹窗，影响使用者的正常操作，对用户造成困扰，而且往往难以卸载，面对这些问题，很多对计算机了解不深入的同学经常会不知所措，Windows自带的程序卸载功能，可以根据程序安装时间、大小以及发布者对我们计算机上安装的软件进行排序查看，如果发现无意中安装了垃圾软件，可以在程序卸载窗口找到这些最近安装的、我们不熟悉的发布者发布的软件，对它们进行卸载，以提升操作体验和工作效率。

2.2.5 技能训练

练习：

（1）将系统“日期、时间、时区”分别设置为“2015年3月11日、10点20分、纽约时间”。

（2）将自己喜欢的图片文件设置为桌面背景。

任务2.3 Windows 10系统小工具的使用

2.3.1 任务要点

- 虚拟桌面。
- 截屏工具。
- 显示内容。
- 计算器。

2.3.2 任务要求

1. 开启虚拟桌面。
2. 使用截屏工具。
3. 放大显示内容。
4. 活用计算器。

2.3.3 实施过程

1. 开启虚拟桌面

同时按下"Ctrl+Windows+D"组合键，可以新建一个虚拟桌面，然后按下"Windows+Tab"组合键，系统显示当前开启的各个程序窗口情况，此时屏幕上部是虚拟桌面列表（命名为虚拟桌面1、虚拟桌面2……），屏幕下部显示当前桌面中打开的任务窗口，如图2-19所示。

图 2-19　虚拟桌面窗口

我们可以使用鼠标单击某个虚拟桌面进行切换，或者单击虚拟桌面右上角的关闭按钮将其删除，更便捷的操作方法是使用快捷键。

Win键+Tab：打开「任务视图」，相当于单击「可视化入口」。

Win键+Ctrl+D：创建新的虚拟桌面。

Win键+Ctrl+F4：删除当前的虚拟桌面。

Win键+Ctrl+左键：切换到相邻左侧的虚拟桌面。

Win键+Ctrl+右键：切换到相邻右侧的虚拟桌面。

办公任务学习多了以后，经常要频繁切换计算机上打开的浏览器、日历软件、任务管理软件、聊天软件和邮件客户端窗口。窗口之间的重合交叠让人感到眼花缭乱，频繁最大化、最小化、切换窗口则会影响人的思维的连贯性。

每创建一个虚拟桌面，就像打开了一个新的工作空间。在新的空间中，你能够开启一套完全不同的任务，而不用担心和以前的任务窗口混杂陈列。

2. 使用截屏工具

通常社交软件自带了截图功能，但Windows 10系统自带的截图工具功能更强大。

按下"Windows+S"组合键打开Windows 10的搜索界面，并输入"截图工具"，如图2-20所示。从搜索结果中单击"截图工具"即可进入，如图2-21所示。

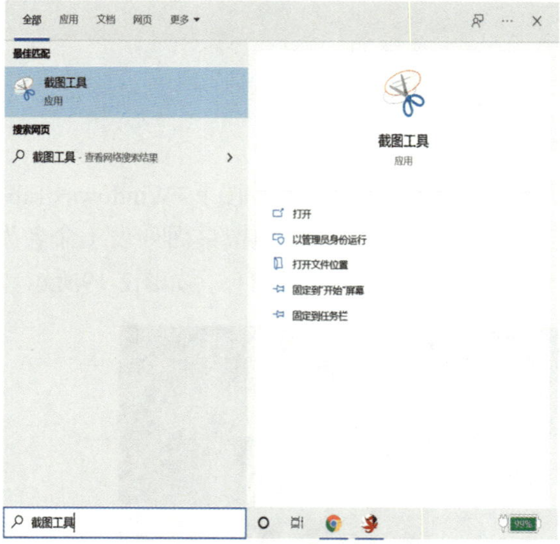

图 2-20　搜索截图工具

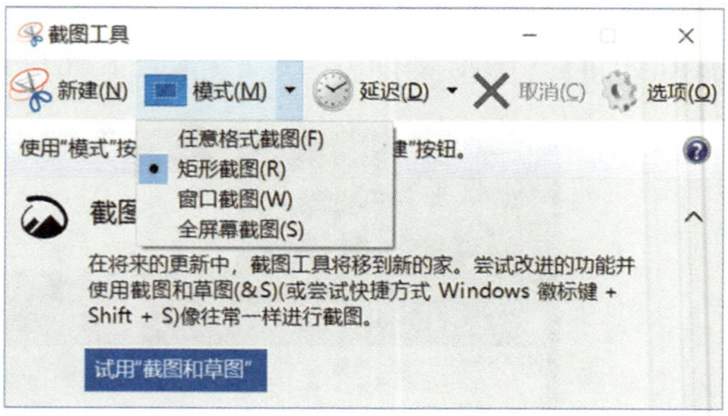

图 2-21　截图工具模式

里面有四种不同的截图方式，分别是矩形截图、任意格式截图、窗口截图和全屏幕截图，用户可以根据自己的实际需求选择相应的截图模式，选择好截图模式后单击图2-21中的"新建(N)"按钮即可开始截图，或者不通过搜索、打开截图工具菜单，按下"Ctrl+Windows+S"组合键，然后单击选择的截图模式后，直接进行截图操作，如图2-22所示。

相比当前的社交软件自带的截图功能，系统自带截图工具除了具备不规则形状截图的功能外，还可以截取某些特殊场景，如快捷菜单的选定状态，如图2-23所示。

图 2-22　直接进行屏幕截图

图 2-23　截图快捷菜单的选定状态

3. 计算器

在Windows 10搜索框中输入"计算器"或"calc.exe"，单击结果框中的计算器图标即可打开计算器，如图2-24所示。

计算器有标准、科学、绘图、程序员、日期计算等多种模式，打开后默认的模式为标准模式，可以进行常规的加、减、乘、除等运算，如图2-25所示。

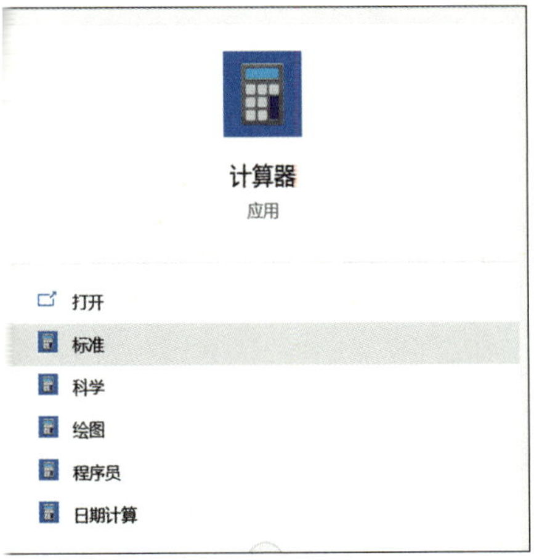

图 2-24　搜索结果中的计算器

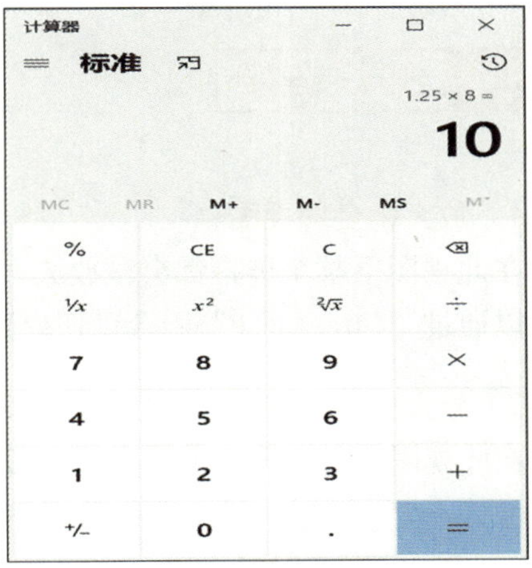

图 2-25　计算器标准模式

单击计算器左上角的 ≡ 图标，可以切换计算器到其他模式，如图2-26所示。在“程序员”模式下，可以进行二进制数、八进制数、十进制数和十六进数制的相关计算，如图2-27所示，对学习数制转换的同学来说是很好的辅助工具。

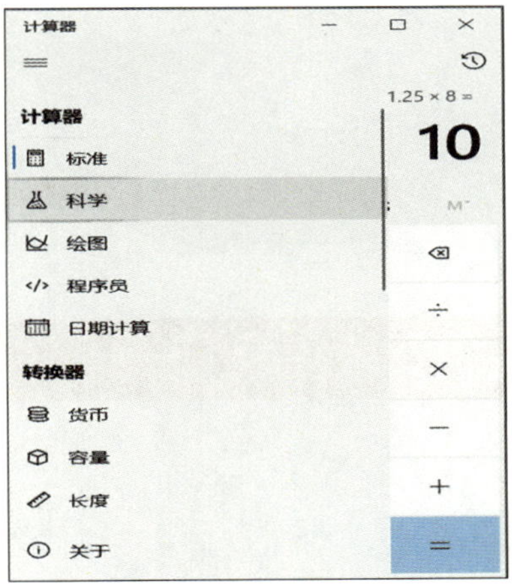

图 2-26　切换计算器模式

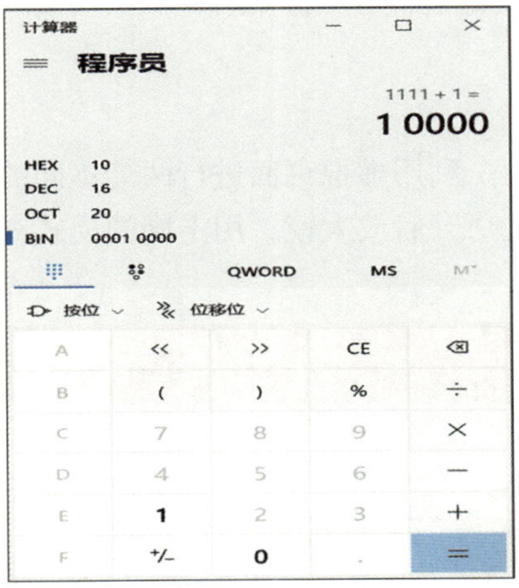

图 2-27 计算器程序员模式

4. 放大镜

在“开始”|“Windows轻松使用”菜单下可以找到放大镜，它能够放大屏幕上的任一位置。如果觉得某些文字太小或者想突出屏幕上某个范围的内容就可以使用放大镜实现。

放大镜启动后的界面如图2-28所示，单击 − 和 + 可以调整放大镜缩放的倍数，单击“视图”可以切换放大镜视图。放大镜一共有三种视图：全屏、镜头和停靠。

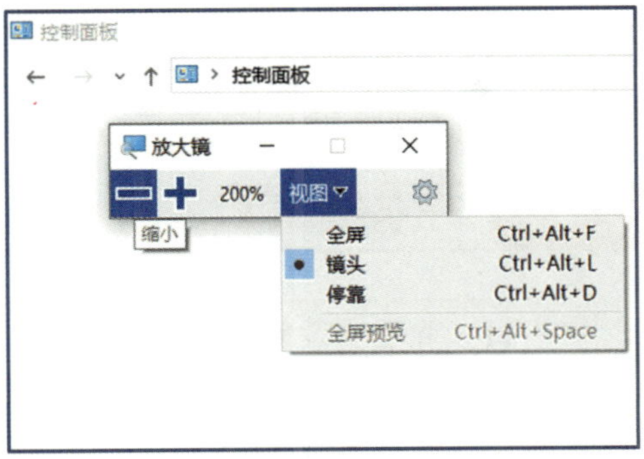

图 2-28　放大镜界面

2.3.4 知识链接

1. 放大镜全屏视图

在此视图下整个屏幕都会被放大，超过屏幕的部分则会被隐藏。在放大镜打开的情况下可以通过“Ctrl+Alt+F”组合键切换到此视图。

2. 放大镜镜头视图

在此视图下会出现一个镜头（矩形区域），在镜头里面的内容会被放大，而镜头外面的内容保持不变。在放大镜打开的情况下可以通过“Ctrl+Alt+L”组合键切换到此视图。

3. 放大镜停靠视图

在此模式下屏幕上方会出现一个区域用于放大显示当前焦点所在位置，屏幕上其他位置的显示不会改变。在放大镜打开的情况下可以通过“Ctrl+Alt+D”组合键切换到此视图。

2.3.5 技能训练

练习：

（1）利用虚拟桌面进行两套不同的任务。

（2）开启放大镜，用不同的模式查看屏幕。

任务 2.4 常用工具软件的安装使用

2.4.1 任务要点

- 输入法。
- 浏览器。
- PDF 阅读器。

2.4.2 任务要求

1. 管理安装输入法。
2. 使用 Chrome 浏览器。
3. 使用 PDF 阅读器。

2.4.3 实施过程

1. 安装输入法

安装输入法之前，用户需要先从网上下载输入法程序，下面以搜狗拼音输入法为例进行介绍。

（1）进入官网，选择适用于Windows 10的软件下载，在弹出的下载对话框中，单击“保存”按钮，如图2-29所示。

（2）下载完成后，单击“打开文件夹”按钮，如图2-30所示。

图 2-29　官网下载软件安装包

图 2-30　下载完毕，打开文件夹

（3）系统自动弹出安装文件保存位置，双击“sougou_pinyin_98a.exe”安装文件。

（4）启动搜狗输入法安装向导，勾选“已阅读并接受用户协议&隐私政策”复选框，单击“自定义”按钮，如图2-31所示。

（5）在“安装位置”后，单击“浏览”按钮，选择软件安装位置，选择完成后，单击“立即安装”按钮，如图2-32所示。

（6）安装完成后，在弹出的界面中，取消推荐软件的安装，清除勾选的复选框，单击“立即体验”按钮，如图2-33所示。

图 2-31　启动安装

图 2-32　选择安装位置

图 2-33　取消推荐安装

2. 管理输入法

（1）按下“Win+I”组合键，打开“设置”对话框，双击时间和语言图标，进入“语言”面板，选择“首选语言”中的“中文（中华人民共和国）”选项，展开选项内容，单击“选项”按钮，如图2-34所示。

（2）在弹出的“语言选项：中文（简体，中国）”对话框中，单击“添加键盘”，在打开的列表中选择你需要的输入法即可，如图2-35所示。

（3）删除“输入法”的操作，只需单击输入法，在展开的选项中，单击“删除”按钮即可。

图 2-34 “设置”语言对话框

图 2-35 添加输入法

3. 切换输入法

通常我们使用快捷键快速切换输入法，不同的操作系统快捷键不同。

★ Windows 10输入法切换快捷键为“Win+空格”。

★ Windows 7及以前版本输入法切换快捷键为“Ctrl+Shift”。

2.4.4 知识链接

1. 安装使用 Chrome 浏览器

（1）下载安装。

浏览器是我们日常用来浏览网页的工具，Chrome浏览器是谷歌公司的产品，也是目前全世界范围内最流行的浏览器，下载Chrome时可以直接访问它的官网：https://www.google.cn/intl/zh-CN/chrome/，如图2-36所示，然后按照网页提示完成下载、安装操作，如图2-37所示。

图 2-36 Chrome 官网下载页面

图 2-37 Chrome 官网操作说明

（2）使用书签。

访问常用的网站时，单击Chrome右上角的☆按钮可以将页面添加为书签页，如图2-38所示。

添加好的书签可以单击右上角 ⋮ 按钮，选择“书签”命令后，在出现的列表中选择“书签”命令直接访问页面，如图2-39所示。

图 2-38　添加书签

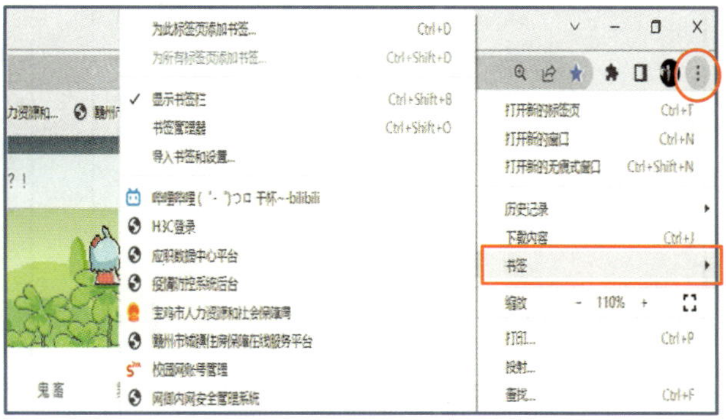

图 2-39　通过选择“书签”命令访问页面

图 2-40　显示书签栏

在图2-39出现的列表中选择“显示书签栏”命令，浏览器地址栏下方会出现一行书签栏图标，显示书签列表中排名最靠前的一些书签，在此处单击相应图标即可直接访问一个书签页面，非常方便，如图2-40所示。

（3）密码自动填充。

Chrome可以帮助我们记录不同网站的用户名密码，我们首次登录网站时，Chrome会弹出对话框询问是否保存密码，如图2-41所示。如果单击“保存”按钮，则会记录用户名与密码，并在下次登录时自动填充，如图2-42所示。

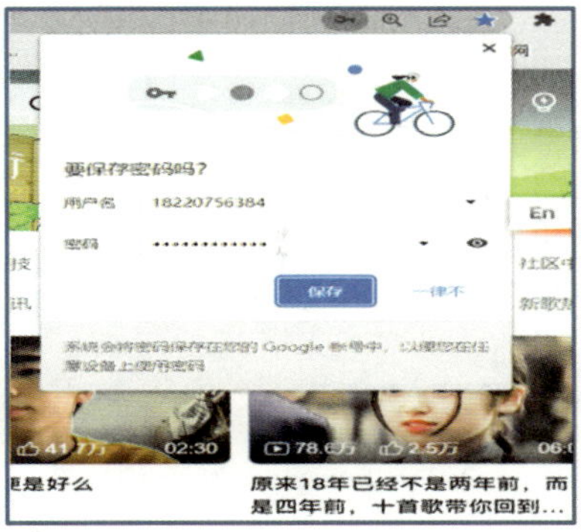

图 2-41　询问是否保存密码

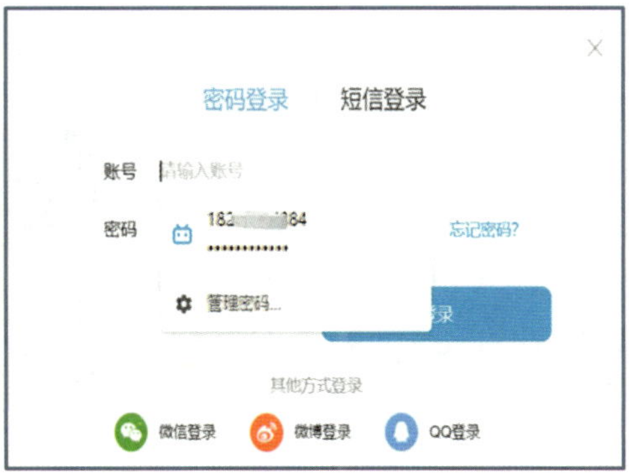

图 2-42　重复登录时自动填充

如果需要查看Chrome记录的用户名密码，则单击浏览器右上角控制按钮 ⋮，再选择“设置”，在弹出的页面左侧选择“自动填充”，最后选择页面中的“密码”选项，如图2-43所示，即可显示浏览器记录的密码列表，单击某条密码记录右侧的 👁，输入系统密码即可查看用户名和密码的具体内容，如图2-44所示。

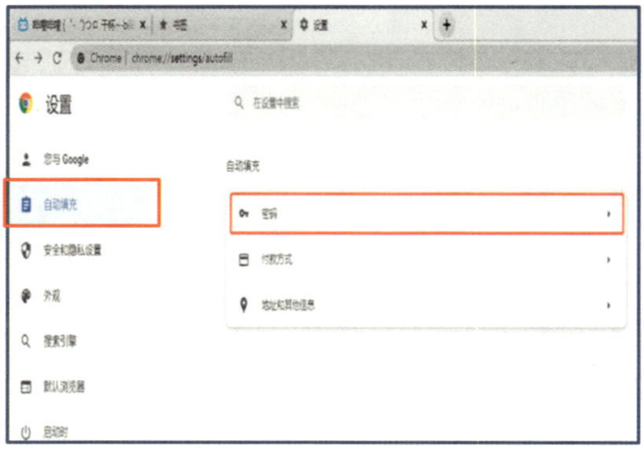

图 2-43　进入密码保存列表

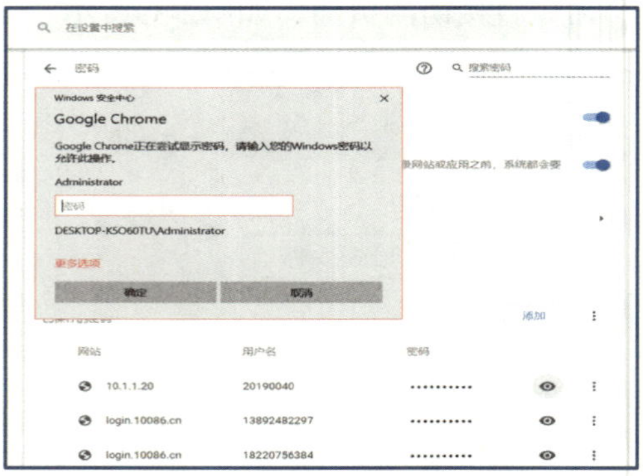

图 2-44　在密码列表中查看详情

（4）Chrome快捷键。

Chrome浏览器有很多快捷键，可以更方便地实现与鼠标单击同样的效果。

Alt+F4：关闭所有浏览器窗口。

Ctrl+F4：关闭当前浏览器窗口。

Ctrl+Shift+B：显示或隐藏书签栏。

Ctrl+Shift+O：打开书签管理器。

Ctrl+H：在新标签页中打开“历史记录”页。

Ctrl+J：在新标签页中打开“下载内容”页。

Ctrl+F或F3：打开查找栏搜索当前网页。

Ctrl+T：新建一个标签页。

Ctrl+Shift+T：恢复关闭的最后一个页面。

2. 安装使用 PDF 阅读器

（1）下载安装文件。

PDF阅读器是我们日常浏览PDF文档的工具，这里以福昕PDF阅读器为例。首先，访问https://m.foxitsoftware.cn/pdf-reader/，单击页面中的下载按钮，将安装文件foxit_FoxitReader_ 9.2.3.42566.exe另存到硬盘中，如图2-45所示。

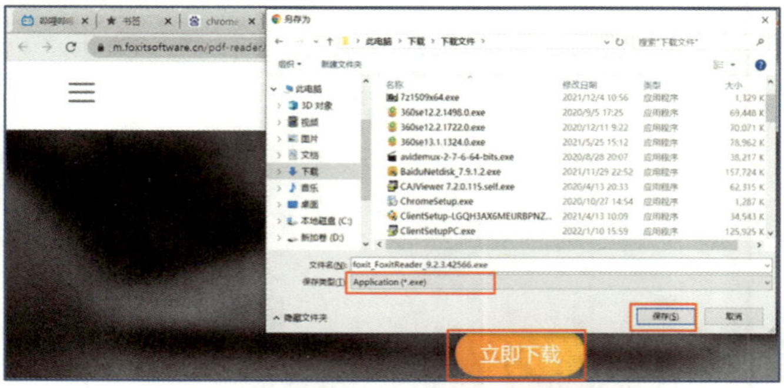

图 2-45　官网下载安装文件

（2）安装PDF阅读器。

双击下载好的安装文件，弹出安装界面，如图2-46所示，勾选“阅读并同意”复选框，单击快速安装，经过如图2-47所示的对话框，即可完成安装，如图2-48所示。

图 2-46　快速安装界面

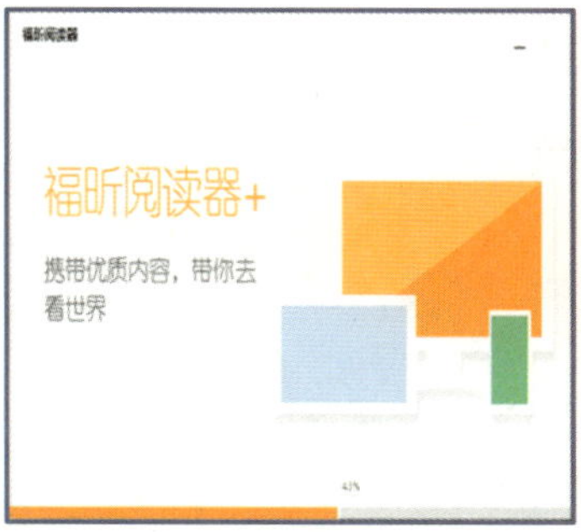

图 2-47　安装过程界面

图 2-48　安装完成

（3）福昕阅读器的使用。

阅读器界面主要包括5个部分：菜单栏、常用工具栏、导航面板、文档窗口和标签栏，如图2-49所示。

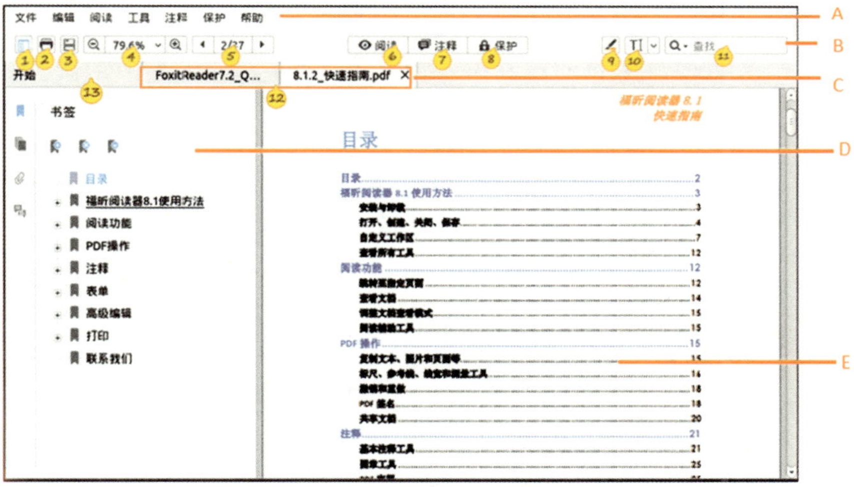

图 2-49　福昕阅读器界面

A．菜单栏：显示福昕阅读器的主要菜单，可以查看PDF阅读、页面操作、注释和保护等相关的所有工具和命令。

B．常用工具栏：显示福昕阅读器的常用工具。

① 导航面板图标：显示或隐藏导航面板。

② 打印：打印当前打开的PDF文件。

③ 保存：保存你对PDF文件所做的更改。

④ 缩放工具：放大或缩小PDF文件。

⑤ 页面导览工具：跳转到当前文档指定页面。

⑥ 阅读：更改页面显示模式或页面显示方向。
⑦ 注释：在PDF文件中添加注释。
⑧ 保护：使用福昕RMS插件加密和解密受微软权限管理服务保护的PDF文件。
⑨ 高亮：高亮选中文本。
⑩ 打字机：在PDF文件中添加文本。
⑪ 查找：在文档中查找指定文本。

2.4.5 技能训练

练习：

（1）安装万能五笔输入法，并使用它输入任意汉字。

（2）安装Chrome浏览器和PDF阅读器，用浏览器查找并下载感兴趣的PDF电子书，并使用阅读器阅读。

任务 2.5 磁盘及文件管理

2.5.1 任务要点

- 磁盘操作。
- 文件和文件夹操作。

2.5.2 任务要求

1. 对硬盘剩余空间进行分区。
2. 格式化分区。
3. 优化磁盘。
4. 系统设置。
5. 文件与文件夹的基本操作。

2.5.3 实施过程

1. 对硬盘剩余空间进行分区

（1）用鼠标右键单击左下角的Windows 10图标，然后选择“控制面板”命令，如图2-50所示。

（2）选择“系统和安全”，然后在“系统和安全”下的“管理工具”选项组中选择“创建并格式化硬盘分区”选项，如图2-51所示。

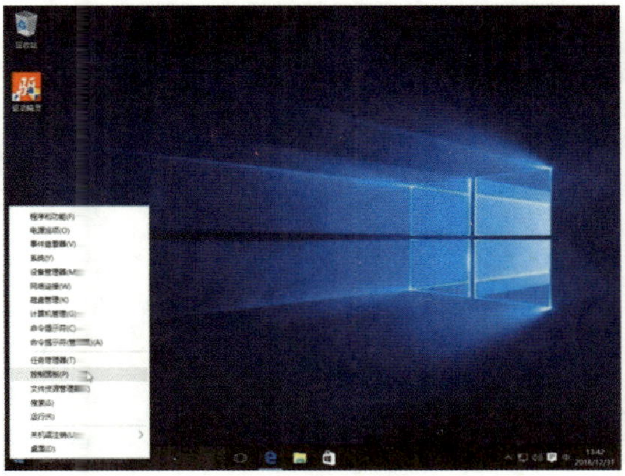

图 2-50　选择“控制面板”命令

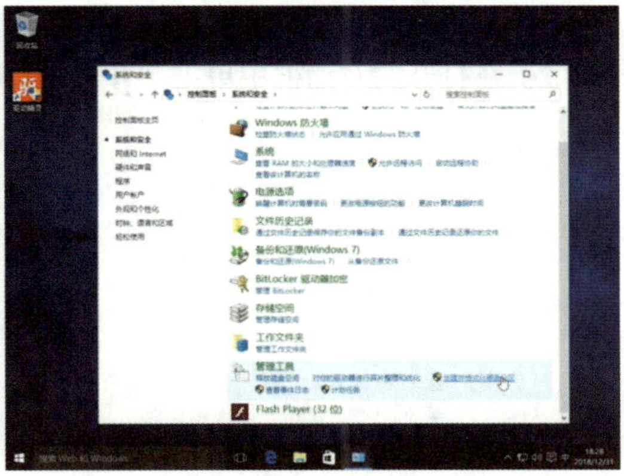

图 2-51　选择“创建并格式化硬盘分区”选项

（3）用鼠标右键单击“磁盘0”中的“未分配”的空白部分，如图2-52所示。

（4）选择“新建简单卷”命令，打开“新建简单卷向导”对话框，如图2-53所示。

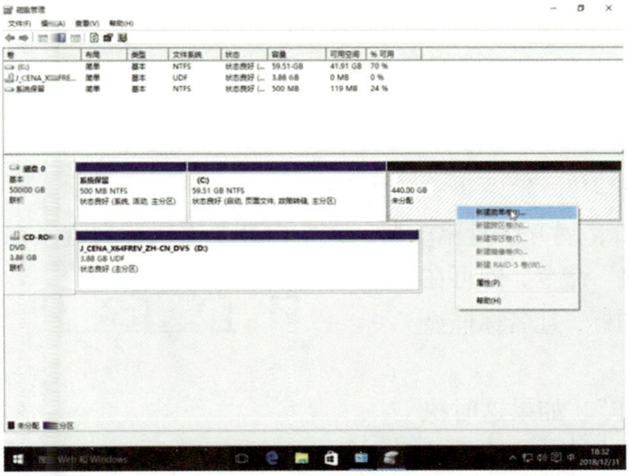

图 2-52　用鼠标右键单击“未分配”分区

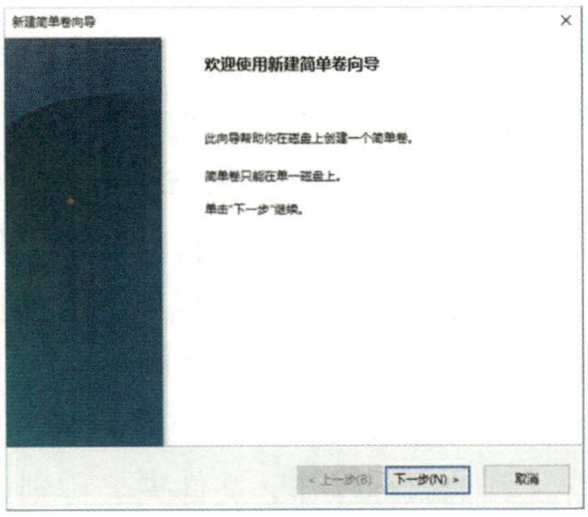

图 2-53　“新建简单卷向导”对话框

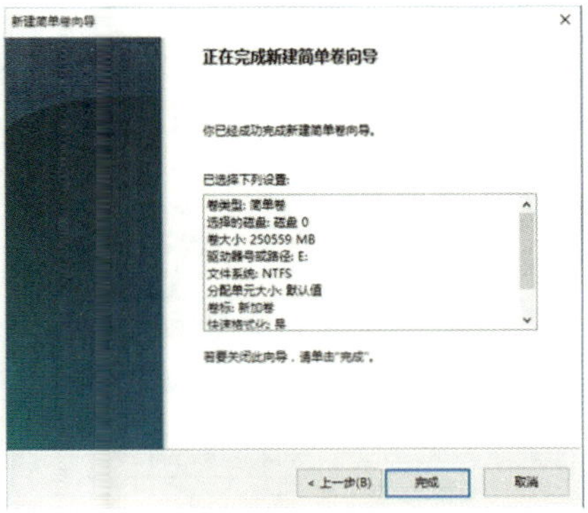

图 2-54　完成新建简单卷向导

（5）单击“下一步”按钮，在“简单卷大小”对话框中输入相应D盘分区大小，然后单击“下一步”按钮。在弹出的对话框中继续单击“下一步”按钮，直到出现“正在完成新建简单卷向导”对话框，如图2-54所示，单击“完成”按钮。

（6）为剩余的其他空间创建分区。

2. 格式化分区

（1）打开桌面上的“此电脑”，选中D:盘后单击鼠标右键，在弹出的快捷菜单中选择“格式化”命令，如图2-55所示。

（2）在打开的对话框中单击“开始”按钮即可执行对D:盘的格式化，如图2-56所示。

图 2-55　选择“格式化”命令

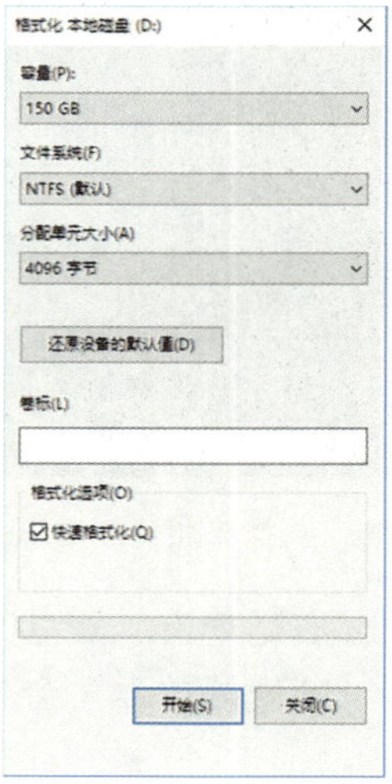

图 2-56　执行格式化

3. 新建文件夹

在D盘的根目录下新建“工作”“学习”“娱乐”三个文件夹。

（1）打开桌面上的“此电脑”窗口，展开D:盘驱动器，在空白处单击鼠标右键，在弹出的快捷菜单中选择“新建”|“文件夹”命令，即可在文件和文件夹列表中出现一个文件夹图标，且名称框显示为编辑状态，如图2-57所示。

图 2-57　文件夹名称的编辑状态

（2）直接输入文件夹名称为“工作”。如果这时执行了其他鼠标操作，文件夹名称则被确定为“新建文件夹”，这时可右键单击该文件夹图标，在弹出的快捷菜单中选择“重命名”命令，然后再将其改名为“工作”。

（3）根据上述方法创建“学习”和“娱乐”文件夹。

4. 创建和重命名文件

在D盘的根目录下创建Word文档，更名为“工作.docx”；创建文本文档，更名为“娱乐.txt”。

（1）在D盘空白处右键单击，在弹出的快捷菜单中选择“新建”|“Microsoft Word文档”命令，如图2-58所示，即可新建Word文档。

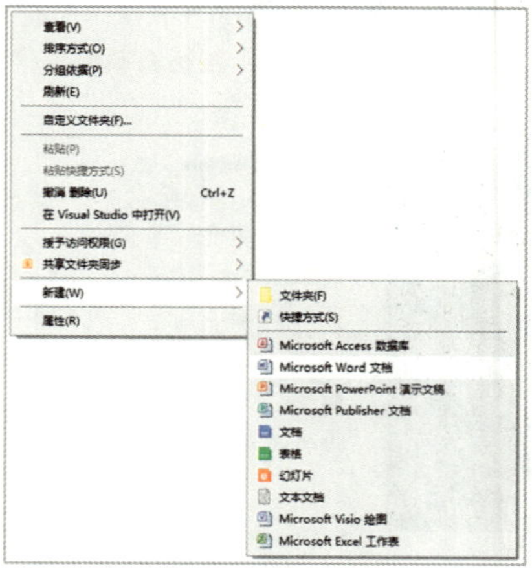

图 2-58　新建 Word 文件

（2）在文件对应的名称栏中输入“工作.docx”，按“Enter”键确认名称。

（3）用上述方法创建“娱乐.txt”文本文档。

5. 复制文件

将“工作.docx”文件复制到“工作”文件夹中。

（1）在“工作.docx”文件图标上右键单击，在弹出的快捷菜单中选择“复制”命令。

（2）双击打开“工作”文件夹，在空白处右键单击，在弹出的快捷菜单中选择“粘贴”命令，即可完成文件的复制。

6. 移动文件

将“娱乐.txt”文件移动到“娱乐”文件夹中。

（1）在“娱乐.txt”文件图标上右键单击，在弹出的快捷菜单中选择“剪切”命令。

（2）双击打开“娱乐”文件夹，在空白处右键单击，在弹出的快捷菜单中选择“粘贴”命令，即可完成文件的移动。

7. 设置文件属性

在D盘的根目录下创建Excel表格，更名为“学习.xlsx”，并将此文件设置为“只读”和“隐藏”属性。

（1）在D盘空白处单击鼠标右键，在弹出的快捷菜单中选择“新建”|“Microsoft Excel工作表”命令，新建Excel文件。

（2）在新建Excel文件对应的名称栏中输入“学习.xlsx”，完成文件命名。

（3）在“学习.xlsx”文件图标上右键单击，在弹出的快捷菜单中选择“属性”命令，打开该文件的属性对话框。勾选“只读”和“隐藏”复选框，单击“确定”按钮，如图2-59所示。

图 2-59　文件属性设置

2.5.4 知识链接

1. 文件和文件夹的概念

在计算机系统中，文件是最小的数据组织单位。文件中可以存放文本、图像以及数值数据等信息。文件夹是在磁盘上组织程序和文档的一种手段，它既可包含文件，也可包含其他文件夹。文件夹中包含的文件夹通常称为“子文件夹”。而硬盘则是存储文件的大容量存储设备，其中可以存储很多文件。

（1）文件名与扩展名。

计算机中的文件名称是由文件名和扩展名组成的，文件名和扩展名之间用圆点“.”分隔。文件名可以根据需要进行更改，而文件的扩展名不能随意更改。不同类型文件的扩展名也不相同，不同类型的文件必须由相对应的软件才能创建或打开。

扩展名是文件名的重要组成部分，是标识文件类型的重要方式。Windows 10中的扩展名总是隐藏的，可以通过以下操作步骤显示文件的扩展名。

在“文件夹”窗口中单击“查看”选项卡中的“选项”按钮，打开“文件夹选项”对话框，切换到“查看”选项卡，清除“隐藏已知文件类型的扩展名”复选框，如图2-60所示，单击“确定”按钮即可显示文件的扩展名。

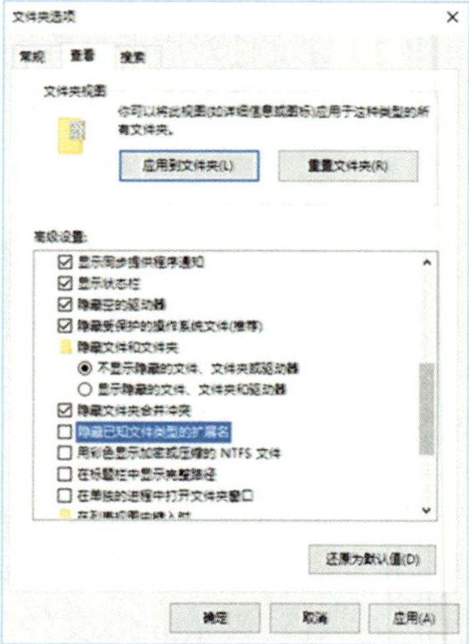

图 2-60　“文件夹选项”对话框

（2）常见的文件类型。

根据文件中存储信息的不同以及功能的不同，文件可分为不同的类型。不同类型的文件使用不同的扩展名，常见的扩展名所对应的文件类型如表2-1所示。

表 2-1　常见的扩展名所对应的文件类型

扩展名	文件类型	扩展名	文件类型
.exe	可执行文件	.bmp	位图文件
.txt	文本文件	.gif	Gif 格式动画文件
.sys	系统文件	.wav	声音文件
.bat	批处理文件	.zip	Zip 格式压缩文件
.ini	Windows 配置文件	.html	超文本多媒体语言文件
.xls	Excel 文档文件	.doc	Word 文档文件

（3）显示被设置隐藏属性的文件或文件夹。

与取消隐藏文件扩展名的方法相同，在“文件资源管理器”窗口中单击“查看”功能区，在弹出的工具栏中选择“选项”命令，在打开的“文件夹选项”对话框中切换到“查看”选项卡，勾选“显示隐藏的文件、文件夹和驱动器”复选框，单击“确定”按钮，即可显示被设置隐藏属性的文件或文件夹。

2. 文件资源管理器

“文件资源管理器”是Windows 10系统提供的资源管理工具，用户可以用它查看本台计算机的所有资源，特别是通过它提供的树形文件系统结构，能更清楚、更直观地认识计算机的文件和文件夹。在“文件资源管理器”中还可以很方便地对文件进行各种操作，如打开、复制、移动等。

（1）启动文件资源管理器。

单击“开始”菜单，单击▣按钮，如图2-61所示，即可启动“文件资源管理器”。

文件资源管理器启动后的窗口如图2-62所示，在左侧窗格中会以树形结构显示计算机中的资源（包括网络），单击某一个文件夹会显示更详细的信息，同时文件夹中的内容会显示在中间的主窗格中。

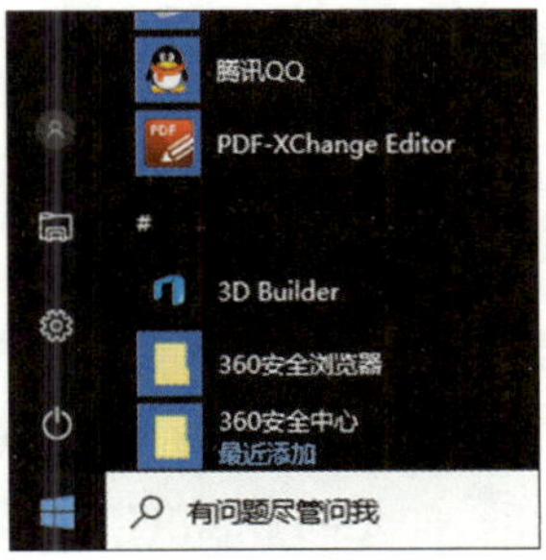

图 2-61　启动“文件资源管理器”

图 2-62　“文件资源管理器”窗口

（2）搜索框。

计算机中的资源种类繁多、数目庞大，而“文件资源管理器”窗口的右上角内置了搜索框。此搜索框具有动态搜索功能，如果用户找不到文件的准确位置，便可以利用搜索框进行搜索。当输入关键字的一部分时，搜索就已经开始工作了。随着输入关键字的增多，搜索的结果会被反复筛选，直到搜索出所需要的内容，无论是什么窗口，如文件资源管理器、Windows 10自带的很多程序中都有搜索框的存在。在搜索框中输入想要搜索的关键字，系统就会将需要的内容显示出来。

（3）地址栏。

地址栏是Windows的“文件资源管理器”窗口中的一个保留项目。通过地址栏，不仅可以知道当前打开的文件夹名称，而且可以在地址栏中输入本地硬盘的地址或者网络地址，直接打开相应内容。

3. 文件或文件夹的排序方式

文件与文件夹在窗口中的排列顺序可以影响到用户查找文件与文件夹的效率。Windows 10提供文件名称、修改日期、类型、大小等排序方式，当一个窗口中包含大量文件与文件夹时，用户可以选择一种适合自己的排序方式。

其具体操作方法：在窗口空白处单击鼠标右键，在弹出的快捷菜单中选择“排序方式”命令，之后选择自己所需的排序方式。

4. 文件和文件夹的基本操作

文件及文件夹操作

（1）选择文件或文件夹。

Windows 10在选择文件和文件夹方面相较于前期的操作系统有所简化，每个文件或文件夹前面都有一个复选框，只要在复选框中打√就选中了这个文件或文件夹，同样取消了√就表示放弃了选择。

（2）文件或文件夹的删除与恢复。

删除文件或文件夹是指将计算机中不需要的文件或文件夹删除，以节省磁盘空间。

a）删除文件或文件夹。要将文件或文件夹删除，需要用文件资源管理器找到要删除文件所在的文件夹。选中需要删除的文件，单击“主页”功能区，在弹出的工具栏中选择“删除”命令或按键盘上的“Delete”键，可以将文件移动到回收站中。删除文件时会弹出如图2-63所示的确认对话框，单击“是”按钮执行删除操作；单击“否”按钮取消删除操作。

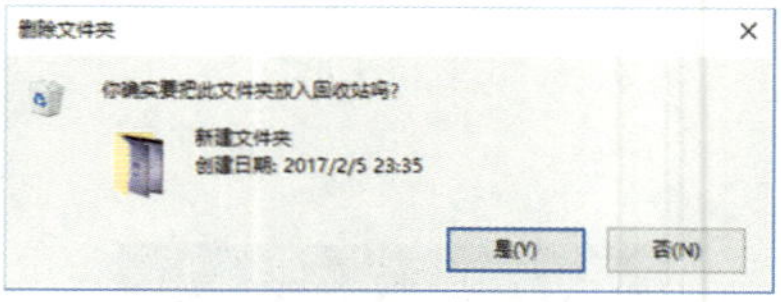

图 2-63　“删除文件夹”对话框

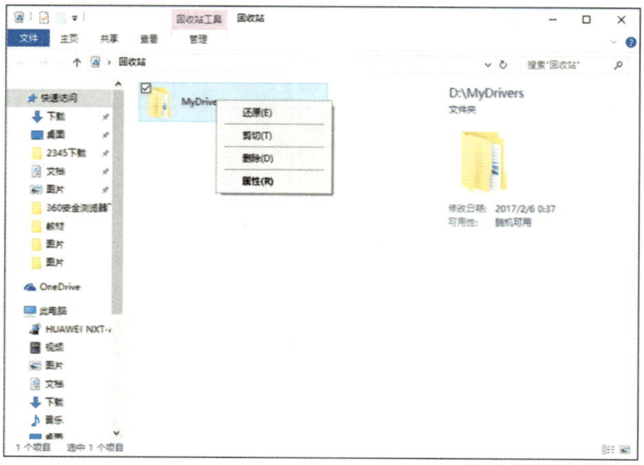

图 2-64　还原被删除的文件

b）恢复被删除的文件或文件夹。文件或文件夹的删除并不是真正意义上的删除操作，而是将删除的文件暂时保存在“回收站”中，以便对误删除的操作进行还原。

在桌面上双击“回收站”图标，打开“回收站”窗口，可以发现被删除的文件。如果需要恢复被删除的文件，则可以在选择文件后，单击鼠标右键在弹出的快捷菜单中选择“还原”命令，即可将文件还原到删除前的位置，如图2-64所示。

2.5.5 技能训练

练习：

（1）在D盘中新建一个文件夹命名为“CAD”。

（2）在桌面上新建“作业”和“练习”文件夹。

（3）在“作业”文件夹中新建“1.docx”文件，在“练习”文件夹中新建“2.xlsx”文件。

（4）把“1.docx”文件移动到“练习”文件夹中，并设置为隐藏属性，通过设置使其不显示。

（5）将“作业”和“练习”文件夹复制到D盘中的“CAD”文件夹中。

项目小结

本项目主要介绍了Windows 10操作系统的基本知识与使用方法，包括Windows 10操作系统的安装和基本操作、Windows 10系统自带小工具的使用、常用工具软件的安装使用、系统管理、磁盘和文件的管理等。

通过本项目的学习，学生能掌握Windows 10的系统操作，如安装操作系统、使用系统小工具、安装使用工具软件、对系统和文件进行管理等。熟练掌握操作系统的使用，有助于创建一个方便、实用的计算机工作环境，提高工作和学习的效率。

项目测评

李某，某大学计算机专业的学生，因家中的老旧台式机配置低，携带不便，且无法满足专业学习的需要，于是通过电子购物平台重新购买了一台笔记本电脑，现需安装Windows 10操作系统和各类学习软件，同时将旧台式机的资料重新整理到笔记本电脑中。

任务 1：安装操作系统及相关设置

任务要求：

1．安装Windows 10操作系统。

2．安装完整的驱动程序。

3．对系统进行个性化设置，优化笔记本电脑的工作环境。

任务 2：安装应用程序

任务要求：

1．进行网络配置。

2．下载各种应用程序（办公软件、微信、QQ、浏览器、杀毒软件、输入法、压缩软件、各类学习软件等）。

3．安装应用程序，并合理解决安装过程中出现的各种问题。

任务 3：磁盘管理

任务要求：

1．将旧台式机中的资料拷贝到笔记本电脑中。

2．重新优化和管理磁盘。

项目 3

Word 2016 文档制作

思政课堂

2022 年政府工作报告中指出要“推进公共文化数字化建设”，而数字化文化的输出离不开计算机软件，其中就包括文字处理软件。在使用 Word 2016 制作文档的过程中，应不断深化运用工具的能力，学会做一个具有基本素质的职业人，为未来的工作奠定扎实的基础。价值观是人们对价值问题的思考，人生观则是对人生目的、意义的认识和对人生的态度，树立正确的价值观和人生观，有助于我们摆正自己的目标和位置，不管身在何处，都能够拥有积极向上、厚德载物、自强不息的精神，在自己的岗位上发光发热。

学习导航

知识目标

- 掌握 Word 2016 的基本操作；
- 掌握文档的制作与编辑；
- 掌握表格的制作与编辑；
- 掌握文档的图文混排；
- 掌握长篇文档的排版；
- 掌握 Word 的邮件合并功能。

技能目标

- 能够熟练编辑文档并设置文档的字符格式、段落格式、页面布局等；
- 能够设计和制作具有特定格式的文档。

素养目标

- 引导学生提高自身融会贯通、举一反三的能力，将所学知识通过办公软件应用于各种场合。

任务 3.1 创建和排版文档

3.1.1 任务要点

- Word 2016 简介。
- 文档创建。
- 文档编辑。
- 文档排版。

3.1.2 任务要求

1．启动 Word 2016 应用程序。
2．新建一个名为“学生会纳新通知”的 Word 文档，并保存到 D 盘。
3．录入如图 3-1 所示的纳新通知的文本内容。

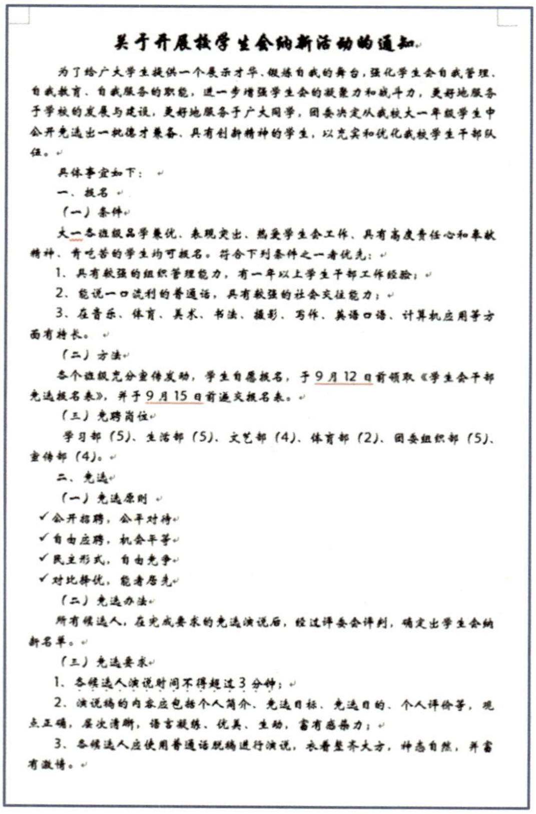

关于开展校学生会纳新活动的通知

为了给广大学生提供一个展示才华、锻炼自我的舞台，强化学生会自我管理、自我教育、自我服务的职能，进一步增强学生会的凝聚力和战斗力，更好地服务于学校的发展与建设，更好地服务于广大同学，团委决定从我校大一年级学生中公开竞选出一批德才兼备、具有创新精神的学生，以充实和优化我校学生干部队伍。

具体事宜如下：

一、报名

（一）条件

大一各班级品学兼优、表现突出、热爱学生会工作、具有高度责任心和奉献精神、肯吃苦的学生均可报名。符合下列条件之一者优先：

1、具有较强的组织管理能力，有一年以上学生干部工作经验；

2、能说一口流利的普通话，具有较强的社会交往能力；

3、在音乐、体育、美术、书法、摄影、写作、英语口语、计算机应用等方面有特长。

（二）方法

各个班级充分宣传发动，学生自愿报名，于 9 月 12 日前领取《学生会干部竞选报名表》，并于 9 月 15 日前递交报名表。

（三）竞聘岗位

学习部（5）、生活部（5）、文艺部（4）、体育部（2）、团委组织部（5）、宣传部（4）。

二、竞选

（一）竞选原则

✓公开招聘，公平对待

✓自由应聘，机会平等

✓民主形式，自由竞争

✓对比择优，能者居先

（二）竞选办法

所有候选人，在完成要求的竞选演说后，经过评委会评判，确定出学生会纳新名单。

（三）竞选要求

1、各候选人演说时间不得超过 3 分钟；

2、演说稿的内容应包括个人简介、竞选目标、竞选目的、个人评价等，观点正确，层次清晰，语言凝练、优美、生动，富有感染力；

3、各候选人应使用普通话脱稿进行演说，衣着整齐大方，神态自然，并富有激情。

图 3-1 “学生会纳新通知”完成效果图

4．复制文本。将正文第一段“为了给……”复制到文章末尾“……并富有激情。”后面，另起一段。

5．移动文本。将复制的内容再移动到“二、竞选”的前面，另起一段。

6．删除文本。将上面移动的内容“为了给……”这一段删除。

7．添加项目符号。为文档中“公开招聘，公平对待……对比择优，能者居先”这四段添加项目符号✓。

8．字符格式设置。

（1）将标题“关于开展校学生会纳新活动的通知”设置为华文行楷、小二、加粗。

（2）将正文文本设置为华文新魏、小四。

（3）给正文中“9 月 12 日”和“9 月 15 日”文本添加红色单实线的下画线，给正文中的“各候选人演说时间不得超过 3 分钟”文本添加着重号。

9．段落格式设置。设置标题居中对齐；设置正文首行缩进 2 字符，行间距为固定值 18 磅。

10．另存文档。将文档另存为“桌面\练习\自己的姓名.docx”，完成效果如图 3-1 所示。在操作中遇到误操作时，利用撤销与恢复操作进行修改。

3.1.3 实施过程

1. 启动 Word 2016

单击“开始”按钮，在“开始”菜单中选择“Word 2016”命令。

2. 保存文件

（1）启动Word 2016后，进入如图3-2所示的界面，单击“空白文档”图标，创建一个新的空白文档。

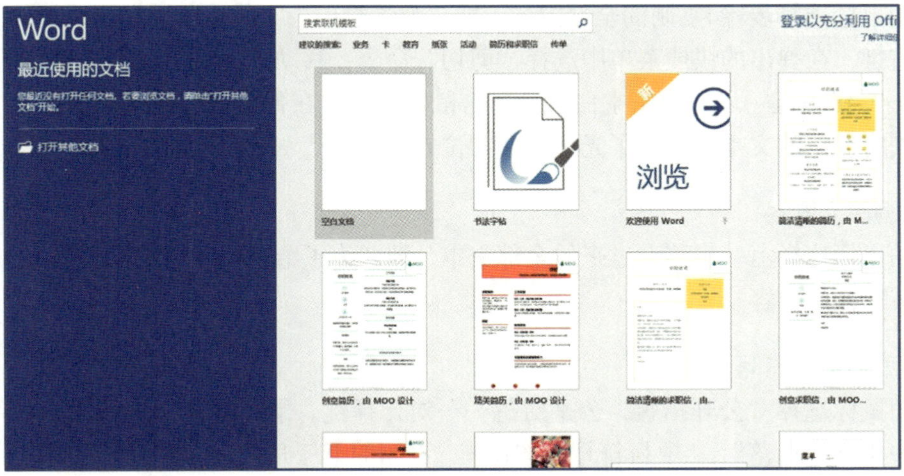

图 3-2 新建空白文档

（2）选择“文件”|“保存”命令，切换到如图3-3所示的“另存为”窗口，选择“浏览”选项，在打开的对话框中选择“本地磁盘（D:）”，在“文件名”列表框中输入“学生会纳新通知”，然后单击“保存”按钮。

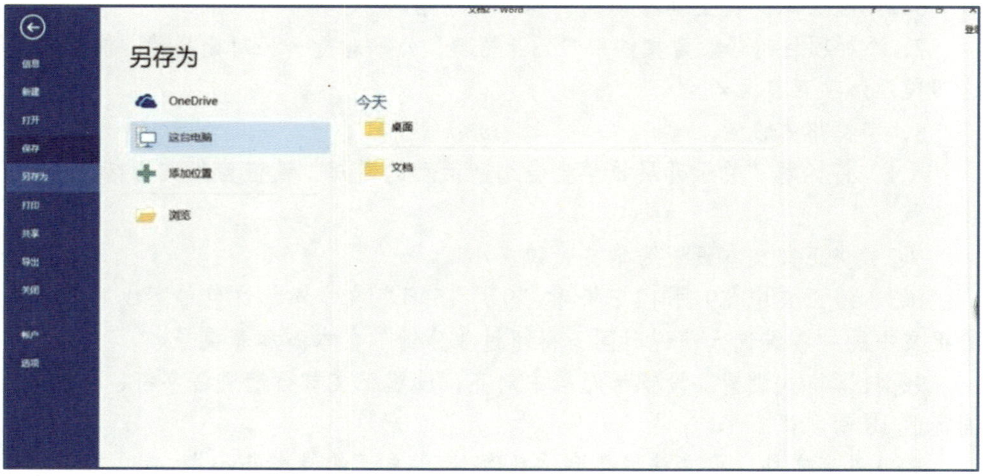

图 3-3 “另存为”窗口

3. 录入文本

在文档编辑窗口中单击鼠标，切换到合适的中文输入法，录入如图3-1所示的文字。

4. 复制文本

拖动鼠标选择正文第一段“为了给……”的全部文本，在所选择的文本上单击鼠标右键，在弹出的快捷菜单中选择“复制”命令。移动光标到文章末尾，按“Enter”键另起一段，单击空白行，单击鼠标右键，在弹出的快捷菜单中选择“粘贴”命令，则将选定的文本复制到了光标所在的位置。

5. 移动文本

拖动鼠标选择步骤4复制的全部内容，即“为了给……”所在段，在所选择的内容上单击鼠标右键，在弹出的快捷菜单中选择“剪切”命令，移动光标到“二、竞选”的段首处，按“Enter”键另起一段。单击空白行，单击鼠标右键，在弹出的快捷菜单中选择“粘贴”命令，则将选定的文本移动到了光标所在的位置。

6. 删除文本

拖动鼠标选择上一步移动过来的全部文本，即“为了给……”所在段，按“Delete”键后删除所选择的内容。

7. 添加项目符号

拖动鼠标选择“公开招聘，公平对待……对比择优，能者居先”这四段，在“开始”选项卡中单击“段落”|“项目符号”按钮☰ 右侧的下三角按钮，在弹出的下拉菜单中选择“项目符号”命令。

8. 字符格式设置

（1）选取标题行文字“关于开展校学生会纳新活动的通知”，在“开始”选项卡中展开“字体”|“字体”下拉列表框，选择“华文行楷”；展开“字号”下拉列表框，选择“小二”；再单击加粗按钮 **B**，完成标题格式设置。

（2）选取正文全文，在“字体”|“字体”下拉列表框中选择“华文新魏”，在“字号”下拉列表框中选择“小四”。

（3）选择正文中的“9月12日”，单击“字体”|“下画线”按钮 U 右侧的下三角按钮，在弹出的下拉列表中选择“单实线”命令，然后选择“下画线颜色”|“红色”色块。

（4）拖动鼠标选中设置完成的“9月12日”文本，选择“剪贴板”|“格式刷”命令，鼠标指针变为刷子形状，按住鼠标左键，拖动选中“9月15日”，即可复制成相同格式。

（5）选择正文中的“各候选人演说时间不得超过3分钟”，然后在“开始”选项卡中单击“字体”组右下角的控件，打开如图3-4所示的“字体”对话框。在“着重号”下拉列表框中选择“.”，单击“确定”按钮。

9. 段落格式设置

（1）选取标题行文字“关于开展校学生会纳新活动的通知”，在“开始”选项卡中单击“段落”|“居中”按钮，使标题行文字居中对齐。

（2）选择正文全文，在“开始”选项卡中单击“段落”组右下角的控件，打开如图3-5所示的“段落”对话框，在“特殊格式”下拉列表框中选择“首行”命令，在“缩进值”框中输入“2字符”；然后在“行距”下拉列表框中选择“固定值”命令，在“设置值”框中输入“18磅”，单击“确定”按钮。

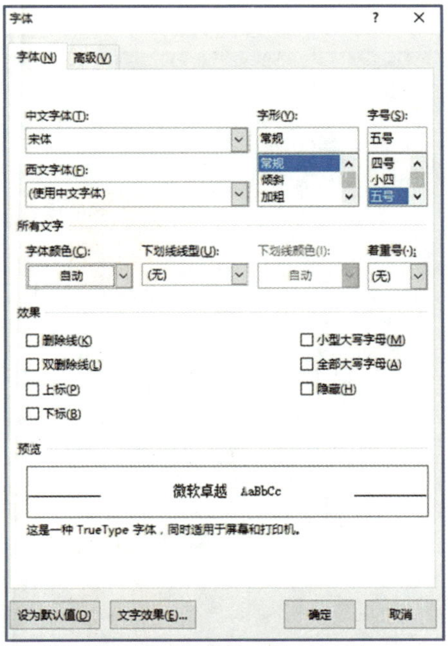

图 3-4　“字体”对话框

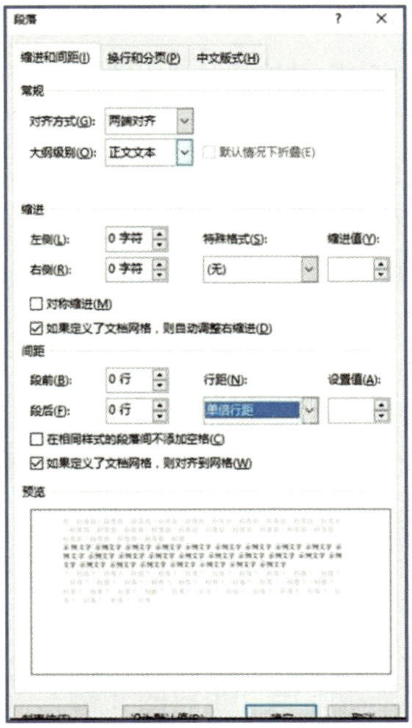

图 3-5　“段落”对话框

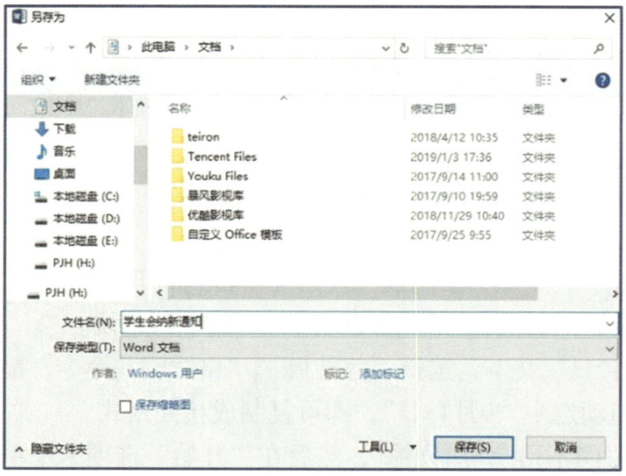

图 3-6 “另存为”对话框

10. 文档的另存

选择“文件”|“另存为”命令，切换到“另存为”对话框，选择“浏览”命令，打开如图3-6所示的“另存为”对话框。在左侧窗口中选择“桌面”，在右侧窗口中双击进入“练习”文件夹，在“文件名”文本框中输入“学生会纳新通知”，然后单击“保存”按钮。

3.1.4 知识链接

1. Office 2016 简介

Office 2016是微软公司的一个庞大的办公软件集合，其中包括了Word、Excel、PowerPoint、OneNote、Outlook、Skype、Project、Visio，以及Publisher等组件和服务。Office 2016 For Mac于2015年3月18日发布，Office 2016 For Office 365订阅升级版于2015年8月30日发布，Office 2016 For Windows 零售版、For iOS版均于2015年9月22日发布。

相比Office 2013及更早期的版本而言，Office 2016具有极高的辨识度。Office 2016将套装内所有应用的标题栏都配上了几个应用的专属颜色。同时，Office 2016在新应用的功能区中设有一个搜索框“告诉我您想要做什么”。

2. 启动 Word 2016

方法一：选择“开始”|“Word 2016”命令，如图3-7所示。

方法二：双击桌面上的“Word 2016”快捷启动图标。

方法三：双击打开原有的Word文档（包括其他版本Word生成的文档）。

图 3-7 通过“开始”菜单启动 Word 2016

3. Word 2016 工作界面的组成

Word 2016工作界面由快速访问工具栏、标题栏、窗口控制按钮、功能区、文本编辑区、状态栏、标尺显示或隐藏按钮、滚动条、浏览对象等部分组成，如图3-8所示。

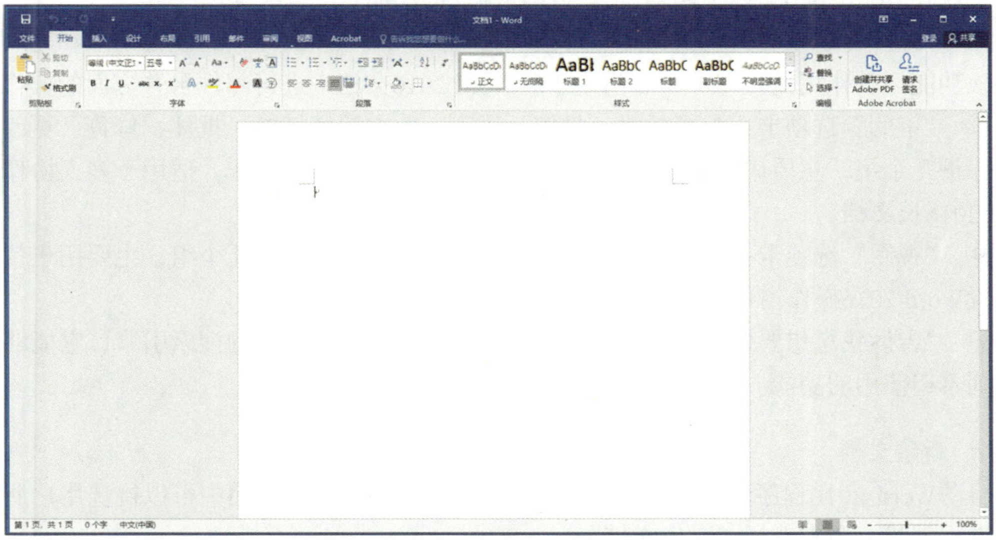

图 3-8 Word 2016 工作界面

（1）标题栏：主要显示当前编辑文档名和窗口标题。

（2）快速访问工具栏：是功能区顶部（默认位置）显示的工具集合，默认工具包括“保存”、“撤销”和“恢复”，单击下三角按钮即可弹出“自定义快速访问工具栏”下拉菜单，如图3-9所示。

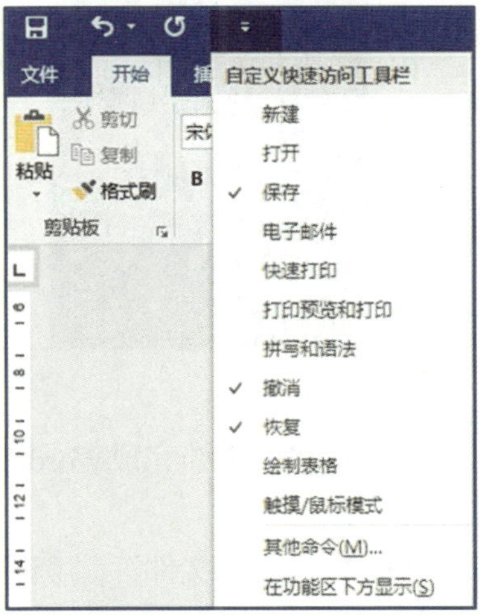

图 3-9 自定义快速访问工具栏

（3）窗口控制按钮：可以使Word窗口最大化、最小化、还原和关闭。

（4）功能区：在Word 2016中，单击每个选项卡标签会打开相对应的功能区面板。每个选项卡根据功能的不同又分为若干个组，所拥有的功能如下所述。

① “文件”选项卡：包括新建、打开、保存、另存为、打印、选项等命令，主要用于用户对Word文档进行各种基本操作。

② “开始”选项卡：包括剪贴板、字体、段落、样式和编辑5个组，主要用于帮助用户对Word 2016文档进行文字编辑和格式设置，是用户最常用的功能区。

③ “插入”选项卡：包括页面、表格、插图、加载项、媒体、链接、批注、页眉和页脚、文本、符号几个组，主要用于在Word 2016文档中插入各种元素。

④ “设计”选项卡：包括文档格式、页面背景两个组，主要用于帮助用户设置文档样式。

⑤ “布局”选项卡：包括页面设置、稿纸、段落、排列几个组，用于帮助用户设置Word 2016文档页面样式。

⑥ “引用”选项卡：包括目录、脚注、引文与书目、题注、索引和引文目录几个组，用于实现在Word 2016文档中插入目录等比较高级的功能。

⑦ “邮件”选项卡：包括创建、开始邮件合并、编写和插入域、预览结果和完成几个组，该功能区的作用比较专一，专门用于在Word 2016文档中进行邮件合并方面的操作。

⑧ “审阅”选项卡：包括校对、见解、语言、中文简繁转换、批注、修订、更改、比较和保护几个组，主要用于对Word 2016文档进行校对和修订等操作，适用于多人协作处理Word 2016长文档。

⑨ “视图”选项卡：包括视图、显示、显示比例、窗口和宏几个组，主要用于帮助用户设置Word 2016操作窗口的视图类型，以方便操作。

⑩ “告诉我您想要做什么”搜索框：这个文本框是功能区中的搜索引擎，它能够为用户找到希望使用的功能。

4. 新建文档

启动Word 2016程序的同时会进入如图3-10所示界面，在此界面中可以挑选用户所需的模板进行创建，通常选择“空白文档”。

图 3-10　启动 Word 2016 显示界面

在使用该空白文档完成Word文档的输入和编辑后，如还需新建空白文档，则可使用下面方法之一：

方法一：选择“文件”|“新建”命令，在“新建”页面中选择并单击要创建的文档的类型图标。

方法二：在“快速访问工具栏”中单击“新建空白文档”图标。

方法三：按“Ctrl+N”组合键。

5. 文档的打开

Word 2016具有强大的记忆功能，可以记忆最近几次使用的文档。转到“文件”选项卡，然后在打开的窗口中选择“打开”选项，在右侧列出的最近使用的文档中单击需要打开的文档即可，如图3-11所示。

如果在最近使用的文档中找不到所需的文档，则可以在左侧单击“浏览”按钮，在打开的对话框中找到该文档所在的位置，单击“打开”按钮即可。

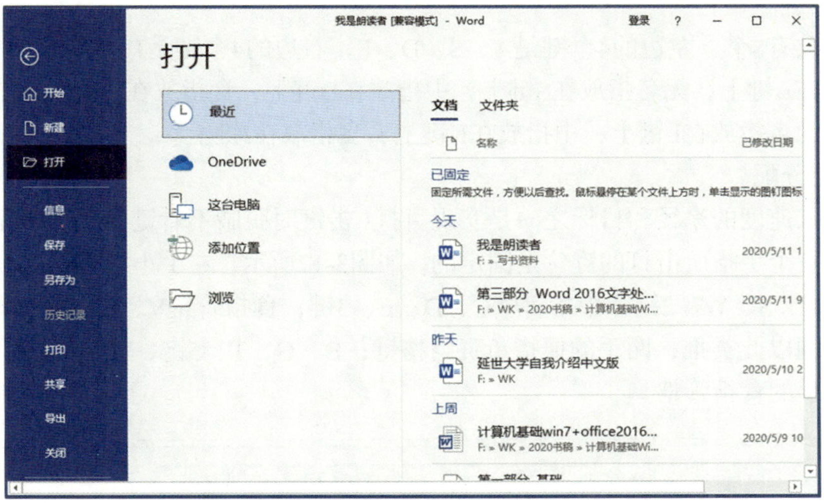

图 3-11　从“打开”窗口打开最近使用过的文档

6. 文本的输入与修改

用Word进行文字处理的第一步是进行文字的输入，输入文本前，首先要确定光标的位置，然后再输入文字。当插入点到达右边界时，系统会自动换行，当一个段落结束，要开始新的段落时，应按“Enter”键创建一个新段落。

（1）在文本输入过程中移动鼠标至文档的任意位置再单击鼠标，即可改变插入点位置，在新的位置输入文本。光标移动的方法除移动鼠标外，还可以通过键盘的编辑键（也称方向键或箭头键）进行，插入点移动按键及功能如表3-1所示。

表 3-1　插入点移动按键及功能

按键	功能	按键	功能
←	左移一个字符或汉字	Backspace	删除光标左边的内容
→	右移一个字符或汉字	Home	放置到当前行的开始
↑	上移一行	End	放置到当前行的末尾
↓	下移一行	Ctrl+ PageUp	放置到上一页的第一行
PageUp	上移一屏幕	Ctrl+PageDown	放置到下一页的第一行
PageDown	下移一屏幕	Ctrl+Home	放置到当前文档的第一行
Delete	删除光标右边的内容	Ctrl+End	放置到当前文档的最后一行

若当前处于“插入”状态，则将插入点光标移动到需要修改的位置后面，按一次“Backspace”键可删除光标当前位置前面的一个字符，再输入新的内容；若当前处于“改写”

状态，则将插入点光标移动到需要修改的位置前面，所输入的新文本会替换原来相应位置上的文本。“插入”和“改写”编辑状态可通过键盘上的“Insert”键或单击状态栏中的“改写”区域进行切换。Word的默认状态为“插入”状态。

（2）规范化的指法。

① 基准键。

基准键共有8个，左边的4个键是A、S、D、F，右边的4个键是J、K、L、；。操作时，左手小指放在A键上，无名指放在S键上，中指放在D键上，食指放在F键上；右手小拇指放在；键上，无名指放在L键上，中指放在K键上，食指放在J键上。

② 键位分配。

提高输入速度的途径和目标之一是实现盲打（击键时眼睛不看键盘，只看稿纸或屏幕），为此要求每一个手指所击打的键位是固定的，如图3-12所示，左手小指管辖Z、A、Q、1键；无名指管辖X、S、W、2键；中指管辖C、D、E、3键；食指管辖V、F、R、4键；右手4个手指管辖范围以此类推，两手的拇指负责空格键；B、G、T、5键，N、H、Y、6键也分别由左手、右手的食指管辖。

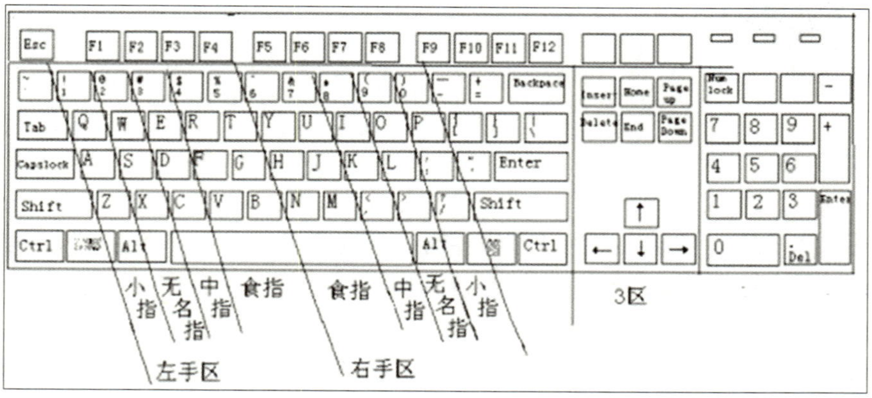

图 3-12　指法键位分配

③ 指法。

操作时，两手各手指自然弯曲、悬腕放在各自的基准键位上，眼睛看稿纸或显示器屏幕。输入时，手略抬起，只有需击键的手指可伸出击键，击键后手形恢复原状。在基准键以外击键后，要立即返回到基准键。基准键F键与J键下方各有一凸起的短横作为标记，供“回归”时触摸定位。双手的8个指头一定要分别轻轻放在“A、S、D、F、J、K、L、；”8个基准键位上，两个拇指轻轻放在空格键上。

④ 手指击键的要领如下：

- 手腕平直，手指略微弯曲，指尖后的第一关节应近乎垂直地放在基准键位上。
- 击键时，指尖垂直向下，瞬间发力触键，击毕应立即回到原位。
- 击空格键时，用大拇指外侧垂直向下敲击，击毕迅速抬起，否则会产生连击。

输入法切换

- 需要换行时，右手四指稍展开，用小指击“Enter”键，击毕，右手立即返回到原基准键位上。
- 输入大写字母时，用一个小指按下“Shift”键不放，用另一手的手指敲击相应的字母键，有时也按下“Caps Lock”键，使其后输入的字母全部为大写字母。

（3）常用中文输入法。

要快速熟练地输入文本，输入法的选择也至关重要。常用的中文输入法有搜狗输入法、QQ输入法、五笔输入法、智能ABC等，用户要能够根据自己的输入习惯选择适合自己的输入法。

7. 文档视图

在Word 2016中有5种视图供用户选择，这5种视图包括页面视图、阅读视图、Web版式视图、大纲视图和草稿。用户可以在“视图”选项卡中自由切换文档视图，也可以在Word 2016窗口的右下方单击视图按钮，在几种常见的视图中相互切换。

（1）页面视图。

页面视图可以显示Word 2016文档的打印结果外观，主要包括页眉、页脚、图形对象、分栏设置、页面边距等元素，是最接近打印结果的页面视图。

（2）阅读视图。

阅读视图以图书的分栏样式显示Word 2016文档，各种功能区等窗口元素被隐藏起来。在阅读视图中，用户还可以单击“视图”按钮选择各种阅读辅助工具。

（3）Web版式视图。

Web版式视图以网页的形式显示Word 2016文档，Web版式视图适用于发送电子邮件和创建网页。

（4）大纲视图。

大纲视图主要用于Word 2016文档的设置和显示标题的层级结构，并可以方便地折叠和展开各种层级的文档。大纲视图广泛用于Word 2016长文档的快速浏览和设置。

（5）草稿。

草稿取消了页面边距、分栏、页眉页脚和图片等元素，仅显示标题和正文，是最节省计算机系统硬件资源的视图方式。

8. 文本的选择、复制、移动、删除

（1）文本的选择。

在对文档进行编辑之前，首先必须选择文本。

方法一：使用键盘选择文本。

在某些情况下，使用键盘组合键选择文本更加方便，如按“Ctrl+A”组合键可选择整个文档。表3-2列出了使用键盘选择文本的组合键。

表 3-2　使用键盘选择文本的组合键

按键	作用
Shift + Home	选定内容扩展至行首
Shift + End	选定内容扩展至行尾
Shift + PageUp	选定内容向上扩展一屏
Shift + PageDown	选定内容向下扩展一屏
Ctrl + Shift + Home	选定内容扩展至文档开始处
Ctrl + Shift + End	选定内容扩展至文档结尾处
Ctrl + A	选定整个文档

方法二：使用鼠标选择文本。

将光标移到选取文本内容的第一个字符前按下鼠标左键并拖动，直到选取到文本内容的结束处后松开鼠标左键。表3-3列出了使用鼠标选择文本的方法。

表 3-3　使用鼠标选择文本的方法

要选择的文本	操作方法
任意连续文本	在文本起始位置按鼠标左键，并拖过这些文本
一个单词	双击该单词
一行文本	单击该行左侧的选定区
一个段落	双击选定区，或在段内任意位置三击
矩形区域	将鼠标指针移到该区域的开始处，按住“Alt”键，拖动鼠标到结尾处
不连续的区域	先选定第一个文本区域，按住“Ctrl”键，再选定其他的文本区域
整个文档	选择“编辑” | “全选”命令或按“Ctrl+A”组合键

（2）文本的复制。

方法一：选定要复制的文本，在“开始”选项卡中单击“剪贴板” | “复制”按钮（或者按“Ctrl+C”组合键），再将鼠标定位在要粘贴的位置，在“开始”选项卡中单击“剪贴板” | “粘贴”按钮（或者按“Ctrl+V”组合键），即可完成复制。

方法二：利用鼠标也可以复制文本，在选定文本之后，按住“Ctrl”键，当鼠标指针变成箭头形状时，拖动鼠标到目标位置，释放鼠标即可完成复制。

（3）文本的移动。

方法一：选定要移动的文本，按住鼠标左键，将该文本块拖到目标位置，然后释放鼠标。

方法二：选定要移动的文本，在“开始”选项卡中单击“剪贴板” | “剪切”按钮（或者按“Ctrl+X”组合键），再将鼠标定位在要移动的位置，在“开始”选项卡中单击“剪贴板” | “粘贴”按钮（或者按“Ctrl+V”组合键），即可完成移动。

（4）文本的删除。

方法一：选取需要删除的文本内容，按“Backspace”键或按“Delete”键可删除所选取的内容。

方法二：如果要删除少量文本，则将光标移到指定位置，按“Backspace”键可删除光标左边的一个字符，按“Delete”键可删除光标右边的一个字符。

9. 项目符号和编号

为使文档更加清晰易懂，用户可以在文本前添加项目符号或编号。Word 2016为用户提供了自动添加项目符号和编号的功能。在添加项目符号或编号时，可以先输入文字内容，再给文字添加项目符号或编号；也可以先创建项目符号或编号，然后再输入文字内容，自动实现项目的编号，不必手工编号。

（1）创建项目符号列表。

项目符号就是放在文本或列表前用以强调效果的符号。使用项目符号的列表可将一系列重要的条目或论点与文档中其余的文本区分开。

将光标定位在要创建列表的开始位置，在“开始”选项卡中单击“段落”|“项目符号”按钮右侧的下三角按钮，在弹出的“项目符号库”下拉列表中选择项目符号即可在选定段落前添加相应项目符号。也可以选择“定义新项目符号”命令，打开“定义新项目符号”对话框，在“项目符号字符”选区中单击“符号”按钮，打开“符号”对话框，选择需要的符号；单击“图片”按钮，打开“图片项目符号”对话框，可选择需要的图片符号；单击“字体”按钮，打开“字体”对话框，可设置项目符号中的字体格式。

（2）创建编号列表。

编号列表是在实际应用中最常见的一种列表，它和项目符号列表类似，只是编号列表用数字替换了项目符号。在文档中应用编号列表，可以增强文档的顺序感。

将光标定位在要创建列表的开始位置，在“开始”选项卡中单击“段落”|“编号”按钮右侧的下三角按钮，弹出“编号库”下拉列表，选择编号的格式即可为选定段落编号。也可选择“定义新编号格式”命令，打开“定义新编号格式”对话框定义新的编号样式、格式及编号的对齐方式。

10. 字符格式化

Word 2016中提供了丰富的字符格式，通过选用不同的格式可以使所编辑的文本显得更加美观和与众不同。字符格式包括字体、字号、字形、字体颜色、效果、字符缩放等基本操作。

（1）设置字体。

在文档中选中需要设置字体格式的文本。在“开始”选项卡中单击“字体”组中右下角的控件，打开“字体”对话框。在“中文字体”或“西文字体”下拉列表中，选择所需的字体，然后单击“确定”按钮即可，如图3-13所示。

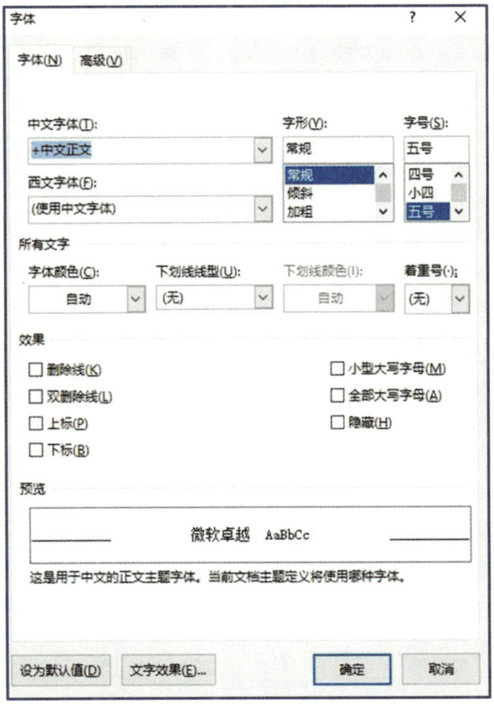

图 3-13　“字体”对话框

（2）设置字号。

在文档中选中需要设置字号的文本。在“开始”选项卡中展开“字体”|“字号”下拉列表，从中选择所需的字号。

（3）设置字形。

字形是附加于文本的属性，包括常规、加粗、倾斜或下画线等。Word 2016的默认字形为常规字形。有时为了强调某些文本，经常需要设置字形。在文档中选中需要设置字形的文本。在“开始”选项卡中单击“字体”|“加粗”按钮B加粗文本，加强文本的渲染效果；单击“倾斜”按钮 I 倾斜文本；单击“下画线”按钮 U 为文本添加下画线，也可单击“下画线”按钮右侧的下三角按钮，在弹出的“下画线”下拉列表中选择更多的下画线样式。

（4）设置字体颜色。

在文档中选中需要设置字体颜色的文本。在“开始”选项卡中单击“字体”|“字体颜色”按钮A 右侧的下三角按钮，在该下拉列表中选择需要的颜色即可。

11. 段落格式化

段落是划分文章的基本单位，是文章的重要格式之一，回车符是段落的结束标记。段落格式的设置主要包括段落对齐方式、段落缩进、段落的行间距和段间距等。

（1）段落对齐方式。

段落对齐方式是指段落相对于某一个位置的排列方式。段落对齐方式有文本“左对齐”“居中”“右对齐”“两端对齐”“分散对齐”等。其中“两端对齐”是系统默认的对齐方式。用户可以在功能区用户界面中的“开始”选项卡中的“段落”组中设置段落的对齐方式。

方法一：

① 单击“左对齐”按钮，选定的文本沿页面的左边对齐。

② 单击“居中”按钮，选定的文本居中对齐。

③ 单击“右对齐”按钮，选定的文本沿页面的右边对齐。

④ 单击“两端对齐”按钮，选定的文本沿页面的左、右两边对齐。

⑤ 单击“分散对齐”按钮，选定的文本均匀分布。

方法二：

段落对齐方式也可以通过“段落”对话框来进行设置。在“开始”选项卡中单击“段落”组右下角的控件，打开“段落”对话框，在“常规”选区中可设置段落的对齐方式，还可以在“大纲级别”下拉列表中设置段落的级别，如图3-14所示。

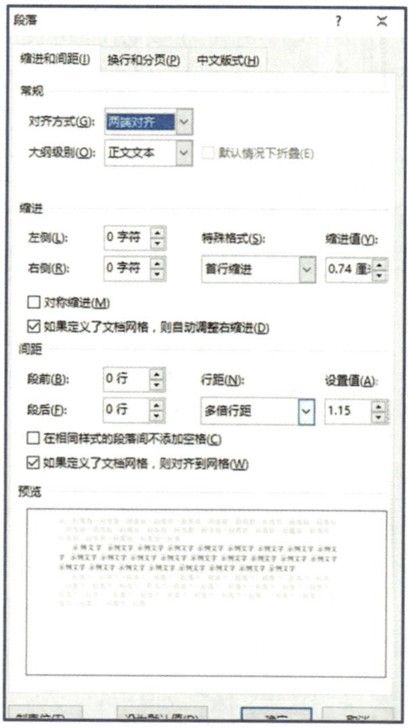

图 3-14 “段落”对话框

提示：将插入点移到需要设置对齐方式的段落中，按组合键“Ctrl+J”可设置两端对齐；按组合键“Ctrl+E”可设置居中对齐；按组合键“Ctrl+R”可设置右对齐；按组合键“Ctrl+Shift+J”可设置分散对齐。

（2）段落缩进。

段落缩进是指文本与页边距之间的距离，其中页边距是指文档与页面边界之间的距离。

方法一：使用水平标尺设置段落缩进。

使用水平标尺是设置段落缩进最方便的方法。如果水平标尺没有显示，则可在“视图”选项卡中勾选“显示”|“标尺”复选框。水平标尺上有首行缩进、悬挂缩进、左缩进和右缩进4个滑块，如图3-15所示。选定要缩进的一个或多个段落，用鼠标拖动这些滑块即可改变当前段落的缩进位置。

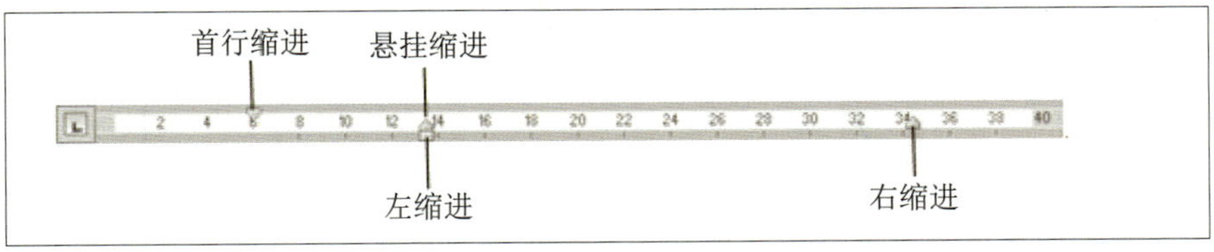

图 3-15 水平标尺

方法二：使用“段落”对话框设置段落缩进。

在“开始”选项卡中单击“段落”组右下角的控件，打开“段落”对话框，在“缩进”选项栏中可设置段落的左缩进、右缩进、悬挂缩进和首行缩进，在其后的微调框中设置具体的数值。

（3）段落的行间距和段间距。

段落的行间距和段间距指的是文档中各行或各段落之间的间隔距离。Word 2016默认的行间距为一个行高，段间距为0行。

① 设置行间距。

方法一：选定要设置行间距的文本，在“开始”选项卡中单击“段落”|“行距”按钮，在弹出的列表中选择合适的行距。

方法二：在“开始”选项卡中单击“段落”组右下角的控件，打开“段落”对话框，在“间距”选项组中的“行距”下拉列表中设置行间距，在其后的微调框中设置具体的数值。

② 设置段落间距。

在“段落”对话框中的“段前”和“段后”微调框中分别设置距前段距离及距后段距离，此方法设置的段间距与字号无关。用户还可以直接按“Enter”键设置段落间隔距离，此时的段间距与该段文本字号有关，是该段字号的整数倍。

提示：如果相邻的两段都通过“段落”对话框设置间距，则两段间距是前一段的“段后”值和后一段的“段前”值之和。

12. 文档的保存

保存文档时，一定要注意“文档三要素”，即保存位置、名字、类型，否则以后可能不易找到文档。保存文档常用下面几种方法。

方法一：单击快速访问工具栏中的“保存”按钮。

方法二：按“Ctrl+S”组合键。

方法三：选择“文件”|“保存”命令。

如果文档已经命名，执行保存操作后不会出现“另存为”对话框，而直接保存到原来的文档中以当前内容代替原来内容，当前编辑状态保持不变，可继续编辑文档。如果将要保存的文档没有命名，则单击“浏览”按钮，打开如图3-16所示的“另存为”对话框，在对话框左侧选择保存文档的驱动器和文件夹，在“文件名”文本框中输入一个合适的文件名。如果想兼容以前版本，则选择保存类型为“Word 97-2003”。设置后，单击“保存”按钮即可。保存后该文档标题栏中的名称已改为命名后的名字。

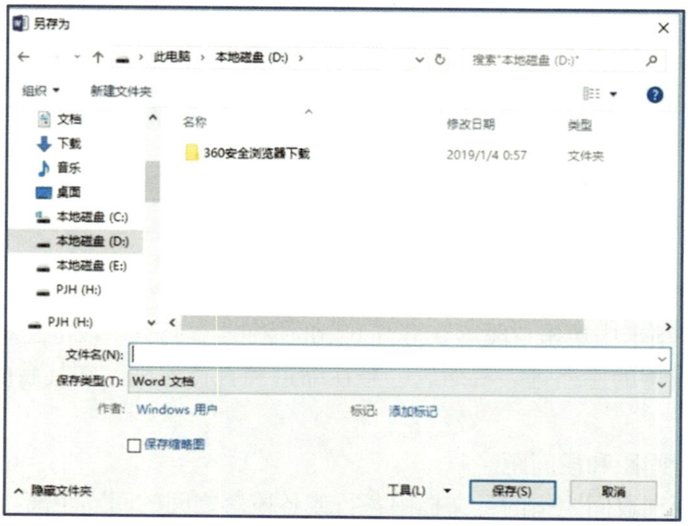

图 3-16　“另存为”对话框

13. 为段落添加边框和底纹

在Word 2016中，不仅可以对文本和段落设置字符格式和段落格式，还可以给文本和段落加上边框和底纹，进而突出显示这些文本和段落。

（1）添加边框。

选定需要添加边框的文本或段落，在“开始”选项卡中单击“段落”|“边框”按钮右侧的下拉按钮，在弹出的菜单中选择“边框和底纹”命令，打开“边框和底纹”对话框，默认打开“边框”选项卡，如图3-17所示。在“设置”选项组中选择边框类型；在“样式”列表框中选择边框的线型；单击“颜色”框右侧的下拉按钮，展开下拉列表，选择需要的颜色。如果在“颜色”下拉列表中没有需要的颜色，则可选择“其他颜色”选项，打开“颜色”对话框，选择需要的标准颜色或者自定义颜色，如图3-18所示。设置好颜色后，还可以在“宽度”下拉列表中选择边框的宽度。然后，在“应用于”下拉列表中选择边框的应用范围。设置完成后，单击“确定”按钮即可为文本或段落添加边框。

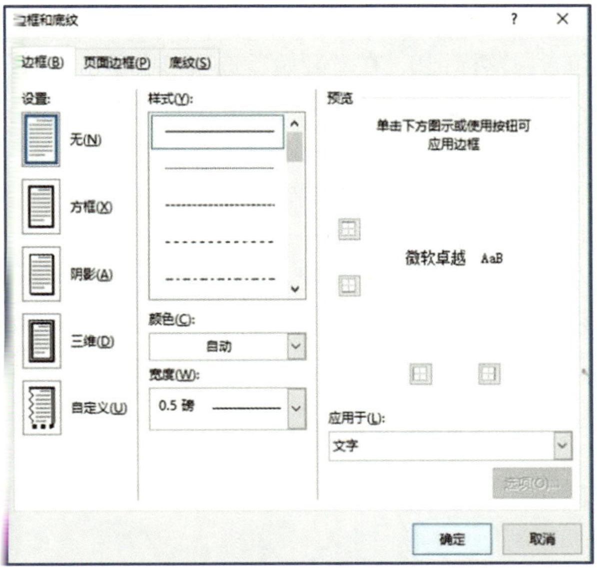

图 3-17　“边框和底纹”对话框

图 3-18　“颜色”对话框

2）添加底纹。

选定需要添加底纹的文本或段落，打开“边框和底纹”对话框，切换到“底纹”选项卡，如图3-19所示。在“填充”选项组中展开下拉列表，选择需要的颜色；单击“样式”下拉列表右侧的下拉按钮，展开“样式”下拉列表，选择底纹的样式，并在下面对应的颜色区域选择颜色。设置完成后，单击“确定”按钮，即可为文本或段落添加底纹。

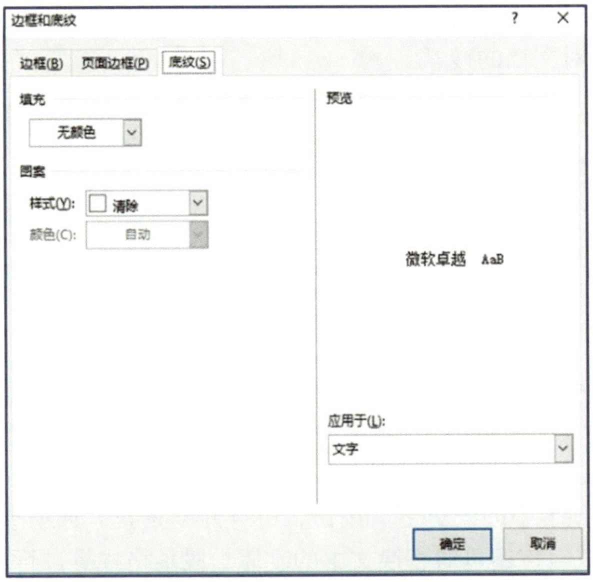

图 3-19　“底纹”选项卡

14. 格式刷的使用

在编辑文档的过程中，会遇到多处字符或段落具有相同格式的情况，这时可以将已设置好格式的字符或段落的格式复制到其他字符或段落，减少重复格式的设置操作。

（1）复制字符格式。

选择已设置格式的文本（注意不包含段落标记），在“开始”选项卡中单击“剪贴板”|“格式刷”按钮，此时鼠标指针变为“刷子”形状。在需要应用格式的文本区域按住鼠标左键并拖动，松开鼠标左键后被拖过的文本就具有了新的格式。

如果需要将格式连续复制到多个文本块，则可双击格式刷，再分别拖动多个文本块，完成后再次单击“格式刷”按钮即可取消鼠标指针的“刷子”形状。

（2）复制段落格式。

单击希望复制格式的段落，使光标定位在该段落内，然后单击“开始”选项卡中的“剪贴板”|“格式刷”按钮（多次复制时双击），再把刷子移到希望应用此格式的段落，单击段落内的任意位置，即可复制段落格式。

3.1.5 知识拓展

1. 文本的查找与替换

（1）文本的查找。

在“开始”选项卡中单击“编辑”|“查找”按钮右侧的下三角按钮，在弹出的菜单中选择“高级查找”命令，打开“查找和替换”对话框中的“查找”选项卡，如图3-20所示。在“查找内容”文本框中输入要查找的文字，单击“查找下一处”按钮，Word将自动查找指定的字符串，并以反白显示。如果需要继续查找，则可再次单击“查找下一处”按钮，Word 2016将继续查找下一个文本，直到文档的末尾。查找完毕后，系统将弹出提示框，提示用户Word已经完成对文档的搜索。

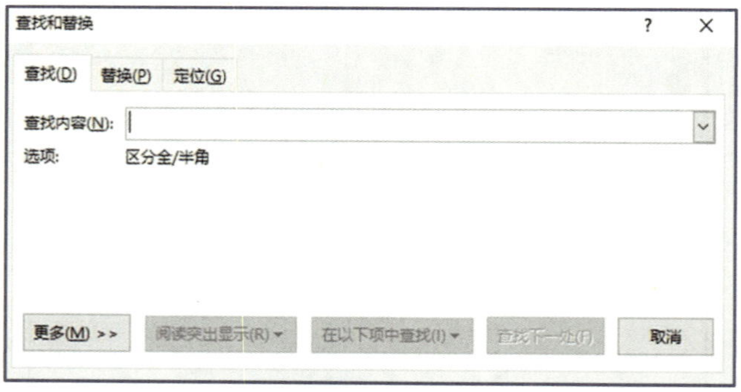

图 3-20 “查找和替换”对话框

单击“查找”选项卡中的“更多”按钮，可打开“查找”选项卡中的高级形式，如图3-21所示。单击“格式”按钮可对替换文本的字体、段落格式等进行设置。

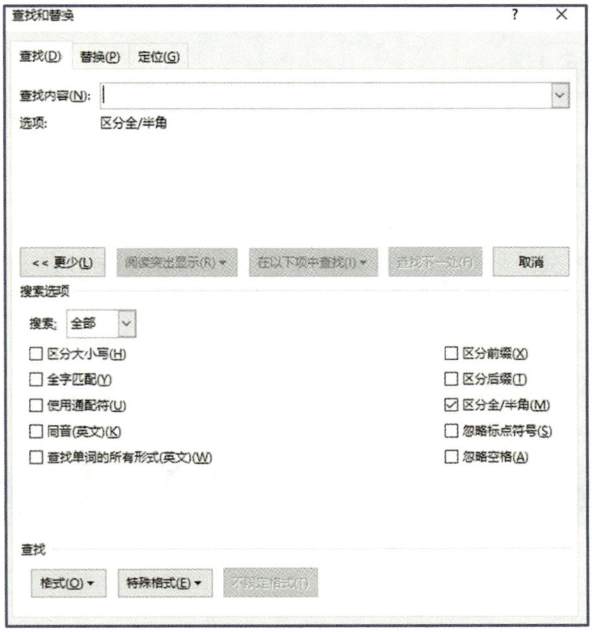

图 3-21　“查找”选项卡

（2）文本的替换。

设置开始替换的位置，在“开始”选项卡中单击“编辑”|“替换”按钮，打开“查找和替换”对话框中的“替换”选项卡，在“查找内容”文本框中输入要查找的内容，再在“替换为”文本框中输入要替换的内容，然后单击“替换”按钮，即可将文档中查找到的内容进行替换（仅一次）。再单击“替换”按钮，则再替换一次……。

若要一次性替换文档中的全部被替换对象，可单击“全部替换”按钮，系统将自动替换全部内容，替换完成后，系统会打开如图3-22所示的提示框，单击“确定”按钮即可。

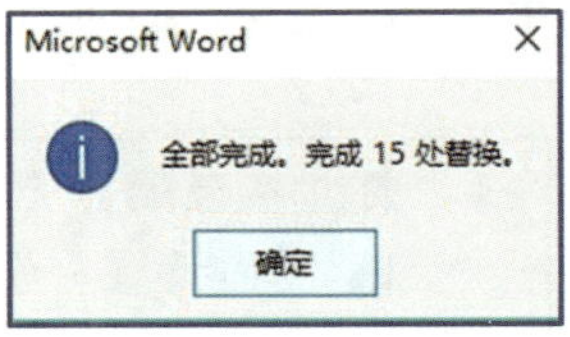

图 3-22　替换信息提示对话框

2. 撤销与恢复操作

如果不小心删除了不该删除的内容，则可直接单击快速访问工具栏中的“撤销”按钮来撤销操作；如果要撤销刚进行的多次操作，则可单击工具栏中的“撤销”按钮右侧的下三角按钮，从下拉列表中选择要撤销的操作。

恢复操作是撤销操作的逆操作，可直接单击快速访问工具栏中的“恢复”按钮执行恢复操作。

> 注意：按“Ctrl+Z”组合键可执行撤销操作；按“Ctrl+Y”组合键可执行恢复操作。如果对文档没有进行过修改，那么就不能执行撤销操作。同样，如果没有执行过撤销操作，则将不能执行恢复操作。此时的“撤销”和“恢复”按钮均显示为不可用状态。

3.1.6 技能训练

练习：编辑“学生会竞聘稿”。

（1）启动Word 2016应用程序。

（2）编写一篇学生会竞聘稿，要求句式工整，没有错别字，字数不少于300字。

（3）对编写完成的竞聘稿进行格式化设置，包括字体格式、段落格式、边框底纹、项目符号和编号等，要求布局合理，界面美观。

（4）将写好的竞聘稿保存在D盘下，文件名为“学生会竞聘稿”。

任务3.2 图文混排

3.2.1 任务要点

- 页面布局。
- 艺术字。
- 图形处理。
- 文本框。
- 打印设置。

3.2.2 任务要求

打开本书配套资源中的原始素材：学生会纳新宣传海报（文字版）.docx。

1．页面设置。设置纸张方向为“横向”，上、下页边距为1.5厘米，左、右页边距为2.5厘米，为整篇文档设置艺术型页面边框。

2．分栏。将整篇文档分为三栏。

3．插入文本框。

（1）插入文本框：在第二栏最上方插入一个竖排文本框，内容为“这里是青春的舞台……”。

（2）设置文本框格式：字号为五号，字体为华文行楷，行距为固定值18磅，填充效果为黄色，无轮廓，环绕方式为四周型，适当调整文本框的大小。

4．插入艺术字。插入艺术字“纳新啦”；艺术字样式为第三行第二列；字体为华文行楷，字号为54、加粗；文字环绕设置为“上下型环绕”，文本填充设置为“红色”，文本轮廓颜色设置为“蓝色”，文本轮廓粗细设置为“1.5磅”，文本转换效果设置为“腰鼓”，适当调整艺术字的位置。

5. 插入图片。

（1）第一张：插入“放飞梦想.jpg”图片。调整图片缩放比例（宽度和高度均为 30%）；设置环绕方式为“上下型环绕”，适当调整图片的位置。

（2）第二张：插入“加油.jpg”图片。调整图片缩放比例（高度为 20%，宽度为 15%）；设置环绕方式为“紧密型环绕”。

（3）第三张：插入“奔跑.jpg”图片。调整图片缩放比例（高度为 40%，宽度为 65%）；设置环绕方式为“上下型环绕”。

6. 字体设置。设置“办公室”“宣传部”“外联部”“文艺部”“体育部”“学习部”文字为宋体、五号、红色、加粗，其余文字设置为宋体、五号。

7. 插入自选图形。插入自选图形“心形”，设置形状填充为“红色”，无轮廓；在自选图形中编辑文字“快来加入我们吧!”，字体设置为华文彩云，字号设置为小四，文本设置填充为“黄色”；自选图形版式设置为“四周型”，适当调整图片的位置。

8. 保存文件。文件另存为“D:\学生会纳新宣传海报.docx”。最终效果如图 3-23 所示。

图 3-23　“学生会纳新宣传海报”最终效果

3.2.3 实施过程

1. 页面设置

（1）在“布局”选项卡中单击“页面设置”|“纸张方向”按钮，在弹出的菜单中选择“横向”命令。

（2）单击“页边距”按钮，在弹出的菜单中选择“自定义页边距”命令，打开“页面设置”对话框，在“页边距”选项卡中分别把上、下页边距均设置为1.5厘米，左、右页边距均设置为2.5厘米，如图3-24所示。设置后单击“确定”按钮。

（3）在“设计”选项卡中单击“页面背景”|“页面边框”按钮，打开“边框和底纹”对话框，切换到“页面边框”选项卡，在“设置”栏中选择“方框”，在“艺术型”下拉列表中选择所需线型，如图3-25所示。设置后单击“确定”按钮。

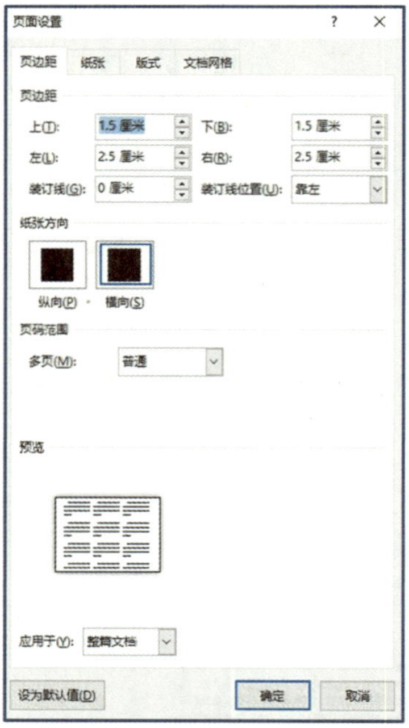

图 3-24 “页面设置”对话框

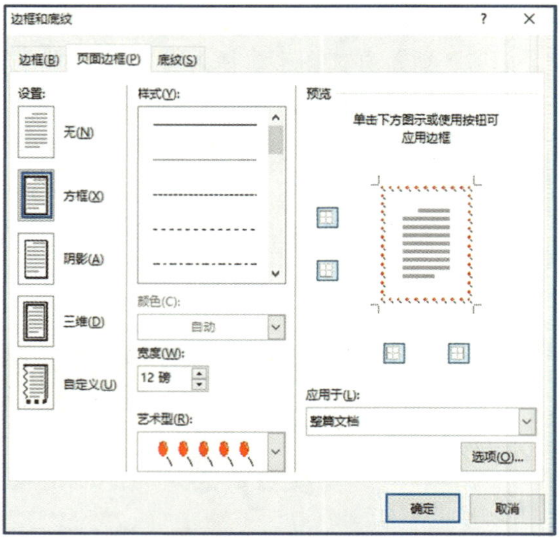

图 3-25 “页面边框”选项卡

2. 分栏

在“布局”选项卡中单击“页面设置”|“栏”按钮，在弹出的菜单中选择“三栏”命令。

3. 插入文本框

（1）选中“这里是青春的舞台……”所在段，在“插入”选项卡中单击“文本”|“文本框”按钮，在弹出的面板中选择“绘制竖排文本框”命令。选中的文字会自动加入文本框中。

（2）移动鼠标到文本框边框处，当鼠标指针变为四向箭头时单击选定文本框，设置其中文本的字号为五号，字体为华文行楷，行距为固定值18磅。设置方法与正文文本的设置方法相同。

（3）移动鼠标到文本框边框处，当鼠标指针变为双向箭头时拖动鼠标，把文本框大小变成第二栏的宽度，当鼠标指针变为四向箭头时拖动文本框至第二栏最上面。

（4）单击文本框，在“格式”选项卡中单击“形状样式”|“形状轮廓”按钮，在下拉面板中选择“无轮廓”命令。

（5）单击“形状样式”|“形状填充”按钮，在弹出的面板中选择“黄色”颜色块。

（6）单击“排列”|“环绕文字”按钮，在弹出的下拉菜单中选择“四周型”命令。

4. 插入艺术字

（1）在“插入”选项卡中单击“文本”|“艺术字”按钮，在弹出的样式中选择第三行第二列的艺术字样式，如图3-26所示。单击该样式后，弹出如图3-27所示的艺术字编辑区，输入文字“纳新啦”。选中艺术字“纳新啦”，在“开始”选项卡中设置字体为华文行楷，字号为54、加粗。

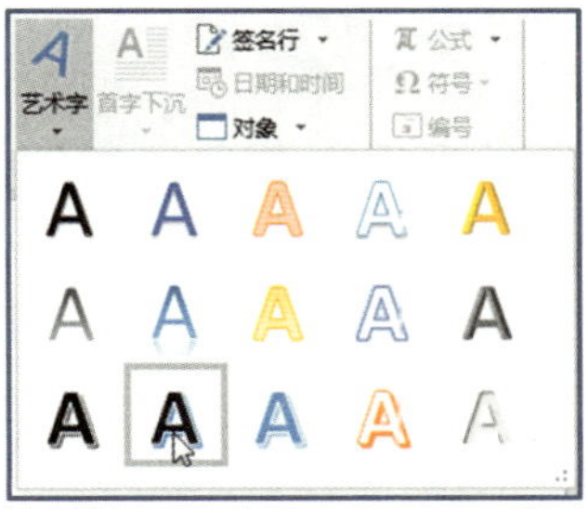

图 3-26 “艺术字”样式

图 3-27 艺术字编辑区

（2）选中艺术字，在“格式”选项卡中进行如下操作：

① 单击“排列”|“环绕文字”按钮，在弹出的下拉菜单中选择“上下型环绕”选项。

② 单击“艺术字样式”|“文本填充”按钮右侧的下拉按钮，在弹出的面板中选择“红色”颜色块。

③ 单击“文本轮廓”按钮右侧的下拉按钮，在弹出的面板中选择“蓝色”颜色块，再选择“粗细”|“1.5磅”命令，如图3-28所示。

④ 单击“文本效果”按钮右侧的下拉按钮，在弹出的面板中选择“转换”|“腰鼓”命令，如图3-29所示。

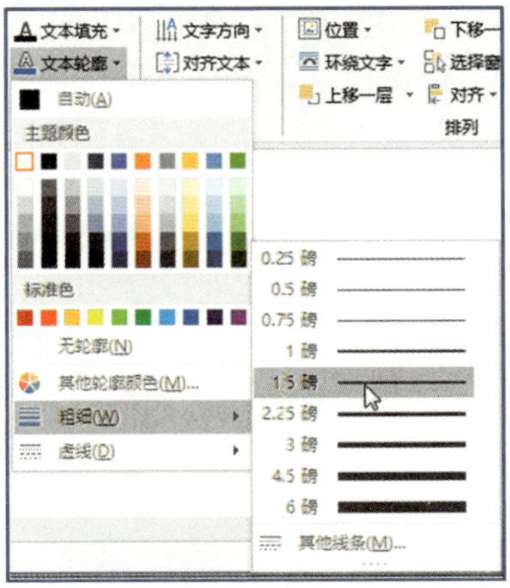

图 3-28 选择“粗细”|“1.5 磅”命令

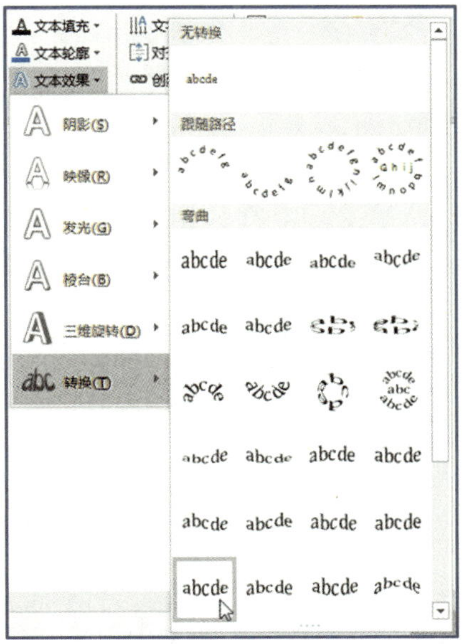

图 3-29 选择“转换”|“腰鼓”命令

5. 插入图片

（1）第一张：单击要插入图片的位置，在“插入”选项卡中单击“插图”|“图片”按钮，打开“插入图片”对话框，在“查找范围”下拉列表中定位素材文件夹，选择名为“放飞梦想.jpg”的图片，然后单击“插入”按钮插入该图片，如图3-30所示。

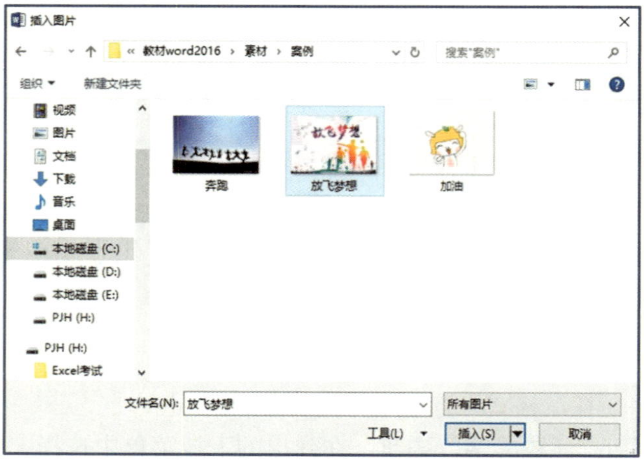

图 3-30 “插入图片”对话框

（2）单击该图片，在“格式”选项卡中单击“大小”组中右下角的控件 ，打开“布局”对话框，切换到“大小”选项卡，勾选“锁定纵横比”复选框，然后在“高度”列表框中输入“30%”，单击“宽度”列表框，数值将自动变为“30%”，如图3-31所示。设置后单击“确定”按钮。

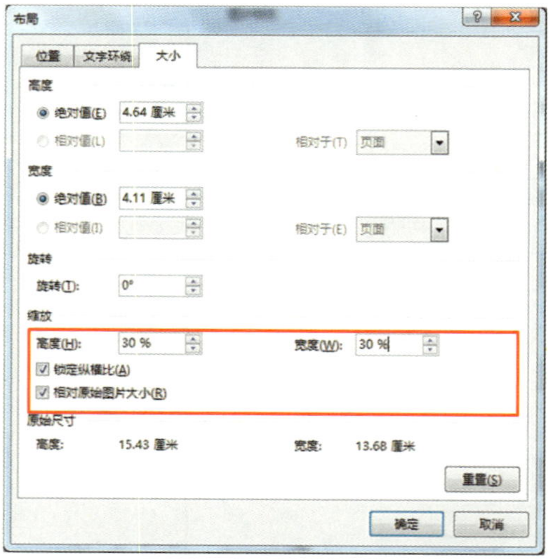

图 3-31 “布局”对话框的“大小”选项卡

（3）在“格式”选项卡中单击“排列”|“环绕文字”按钮，在弹出的下拉菜单中选择“上下型环绕”选项，适当调整图片的位置。

（4）同理，插入“加油.jpg”图片，在“格式”选项卡中单击“大小”组右下角的控件，打开“布局”对话框中的“大小”选项卡，清除“锁定纵横比”复选框，在“高度”列表框中输入“20%”，在“宽度”列表框中输入“15%”。然后设置其环绕方式为“紧密型环绕”。

（5）同理，插入“奔跑.jpg”图片，设置图片缩放比例高度为40%、宽度为65%，环绕方式为“上下型环绕”。

6. 字体设置

按“Ctrl+A”组合键选中全部文本，切换到“开始”选项卡，使用“字体”组中的工具将文本字体设置为宋体、五号。再用鼠标拖动的方法选中文本“办公室”，按住“Ctrl”键，再分别选中“宣传部”“外联部”“文艺部”“体育部”“学习部”等文字，设置字体格式为红色、加粗。

7. 插入自选图形

（1）在“插入”选项卡中单击“插图”|“形状”按钮，在弹出的面板中选择“基本形状”“心形”图标，如图3-32所示。然后在文档中需要插入形状的位置单击并拖动鼠标，绘出图形。

（2）选择“心形”形状，在“格式”选项卡中单击“形状样式”|“形状轮廓”按钮，在弹出的下拉菜单中选择“无轮廓”选项；单击“形状样式”|“形状填充”按钮，在弹出的下拉菜单中选择“红色”选项。

（3）右键单击插入的“心形”形状，在弹出的快捷菜单中选择“添加文字”选项，如图3-33所示。此时图形会进入编辑状态，输入文字“快来加入我们吧！”。输入完毕，将文字设置为华文彩云、小四，其设置方法与正文文本的设置方法相同，然后适当调整文本框的大小。

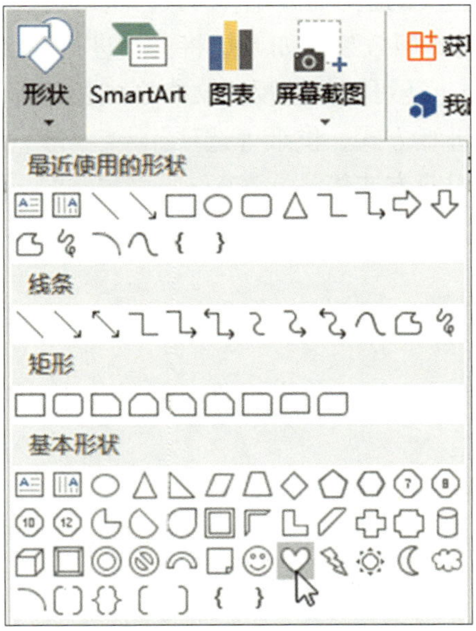

图3-32 插入心形形状

图3-33 自选图形快捷菜单

（4）选中自选图形，在“格式”选项卡中单击“艺术字样式”|“文本填充”按钮，在弹出的下拉菜单中选择“黄色”选项。

（5）单击“排列”|“环绕文字”按钮，在弹出的下拉菜单中选择“四周型”选项。适当调整图形的位置。

8. 保存文件

宣传海报制作完成，保存文件路径为“D:\”，文件名和类型为“学生会纳新宣传海报.docx”。

3.2.4 知识链接

1. 页面设置

Word文档的页面设置主要用来对页面整体布局进行设置，包括纸张方向、纸张大小、页边距等几个方面。

切换至“布局”选项卡，单击“页面设置”控件，打开“页面设置”对话框，其中有“页边距”“纸张”“版式”“文档网格”4个选项卡，可以各自设置相应选项，如图3-34所示。

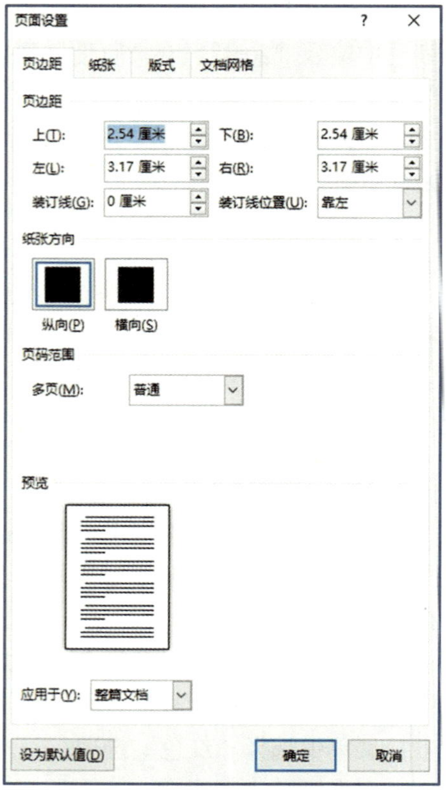

图3-34 “页面设置”对话框

“页面设置”对话框中各选项卡中的功能如下。

（1）“页边距”选项卡：在这里可以设置正文的上、下、左、右边距，页眉、页脚与页边界的距离等，在“预览”框中可预览页面的排版效果。如果想将文档进行双面打印，则可以选中“多页”框中的“对称页边距”选项，还可以使正反面文本区域相匹配等。

（2）“纸张”选项卡：设置打印时纸张的进纸方式、供纸等选项。

（3）“版式”选项卡：设置页眉、页脚、对齐方式等。

（4）“文档网格”选项卡：设置文字排列方向、每页的行数、每行的字符数、是否应用网格等。

2. 分栏

在编辑文档的过程中，一段文字，就是从上到下从左到右的顺序，但是我们有时为了某种特殊目的，需要把一栏变成两栏或者多栏。

选中需要分栏的文字，在“布局”选项卡中单击“页面设置”|“栏”按钮，弹出下拉菜单，即可根据需要选择一栏、两栏、三栏、偏左、偏右等，如图3-35所示。如果需要更多设置，则可以选择“更多栏”命令，打开“栏”对话框。在这里可以根据需要设定自己需要的值，如图3-36所示。

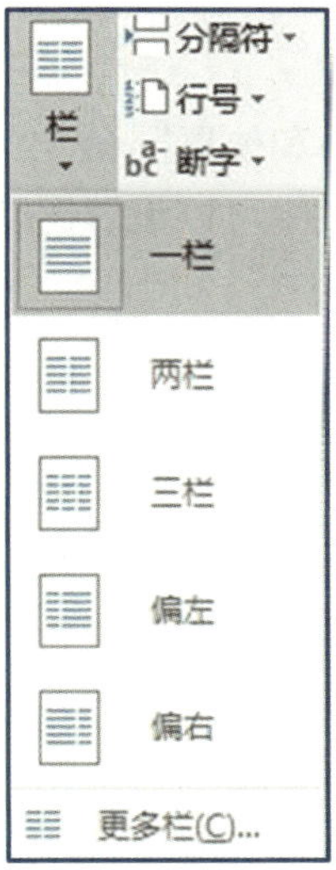

图 3-35　“栏”下拉菜单

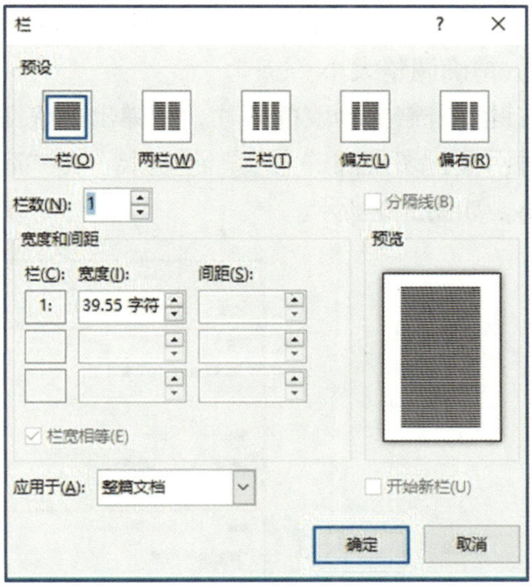

图 3-36　“栏”对话框

3. 插入图片

Word 2016支持的图片文件格式包括EMF、WMF、JPG、JPEG等多种类型，一般的操作方法：把光标移至需要插入图片的位置，在“插入”选项卡中单击“插图”|“图片”按钮，打开“插入图片”对话框，找到要插入图片的位置和文件名，选择文件后单击“插入”按钮，或者直接双击该图片文件的缩略图即可完成插入，如图3-37所示。

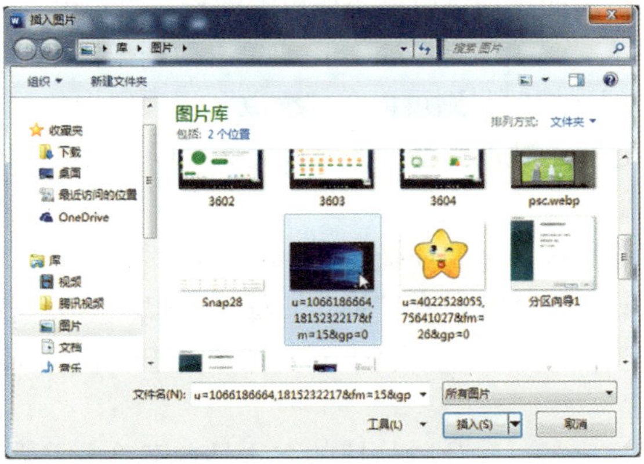

图 3-37　“插入图片”对话框

4. 编辑图片

与文本类似，对图片也可以进行复制、删除等操作。除此之外，还可以进行缩放、裁剪、设置版式等操作。

（1）改变图片的大小。

① 随意调整大小。

单击需要修改的图片，图片的周围会出现8个控点，将鼠标移至控点上，当指针形状变成双向箭头时拖动鼠标来改变图片的大小。拖动对角线上的控点可将图片按比例缩放，拖动上、下、左、右控点则可改变图片的高度或宽度。

② 精确调整大小。

右键单击需要修改的图片，在弹出的快捷菜单中选择“大小和位置”命令，打开“布局”对话框，切换到“大小”选项卡，在“高度”和“宽度”栏中可以设置图片的绝对值的大小，如图3-38所示。

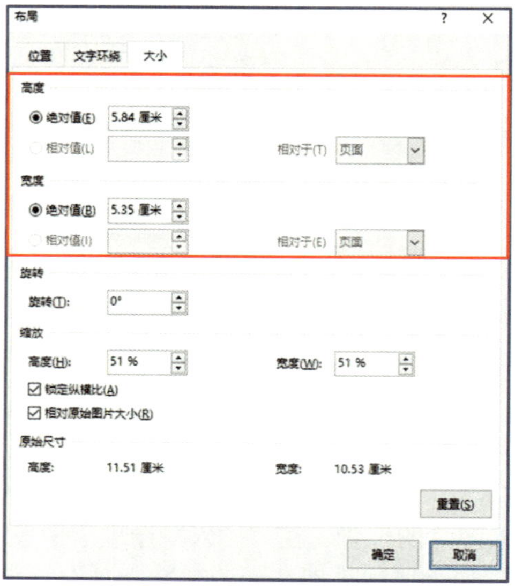

图 3-38　“布局”对话框

使用“缩放”选项组中的选项可以缩小或放大图片。当勾选“锁定纵横比”复选框时，在“缩放”选项组中输入“高度”缩放百分比或单击微调按钮可对图片进行等比缩放；而清除“锁定纵横比”复选框时，则可以在“缩放”选项组中的“高度”和“宽度”中输入各自的缩放百分比，这里的宽度和高度的缩放比例可以一致也可以不一致。

（2）设置环绕文字。

环绕文字是指图片与周围文字的环绕方式，设置文字环绕方式的方法主要有以下两种：

方法一：双击需要设置的图片，在“格式”选项卡中，单击“排列”|“环绕文字”按钮，在弹出的下拉菜单中列出了多种环绕方式，选择其中一种需要的环绕方式，图片即设置为该环绕方式。

方法二：设置环绕文字的一种比较快捷的方法是右键单击需要设置的图片，在弹出的快捷菜单中选择“环绕文字”命令，选择其中一种需要的环绕方式，图片即设置为该环绕方式。

（3）设置图片位置。

单击需要拖动的图片，当指针变成形状时，将图片拖动到合适的区域。

（4）设置图片边框。

单击需要设置的图片，在“格式”选项卡中，单击“形状样式”|“形状轮廓”按钮，在弹出的面板中可对图片边框的“粗细”“虚实”“颜色”等进行设置，如图3-39所示。

（5）图片的裁剪。

当只需要图片的某个部分时，可以将不需要的部分裁剪掉。单击需要修改的图片，图片的周围会出现8个控点，在“格式”选项卡中单击“大小”|“裁剪”按钮，鼠标指针变成状。把鼠标指针移动到图片的一个尺寸控点上向内拖动鼠标，会出现一个虚框，虚框内的图片即剪裁后的图片，如图3-40所示。对一幅图片可以进行多次裁剪。

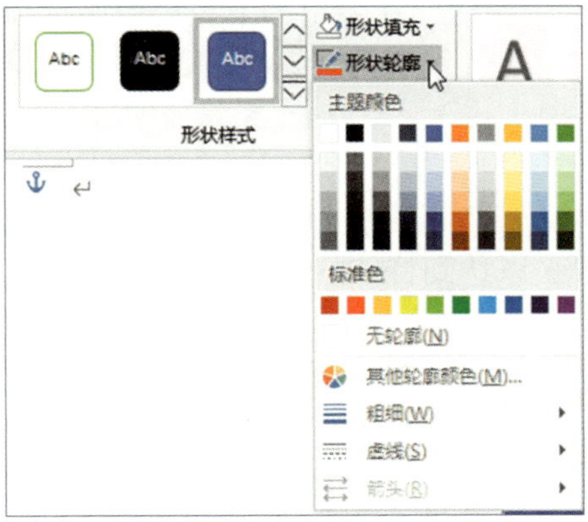

图 3-39　“形状轮廓”面板

图 3-40　裁剪图片

被裁剪掉的部分还可以恢复，方法是单击“裁剪”按钮后，按住鼠标左键向图片外部拖动即可。

（6）图片的颜色改变。

选择需要设置的图片后，可以使用“格式”选项卡中的“调整”工具组来改变图片的颜色。

① 设置亮度和对比度：单击“调整”|“校正”按钮，在弹出的下拉菜单中选择“图片校正”选项，程序窗口右侧会显示一个“设置图片格式”窗格，在此即可设置图片的亮度和对比度，如图3-41所示。

② 设置图片颜色：单击“调整”|“颜色”按钮，在弹出的下拉菜单中选择一个着色类型，所选定的图片即可用该类型重新着色。在该设置中，不仅可以设置图片的颜色，还可以对图片进行透明色处理，如图3-42所示。

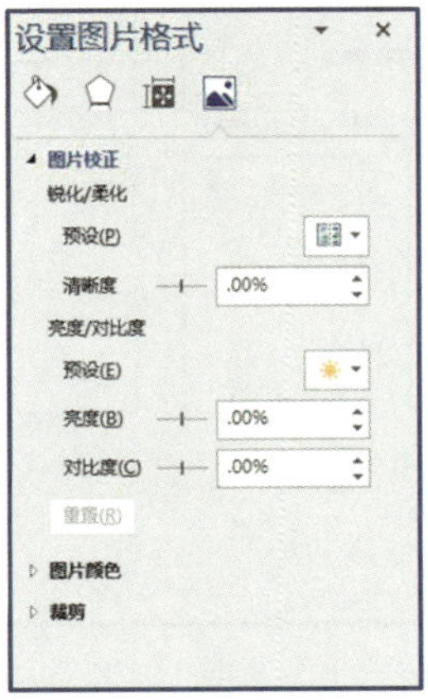

图 3-41　“设置图片格式”窗格

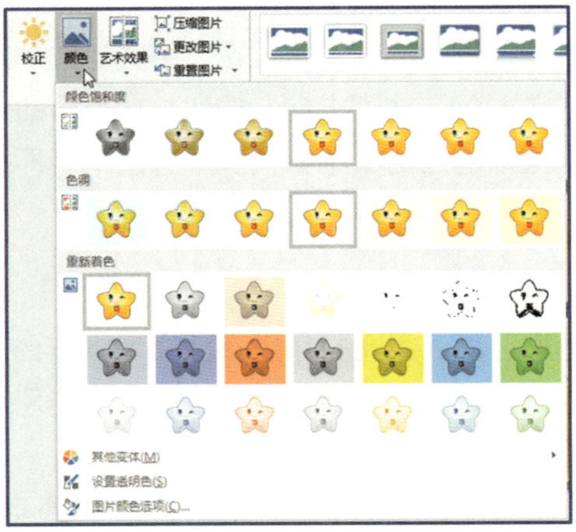

图 3-42　“颜色”下拉菜单

5. 插入艺术字

由于在Word中把艺术字处理成图形对象，所以对它可以像对图片一样进行复制、移动、删除、改变大小、添加边框、设置版式等。此外，对艺术字还可进行添加填充颜色、添加阴影、竖排文字等操作。

在“插入”选项卡中单击“文本”|“艺术字”按钮，在弹出的下拉菜单中选择一种艺术字样式，然后在艺术字占位符中输入文字即可。

6. 编辑艺术字

（1）编辑艺术字的颜色。

艺术字的填充颜色和轮廓颜色可以分别设置，以达到特殊的效果，如图3-43所示。

图 3-43　填充颜色和轮廓颜色不同的艺术字

选中需要设置的艺术字，在“格式”选项卡中单击“艺术字样式”|“文本填充”按钮，在弹出的下拉菜单中选择一种颜色，所选艺术字的填充颜色即被更改为该颜色。如果“主题颜色”和“标准色”都不能达到理想的效果，则可使用“渐变”中的效果来填充艺术字，以达到理想的效果。

在“格式”选项卡中单击“艺术字样式”|“文本轮廓”按钮，可以设置艺术字的轮廓颜色，设置方法与文本填充的设置方法相同。

（2）编辑艺术字的环绕方式。

选中需要设置的艺术字，在“格式”选项卡中单击“排列”|“环绕文字”按钮，在弹出的多种环绕方式中选择一种环绕方式，所选艺术字即被更改为该环绕方式。

（3）改变文字方向。

单击需要设置的艺术字，在“格式”选项卡中单击“文本”|“文字方向”按钮，在弹出的下拉菜单中选择适当的文字方向，所选艺术字即被更改为该文字方向。

7. 插入文本框

文本框，顾名思义是用来存放文本内容的。由于它可以在文档中自由定位，因此它是实现复杂版面的一种常用方法。

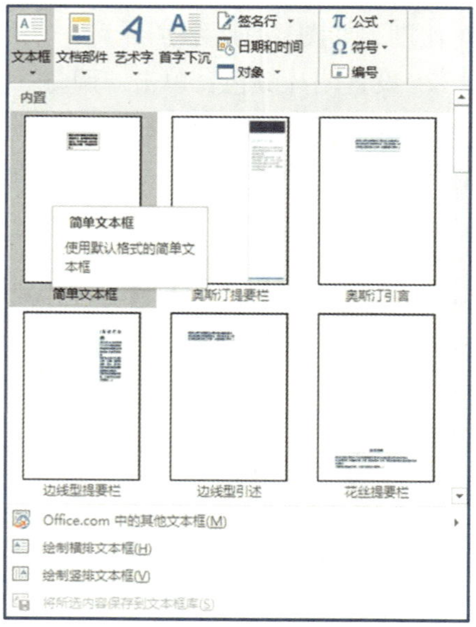

图 3-44　“文本框”下拉菜单

在“插入”选项卡中单击“文本”|“文本框”按钮，弹出如图3-44所示的下拉菜单，单击一种

文本框样式即可。在文本框中单击可输入文本，用和正文文本相同的方法设置文本的字符或段落格式。位置的移动和边框的设置与图片的设置方法类似。

8. 绘制图形

Word提供了“形状”工具，可以让用户在文档中绘制所需的图形。

（1）插入自选图形。

在“插入”选项卡中单击“插图”|“形状”按钮，弹出“形状”下拉菜单，在其中选择一种形状，然后在文档中需要插入形状的位置单击并拖动鼠标。

拖动鼠标有以下4种方式。

① 直接拖动，按默认的步长移动鼠标。

② 按住“Alt”键拖动鼠标，以小步长移动鼠标。

③ 按住“Ctrl”键拖动鼠标，以起始点为中心绘制形状。

④ 按住“Shift”键拖动鼠标，如果绘制矩形类或椭圆类形状，则绘制结果是正方形类或圆类形状。

（2）层叠图形。

在文档中绘制了多个形状后，形状会按照绘制次序自动层叠，要改变它们原来的层叠次序，方法是右键单击需要编辑的形状，在弹出的快捷菜单中选择“置于顶层”或“置于底层”子菜单中的命令，如图3-45所示。

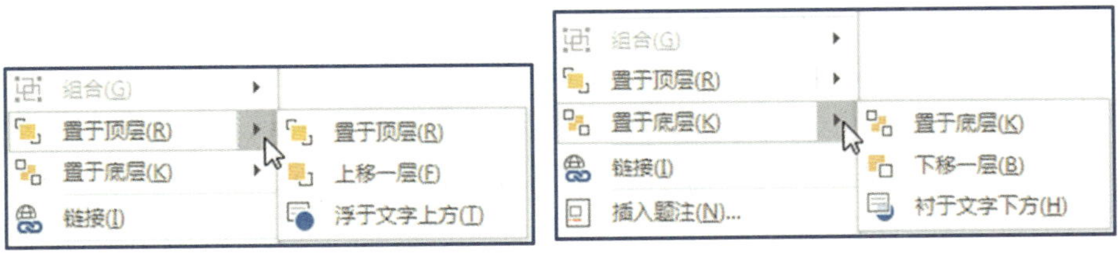

图 3-45　“置于顶层”子菜单（左）和“置于底层”子菜单（右）

（3）组合图形。

如果要同时对多个形状进行操作，则可以将多个形状组合起来成为一个操作对象。方法是选择一个形状后，在按住“Ctrl”键的同时单击其他形状，这样就同时选择了多个形状。右键单击，在弹出的快捷菜单中选择“组合”|“组合”命令。如果要将组合形状取消，则选择“组合”|“取消组合”命令。

3.2.5 知识拓展

1. 打印预览

使用文件的打印预览功能，可以在打印前查看文档的打印效果，以便及时做出必要的调整和修改。

选择“文件”|“打印”命令，跳转到“打印”页面，在页面左侧可以设置打印选项，在页面右侧可以预览打印效果，如图3-46所示。

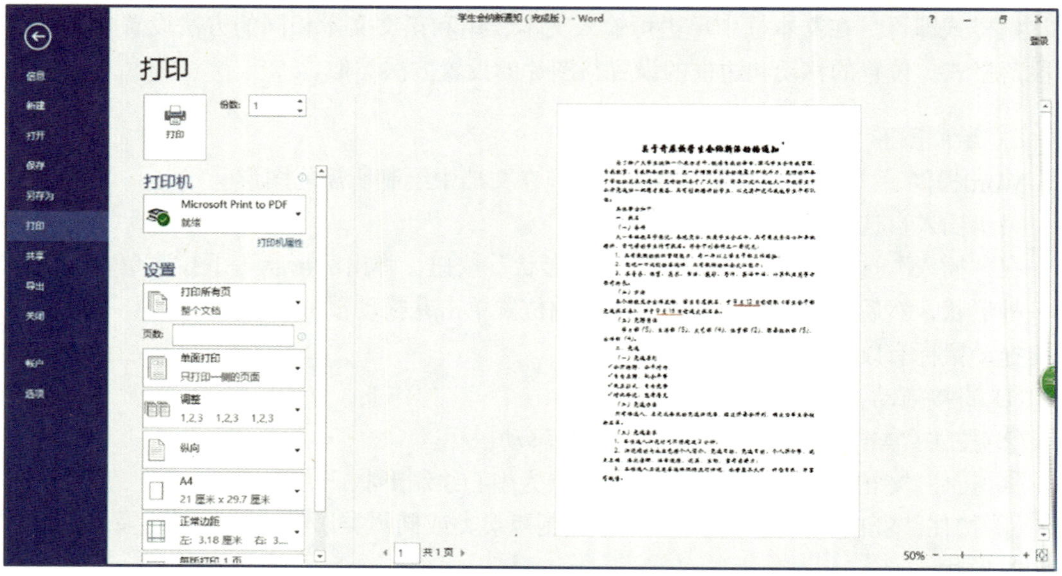

图 3-46　打印预览

2. 打印设置

在Word中有多种打印方式，用户可以按指定范围打印文档，还可以打印多份或多篇文档。此外，Word 2016还提供了可缩放文件打印方式。这些目的都可以通过设置打印选项来达到。

“打印”页面中提供的各种打印选项说明如下。

（1）“打印机”选项组：提供了打印机类型的选择及打印状态、位置等的说明。

（2）“页面范围”选项组：可选择和指定打印的范围，有全部、当前页、页码范围3个选项。

（3）“页数”选项组：确定打印的份数。

（4）“调整”选项组：确定打印的页码顺序。

（5）“页面方向”选项组：确定文档的打印方向是横向的或纵向的。

（6）“纸张大小”选项组：选择文档要打印的纸张尺寸。

（7）“页边距”选项组：设定文档正文与页边的距离。

（8）“页面缩放”选项组：选择文档打印在纸张上的页面数或缩放比例。

此外，如果在设置打印选项时需要重新设置页面格式，则可以直接在“打印”页面的选项设置栏底部单击“页面设置”超链接文字，打开“页面设置”对话框进行设置，而不必在功能区中切换到“布局”选项卡。

3. 打印文档

设置好打印选项后，在“打印”页面的选项设置栏上方单击“打印机”按钮，在弹出的下拉列表中选择已连接的打印机，然后单击“打印”按钮，即可启动打印机，开始打印。

3.2.6 技能训练

练习：制作一张“社团纳新”宣传海报，要求如下。

（1）主题鲜明，布局美观大方。

（2）纸张方向为横向，简报只有一页。

（3）简报内容包含文本、图片、艺术字、自选图形、联机图片等。

（4）对图片等内容的颜色、环绕方式等自行选择。

任务 3.3　表格的应用

3.3.1 任务要点

- 创建表格。
- 格式化表格。
- 表格与文字相互转换。
- 表格数据排序与计算。

3.3.2 任务要求

用 Word 2016 制作如图 3-47 所示的表格，要求如下。

1．表格标题设置：表格标题格式设置为华文行楷、二号、加粗、居中对齐。

2．插入表格。

3．行高和列宽设置：表格第 1 列的列宽为 2.2 厘米，第 1～4 行的行高为 1.5 厘米，第 5 行的行高为 4 厘米，第 6 行的行高为 5 厘米，第 7 行的行高为 7 厘米。

4．输入文字。

5．表格字体设置：表格中的标题设置为宋体、小四、加粗，其余文字设置为宋体、五号；第 5～7 行、第 1 列的文字方向为纵向；第 5～7 行、第 2 列的文字对齐方式为中部两端对齐，其余所有文字对齐方式均为水平居中。

6．表格框线设置：表格外框线为双实线，宽度为 0.5 磅，内框线为 0.5 磅、单实线。

7．表格底纹设置：为表格中的标题添加底纹，颜色为“浅绿”。

8．保存表格：将文件保存为“学生会干部竞选报名表.docx”。

学生会干部竞选报名表

姓名	李强	班级	18 测量	寸照
性别	男	政治面貌	党员	
联系方式	139XXXXXXXX	个人特长	吉他	
竞选部门	文艺部			
个人简历	2018 年 9 月至今　辽宁城市建设职业技术学院 2015 年 9 月—2018 年 6 月　　开原市高级中学 2012 年 9 月—2015 年 6 月　　开原市第五中学			
获奖情况	2016 年获得校园十大歌手称号 2017 年获得优秀学生干部称号			
未来工作设想	文艺部是一个代表学生的团体，是让每个学生施展自己才华的舞台，因此，我热爱文艺部，并渴望成为其中的一员。我活泼外向，直率真诚，热情洋溢，无时无刻不充满干劲！如果我有幸能成为文艺部的一员，我一定会刻苦学习，努力工作，积极参与各项活动，贡献自己的力量。			

图 3-47　“学生会干部竞选报名表”样表

3.3.3 实施过程

1. 新建文档

单击“开始”按钮，在“开始”菜单中选择“Word 2016”命令，启动Word 2016应用程序，新建一个空白工作簿。

2. 设置标题格式

（1）输入标题文本“学生会干部竞选报名表”。

（2）选中标题，在“开始”选项卡中的“字体”组中分别设置字体为“华文行楷”，字号为“二号”，字形为“加粗”；单击“段落”|“居中”对齐按钮。

3. 插入表格

（1）在标题“学生会干部竞选报名表”后按“Enter”键换行。

（2）在“插入”选项卡中单击“表格”|“表格”按钮，在弹出的菜单中选择“插入表格”命令，打开“插入表格”对话框，在“列数”微调框中输入“2”，“行数”微调框中输入“7”，如图3-48所示。

4. 行高/列宽设置

（1）选中表格的第1列，右键单击，在弹出的快捷菜单中选择“表格属性”命令，打开“表格属性”对话框，切换到“列”选项卡，设置列宽为“2.2厘米”，如图3-49所示。

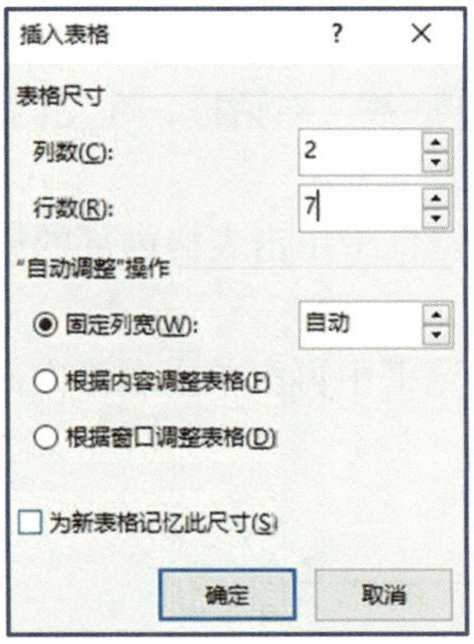

图 3-48　“插入表格”对话框

图 3-49　“表格属性”对话框

（2）选中第1～4行，打开“表格属性”对话框，切换到“行”选项卡，设置行高为“1.5厘米”。

（3）按照上述方法，分别设置第5～7行的行高。

（4）将光标移动到表格右侧边线处，按住鼠标左键，将表格第2列拉宽至适当位置。

5. 合并、拆分单元格

（1）选中表格的第2列、第1～3行，在“布局”选项卡中单击“合并”|“拆分单元格”按钮，打开如图3-50所示的对话框。在“列数”微调框中输入“4”，在“行数”微调框中输入“3”，单击“确定”按钮。

（2）将光标移动到纵向框线处，拖动鼠标，调整至适当宽度。

（3）选中表格的第5列、第1～3行，在“布局”选项卡中单击“合并”|“合并单元格”按钮，将其合并为一个单元格。

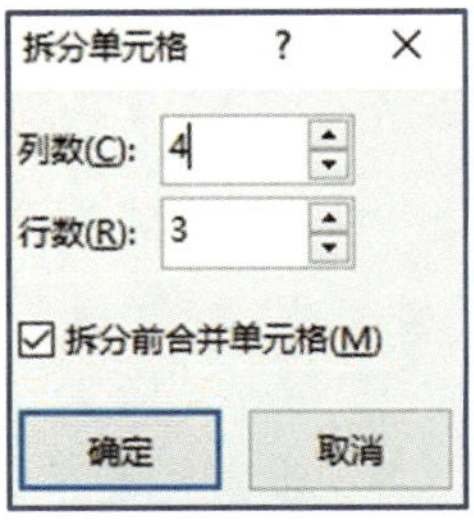

图 3-50　“拆分单元格”对话框

6. 表格字体设置

（1）按照图3-47所示的样表输入文本。

（2）按住“Ctrl”键，选中表格中的标题，在“开始”选项卡中的“字体”组中设置字体为“宋体”、字号为“小四”，并单击加粗按钮 **B** 。

（3）选中表格中其他文本，在“开始”选项卡中的“字体”组中设置字体为“宋体”、字号为“五号”。

（4）选中表格的第5～7行、第1列，在“布局”选项卡中单击“对齐方式”|“文字方向”图标，将文字方向切换为纵向。

（5）选中表格的第5～7行、第2列，在“布局”选项卡中单击“对齐方式”|“中部两端对齐”按钮，将文字对齐方式设置为“中部两端对齐”。

（6）选中表格中其他内容，将文字对齐方式设置为“水平居中”。

7. 表格框线的设置

（1）单击表格左上角全选按钮，选中整张表格。

（2）在表格工具的“设计”选项卡中单击“边框”|“边框”按钮右侧的下三角按钮，在弹出的菜单中选择“边框和底纹”选项，打开“边框和底纹”对话框，在左侧的“设置”栏中单击“全部”按钮，如图3-51所示。

（3）在“样式”列表框中选择“双实线”，在右侧预览框中单击表格内部的框线，将其取消。

（4）在“样式”列表框中选择“单实线”，在右侧预览框中再次单击表格内部的框线，将其添加。

（5）单击“确定”按钮。

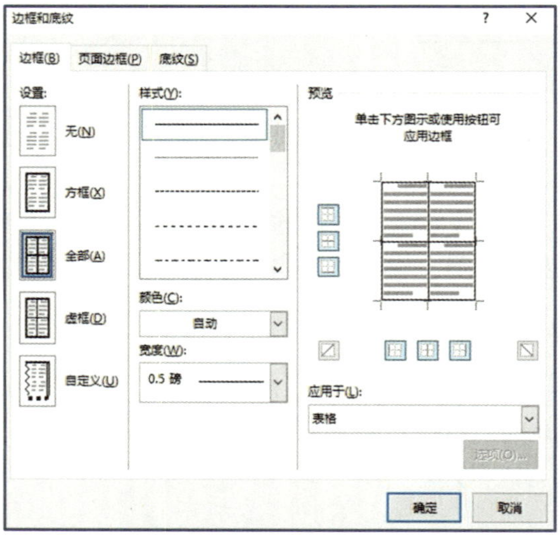

图 3-51　“边框和底纹”对话框

8. 设置标题单元格的底纹

（1）按住“Ctrl”键，分别在表格标题单元格中拖动，以选中所有表格标题。

（2）打开“边框和底纹”对话框，切换到“底纹”选项卡，在“填充”下拉列表框中选择“浅绿”，单击“确定”按钮。

9. 文档的另存

（1）选择“文件”|“另存为”命令，切换到“另存为”对话框，单击“浏览”按钮，打开“另存为”对话框。

（2）在对话框左侧单击“桌面”，在“文件名”文本框中输入“学生会干部竞选报名表.docx”，单击“保存”按钮。

3.3.4 知识链接

1. 建立表格

在Word 2016中创建表格时主要使用以下两种方法。

（1）通过示例表格插入表格。

将光标定位到要插入表格的位置，在“插入”选项卡中单击“表格”|“表格”按钮，在弹出的面板中的表格区域拖动鼠标，当光标移动到相应的行和列时会在Word编辑区内显示出表格样式，但是一次最多插入10列8行，如图3-52所示。

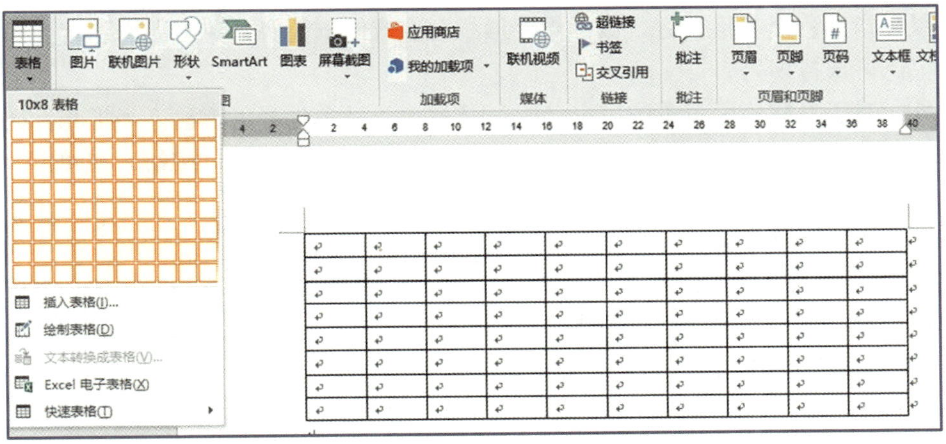

图 3-52　插入表格

（2）通过对话框插入表格。

在“插入”选项卡中单击“表格”|“表格”按钮，在弹出的面板中选择“插入表格”命令，打开“插入表格”对话框。通过“表格尺寸”选项组可以设置建立表格的列和行及其他属性，如图3-53所示。

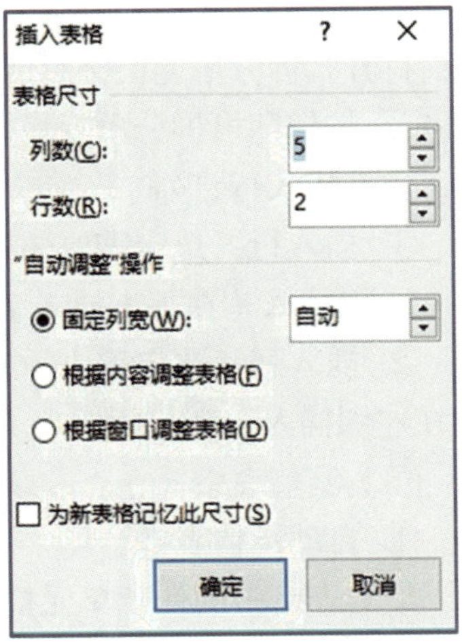

图 3-53　“插入表格”对话框

2. 表格的编辑与修改

（1）文字数据的录入和删除。

① 文字数据的录入。

在表格中需要输入数据的单元格中单击定位插入点，切换到要使用的输入法，即可录入数据。在表格中录入文字不能用“Enter”键，“Enter”键只能使行高加高。

② 文字数据的删除。

选择包含要删除内容的单元格，按“Delete”键或

“Backspace”键。

（2）表格、单元格、行、列的选择。

① 选择表格。

将鼠标指针移动到表格上时，表格左上角会出现移动控制点⊞，把鼠标指针移动到控制点上单击，即可选定表格。

② 选择单元格。

每个单元格的左侧有一个选定栏，当鼠标指针移到选定栏时指针形状会变成向右上方的箭头，单击即可选定该单元格，利用鼠标拖动或者按住“Shift”键可以选定多个单元格。

③ 选择行。

将鼠标指针移至行左侧，鼠标指针形状会变成向右上方的箭头，单击即可选定当前行，按住鼠标左键不动纵向拖动鼠标可选择多行。

④ 选择列。

将鼠标指针移至表格上方，鼠标指针形状会变成向下箭头，单击即可选定当前列，横向拖动鼠标可选择多列。

此外，对于喜欢使用菜单的用户，Word还提供了菜单选择的方法。当把光标插入点置于表格中时，在表格工具的“布局”选项卡中单击“表”|“选择”按钮，在弹出的菜单中选择单元格、行、列，或整个表格即可。

（3）表格的拆分、单元格的合并与拆分。

① 表格的拆分：选定表格需要拆分的位置，在表格工具的“布局”选项卡中单击“合并”|“拆分表格”按钮，即可将一张表格分成两张表格。

② 单元格的合并：选定需要合并的若干单元格，在表格工具的“布局”选项卡中选择“合并单元格”命令，即可合并单元格。

③ 单元格的拆分：选定需要拆分的单元格，在表格工具的“布局”选项卡中单击“合并”|“拆分单元格”按钮，打开“拆分单元格”对话框，设置行数和列数，单击“确定”按钮即可拆分单元格，如图3-54所示。

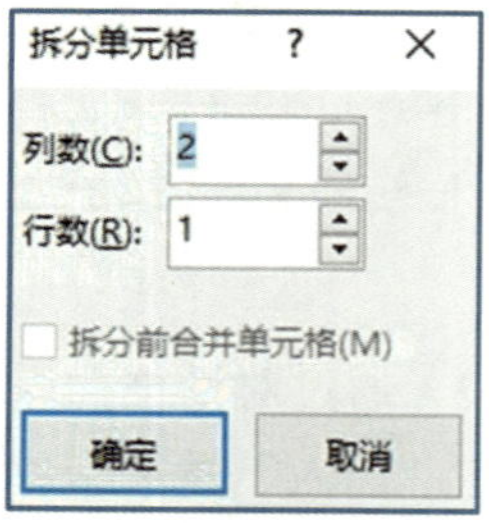

图 3-54 “拆分单元格”对话框

（4）插入行、列。

① 插入行：选定需要插入行的位置，在表格工具的“布局”选项卡中选择“行和列”|“在上方插入（在下方插入）”命令，即可插入行。

② 插入列：选定需要插入列的位置，在表格工具的“布局”选项卡中选择“行和列”|“在左侧插入（在右侧插入）”命令，即可插入列。

（5）调整表格。

① 自动调整表格。

单击表格中的任意单元格，在表格工具的“布局”选项卡中单击“单元格大小”|“自动调整”按钮。

② 手动调整表格。

调整行或列尺寸：将鼠标指针指向准备调整尺寸的列的左边框或行的下边框，当鼠标指针呈现双竖线或双横线形状时，按住鼠标左键左右或上下拖动即可改变当前列或行的尺寸。

调整单元格尺寸：如果仅仅想调整表格中某个单元格的尺寸，而不是调整表格中整行或整列尺寸，则可以首先选中某个单元格，然后拖动该单元格左边框调整其尺寸。

调整表格尺寸：如果准备调整整张表格的尺寸，则可以将鼠标指针指向表格右下角的控制点，当鼠标指针呈现双向的倾斜箭头时，按住鼠标左键拖动控制点调整表格的大小。在调整整张表格尺寸的同时，其内部的单元格将按比例调整尺寸。

（6）表格的对齐方式。

如果所创建的表格没有完全占用Word文档页边距以内的页面，则可以为表格设置相对于页面的对齐方式，如左对齐、居中、右对齐。

单击Word表格中的任意单元格，在表格工具的“布局”选项卡中单击“表”|“属性”按钮，打开“表格属性”对话框，在“表格”选项卡中根据实际需要选择对齐方式，如“左对齐”“居中”“右对齐”。如果选择“左对齐”选项，则可以设置“左缩进”数值（与段落缩进的作用相同），如图3-55所示。设置后单击“确定”按钮。

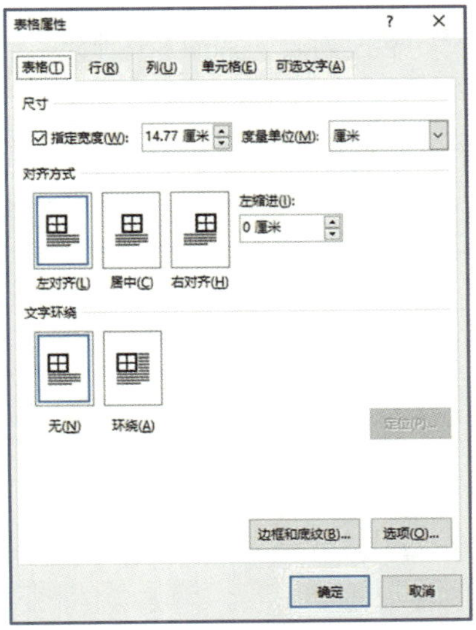

图 3-55　“表格属性”对话框

（7）表格的复制、移动和删除。

① 复制：选择整张表格后，用常规复制的方法进行操作即可。

② 移动：将鼠标指针移到表格左上角的“全选按钮”上，按住鼠标左键并拖动至指定的位置。

③ 删除：选择整张表格后，在表格工具的“布局”选项卡中单击“行和列”|“删除”按钮，在弹出的菜单中选择“删除表格”命令。

（8）表格中数据的对齐方式。

选择要对齐的数据单元格，在表格工具的“布局”选项卡中的“对齐方式”选项组中单击适合的对齐方式按钮。

3. 设置表格格式

（1）表格属性。

选中表格，在表格工具的“布局”选项卡中单击“表”|“属性”按钮，打开“表格属性”对话框，可以对表格的行、列、单元格和表格进行属性设置。

（2）边框和底纹。

在Word 2016中，不仅可以在表格工具的“设计”选项卡中设置表格的边框和底纹样式，还可以在“边框和底纹”对话框中设置表格的边框和底纹样式。

在Word表格中选中需要设置边框和底纹的单元格或整个表格，在表格工具的“设计”选项卡中单击“边框”|“边框”按钮右侧的下拉按钮，在弹出的菜单中选择“边框和底纹”

命令，打开“边框和底纹”对话框，然后可用下面的方法设置表格的边框和底纹。

① 设置边框：切换到“边框”选项卡，在“设置”区域选择边框显示位置，然后根据实际需要自定义设置边框的显示状态。

② 设置底纹：切换到“底纹”选项卡，在“图案”区域单击“样式”下拉按钮，选择一种样式；单击“颜色”下拉按钮，选择合适的底纹颜色。

（3）自动套用格式。

Word内置了一些设计好的表格样式，包括表格的框线、底纹、字体等格式设置。利用它可以快速地引用这些预设的样式。

① 使用预设样式：选择要修改的表格，在表格工具的“设计”选项卡中展开“表格样式”下拉列表，如图3-56所示。

② 自定义表格样式：展开“表格样式”下拉列表，从中选择“修改表格样式”命令，打开“修改样式”对话框，根据需要设置所需样式，如图3-57所示。

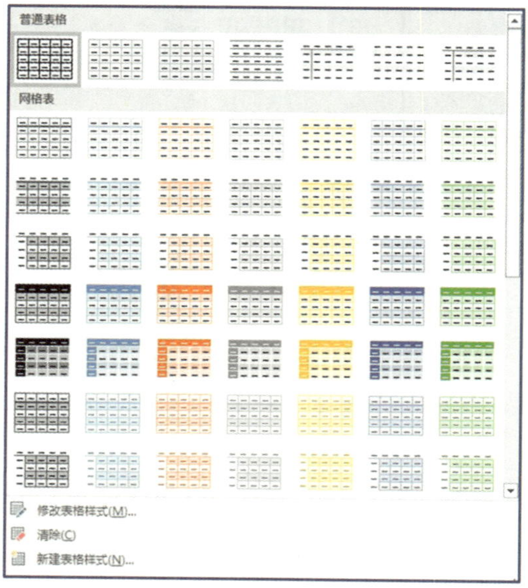

图 3-56　预设表格样式下拉列表

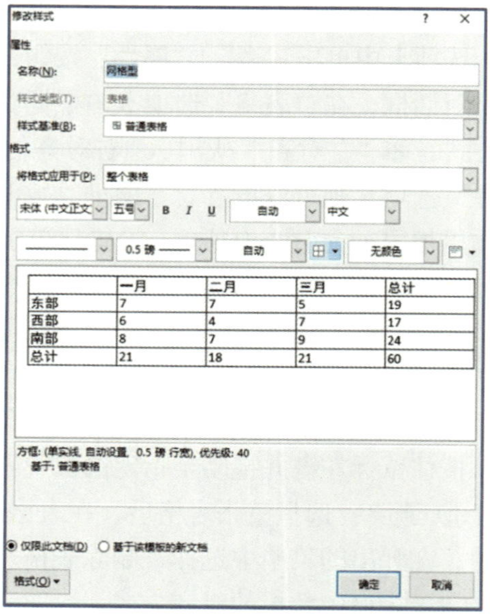

图 3-57　“修改样式”对话框

3.3.5 知识拓展

1. 手工绘制表格

将插入点移到要插入表格的位置，在“插入”选项卡中单击“表格”|“表格”按钮，在弹出的菜单中选择“绘制表格”命令，鼠标指针会变成铅笔状。按住鼠标左键，从左上方向右下方拖动鼠标绘制表格外框线，松开鼠标，再绘制表格的列线和行线，也可以绘制对角线。绘制好大概的框线后，还可以利用“布局”选项卡中的“绘图”|“橡皮擦”按钮擦除多余的列线和行线。

2. 表格中数据的计算、排序

（1）表格的计算功能。

Word表格通过内置的函数功能，可以帮助用户完成常用的数学计算。表格中的列号的标识依次为a，b，c，d，…，行号的标识依次为1，2，3，4，…，因此对应的单元格的标识依次为a1，b2，c3，d4等。利用该单元格的标识符可以对表格中的数据进行计算。

在Word 2016的表格中实现公式运算，需先将光标定位在需要计算数据的单元格，然后在表格工具的“布局”选项卡中单击“数据”|“公式”按钮，打开“公式”对话框，输入正确的计算公式，单击“确定”按钮即可，如图3-58所示。

（2）表格的排序。

在表格工具的“布局”选项卡中单击“数据”|“排序”按钮，打开“排序”对话框，输入关键字、数据类型等排序条件，然后选中“升序”或“降序”单选按钮，即可按升序或降序对数据进行排序，如图3-59所示。

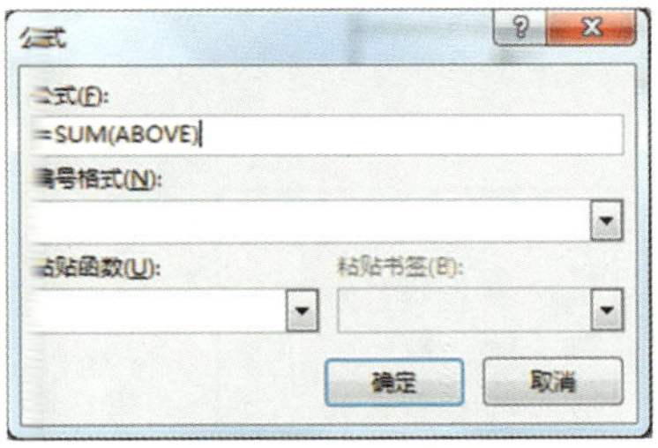

图 3-58 “公式”对话框

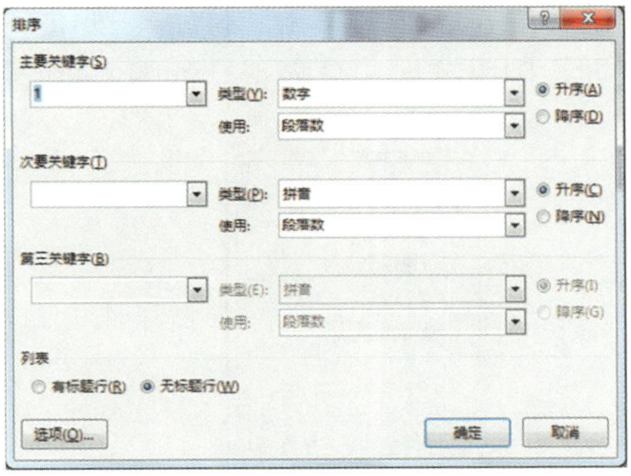

图 3-59 “排序”对话框

3. 表格与文字的相互转换

Word可以将文本直接转换成表格，或者将表格转换成文本。Word表格转换的依据是分隔符，也就是说，当将表格转换为文本时，各个单元格中的文本会以指定的分隔符相互分隔开来；而将文本转换为表格时，也会依据分隔符的位置来将被分隔的文本段放置在不同的单元格中。分隔符可以是逗号、空格、制表符、段落标记或其他指定标记。

在进行表格和文本的转换之前，需要先在“开始”选项卡中单击“段落”|“显示/隐藏编辑标记”按钮，显示编辑标记，以便查看文档中的文本分隔方式。

（1）将文本转换成表格。

在需要转换成表格的文本中插入分隔符，以指示需要在何处将文本拆分为表格列。如图3-60所示，这里使用了空格和段落标记两种分隔符，以空格来分列，用段落标记来分行。

设置好分隔符后，选择要转换为表格的所有文本，在“插入”选项卡中单击“表格”|“表格”按钮，在弹出的菜单中选择“文字转换成表格”命令，打开“将文字转换成表格”对话框，Word会自动识别分隔符，如图3-61所示。根据需要选择“‘自动调整’操作”选项组中的选项，以决定表格的宽度，然后单击“确定”按钮，即可将所选文本转换为表格，如图3-62所示。

颜色 混合结果
红、黄 橙
黄、蓝 绿
蓝、红 紫

图 3-60　原始文本

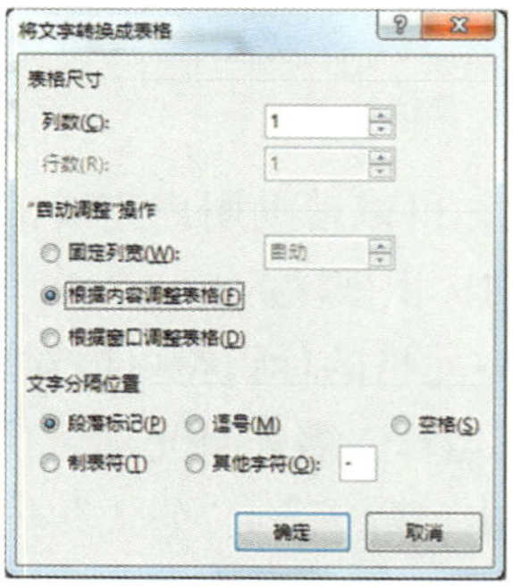

图 3-61　“将文字转换成表格”对话框

颜色	混合结果
红、黄	橙
黄、蓝	绿
蓝、红	紫

图 3-62　转换后的表格

（2）将表格转换成文本。

选择要转换为文本的行或表格，在“表格工具”的“布局”选项卡中单击“数据”|“转换为文本”按钮，打开如图3-63所示的“表格转换成文本”对话框。选择在单元格文本之间要使用的分隔符，然后单击“确定”按钮，完成转换。此时可以看到Word使用指定的分隔符分隔列，用段落标记分隔行，如图3-64所示。

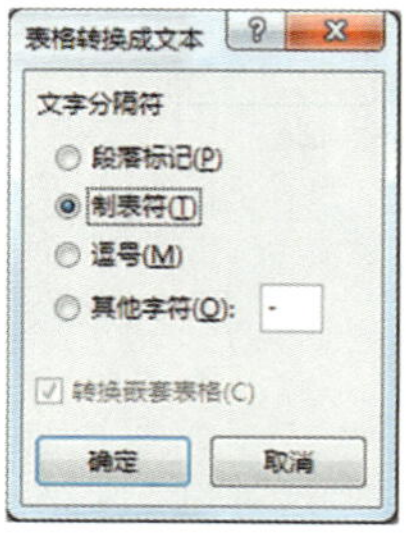

图 3-63　“表格转换成文本”对话框

颜色　　混合结果
红、黄　橙
黄、蓝　绿
蓝、红　紫

图 3-64　表格转换成文本

4. 设置表格的重复标题行

由于编辑表格数据较多，需要多页显示时，经常会遇到表格第一页有表头，从第二页开始没有表头，这样在看表格数据时就会不知所云。在Word中可以使用重复标题行来解决这个问题：选中表格第一页的标题行，选择“表格工具”对话框的“布局”选项卡的“数据”组中的“重复标题行”命令，如图3-65所示，这样每页表格中标题行就会出现了。

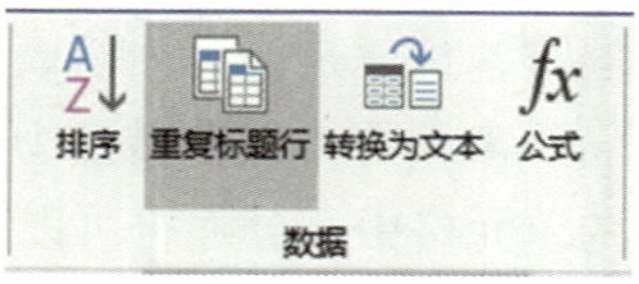

图 3-65　重复标题行

5. 防止表格跨页

一般而言，一张表格放在一页纸上都能放得下，但如果表格位置正处于两页交界处，会出现一张表格拆分成两页的情况。处理办法可通过选择“表格工具”对话框的“布局”选项卡中的“表格属性”命令，在弹出的对话框中选择“行”选项卡，清除“允许跨页断行”前的“√”，如图3-66所示，单击“确定”按钮即可。

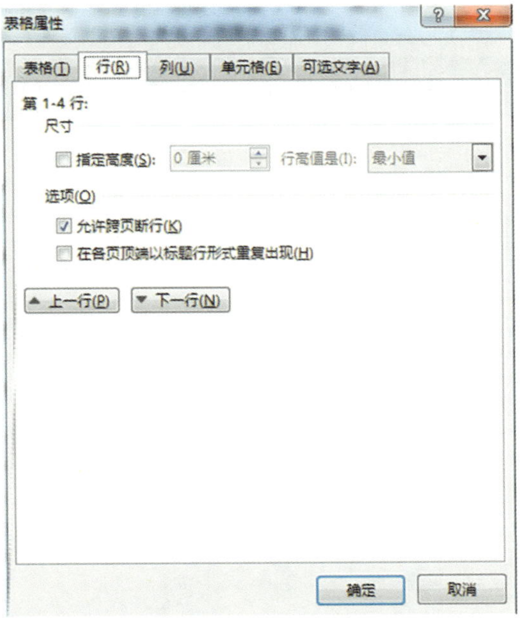

图 3-66　允许跨页换行

3.3.6 技能训练

练习：

制作如图3-67所示的表格。具体要求如下：

① 按照样文录入表格中的文字内容。

② 单元格的合并与拆分参照样文。

③ 文本的格式及边框、底纹可根据个人喜好自行设置。

原始凭证分割单　　　　编号

年　月　日

<table>
<tr><td colspan="2">接受单位名称</td><td colspan="2"></td><td>地址</td><td colspan="10"></td></tr>
<tr><td>原始凭证</td><td>单位名称</td><td colspan="2"></td><td>地址</td><td colspan="10"></td></tr>
<tr><td></td><td>名称</td><td></td><td>日期</td><td></td><td>编号</td><td colspan="9"></td></tr>
<tr><td colspan="2" rowspan="2">总金额</td><td colspan="4" rowspan="2">人民币
（大写）</td><td>十</td><td>万</td><td>千</td><td>百</td><td>十</td><td>元</td><td>角</td><td>分</td><td>币</td></tr>
<tr><td></td><td></td><td></td><td></td><td></td><td></td><td></td><td></td><td></td></tr>
<tr><td colspan="2" rowspan="2">分割金额</td><td colspan="4" rowspan="2">人民币
（大写）</td><td>十</td><td>万</td><td>千</td><td>百</td><td>十</td><td>元</td><td>角</td><td>分</td><td>币</td></tr>
<tr><td></td><td></td><td></td><td></td><td></td><td></td><td></td><td></td><td></td></tr>
<tr><td colspan="2">原始凭证主要内容
分割原因</td><td colspan="13"></td></tr>
<tr><td colspan="2">备注</td><td colspan="13">原始凭证附在本单位　年月日　记账凭证内</td></tr>
</table>

图 3-67　原始凭证分割单

任务3.4 制作学生毕业论文

3.4.1 任务要点

- 页面设置。
- 封面。
- 样式。
- 目录。
- 页眉、页脚、页码。
- 打印。

3.4.2 任务要求

1．打开论文原稿。

2．页面设置：将纸张设置为“A4”，上、下页边距均为“2.3cm”，左、右页边距均为“2.5cm”，装订线为“0.5cm”，装订线位置为“靠左”，页眉为“1.2cm”，页脚为“1.5cm”。

3．制作论文封面：插入分节符，生成空白页。利用绘制文本框的方法制作封面效果。

4．论文摘要的字体和段落格式设置：第1行标题，字体为黑体，小二号，加粗，居中对齐；第2行“摘要”，字体为黑体，三号，加粗，居中对齐；正文为宋体，小四号，段落首行缩进2字符；“关键词”部分，字体为宋体，小四号，加粗，左对齐；英文部分的摘要内容与中文部分相同。

5．修改、应用样式。

（1）标题格式：论文标题设置为三级标题，要求如下。

一级标题：黑体、三号字、加粗、左对齐、段间距为段前段后各0.5行、1.5倍行间距；

二级标题：黑体、小三号字、左对齐、段间距为段前段后各0.5行、1.25倍行间距。

三级标题：黑体、四号字、左对齐、段间距为段前段后各8磅、1.25倍行间距。

（2）正文内容：仿宋，五号、首行缩进2字符，段间距为段前段后各0行、1.25倍行间距。

6．生成目录：在封面页和正文页之间生成目录，目录独立成一页。

7．页眉和页脚：为论文插入页眉和页脚，要求如下：

页眉：插入页眉文字“基于大数据的计算机信息处理技术应用与实践”；

页脚：在页脚处插入页码，其中，封面页、目录页不需插入页码，正文页码从1开始。

8．保存文档：论文的最终排版样式文档保存为“D:\论文（完成版）.docx”。

9．统计论文字数。

3.4.3 实施过程

单击“开始”按钮，在“开始”菜单中选择“Word 2016”命令，启动Word 2016应用程序，新建一个空白工作簿。

1．页面设置

打开“论文原文.docx”文件，在“页面布局”选项卡中单击“页面设置”组中的右下角的按钮，打开如图3-68所示的“页面设置”对话框，在“页边距”选项卡中设置：“上”为“2.3厘米”，“下”为“2.3厘米”，“左”为“2.5厘米”，“右”为“2.5厘米”，“装订线”为“0.5厘米”；在“纸张”选项卡中的“纸张大小”列表框中，选择“A4”；在“版式”选项卡中设置：“页眉”为“1.2厘米”，“页脚”为“1.5厘米”。

2．制作论文封面

（1）插入分节符：将光标定位在文档最前面，然后选择“页面布局”选项卡中的“页面设置”组中的“分隔符”命令，在下拉菜单中单击“下一页”，如图3-69所示。文档第一页就成了空白页，内容则从第二页开始。同样的操作再来一次，这样前两页都是空白页，备用。

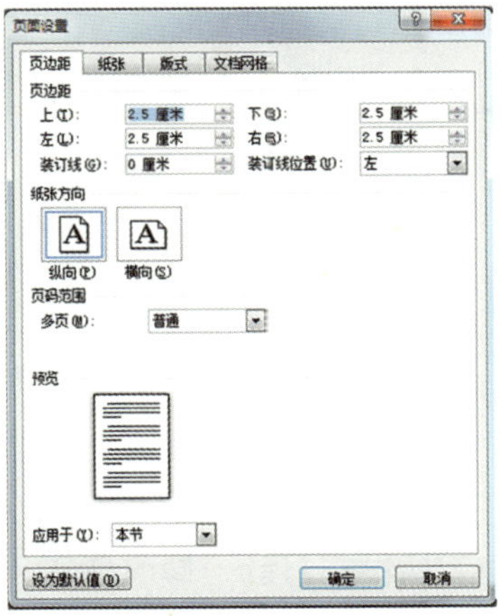

图3-68 “页面设置”对话框

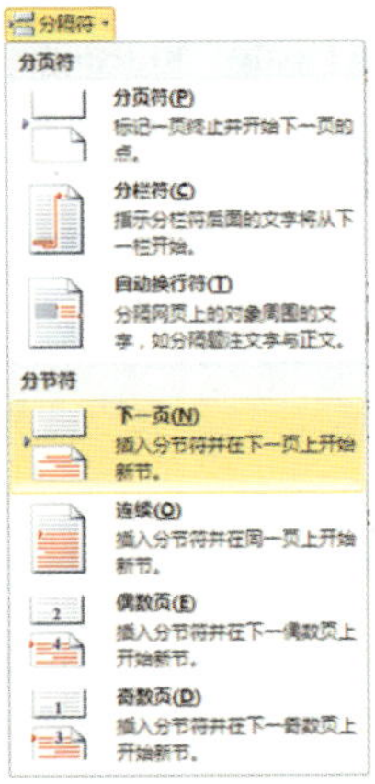

图3-69 插入分节符

（2）利用前面所学的绘制文本框的方法，在文档第一页制作如图3-70所示的封面效果。

3．设置论文摘要

（1）选中第1行论文标题，在“开始”选项卡中的“字体”组中设置字体为黑体、字号为小二号、加粗，在“开始”选项卡中的“段落”组中设置对齐方式为居中。

（2）选中第2行“摘要”，在“开始”选项卡中的“字体”组中设置字体为黑体、字号为三号、加粗，在“开始/段落”组中设置对齐方式为居中。

（3）选中正文文本，在“开始”选项卡中的“字体”组中设置字体为宋体、字号为小四、加粗；单击“开始”选项卡中的“段落”组右下角的按钮，在打开的“段落”对话框中的“缩进和间距”选项卡中，设置“特殊格式”为首行缩进2字符。

（4）选中“关键词”一行，在“开始”选项卡中的“字体”组中设置字体为宋体、字号为小四，加粗，在“开始/段落”组中设置对齐方式为左对齐。

（5）依次将英文部分的标题、摘要、正文文本和关键词的格式，分别设置为与中文相应部分的格式相同。论文摘要效果如图3-71所示。

（6）将光标定位到本页末尾，单击“插入”选项卡中的“页”组中的“分页”按钮，在文档的结尾插入分页符。

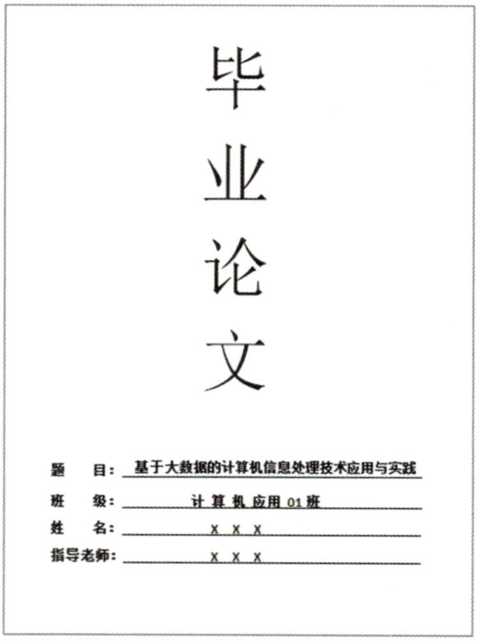
毕业论文

题　　目：基于大数据的计算机信息处理技术应用与实践
班　　级：计算机应用01班
姓　　名：X X X
指导老师：X X X

图3-70　封面效果图

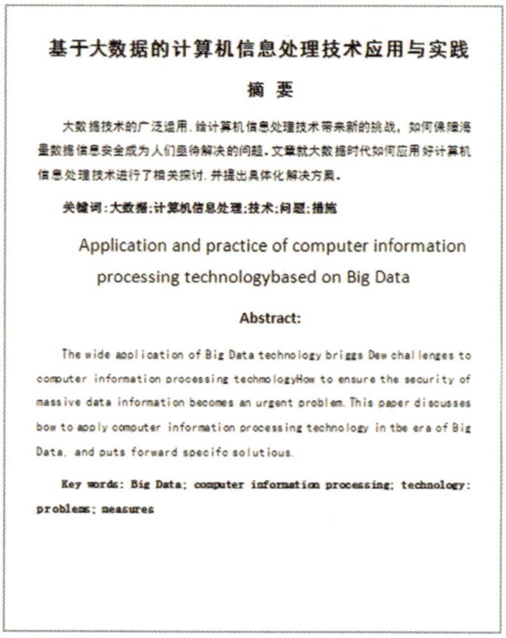
基于大数据的计算机信息处理技术应用与实践

摘要

大数据技术的广泛运用，给计算机信息处理技术带来新的挑战，如何保障海量数据信息安全成为人们亟待解决的问题。文章就大数据时代如何应用好计算机信息处理技术进行了相关探讨，并提出具体化解决方案。

关键词：大数据；计算机信息处理；技术；问题；措施

Application and practice of computer information processing technologybased on Big Data

Abstract:

The wide application of Big Data technology briggs Dew challenges to computer information processing technologyHow to ensure the security of massive data information becomes an urgent problem. This paper discusses bow to apply computer information processing technology in tbe era of Big Data, and puts forward specifc solutious.

Key words: Big Data; computer information processing; technology; problems; measures

图3-71　论文摘要效果

4. 修改样式

（1）选中“一、绪论”一行，在“开始”选项卡中的“样式”组中右键单击“标题1”按钮，在弹出的快捷菜单中选择“修改”命令，如图3-72所示；打开“修改样式”对话框，如图3-73所示；将“标题1”字体格式设置为“黑体、三号、加粗、左对齐”；然后单击左下角的“格式”按钮，在弹出的下拉菜单中选择“段落”命令，打开“段落”对话框，设置段间距为段前、段后各0.5行，行距为1.5倍行距。

（2）利用同样的方法修改“标题2”样式格式，设置为黑体、小三、左对齐，段间距为段前、段后各0.5行，行距为1.25倍。

图 3-72　选择“修改”命令

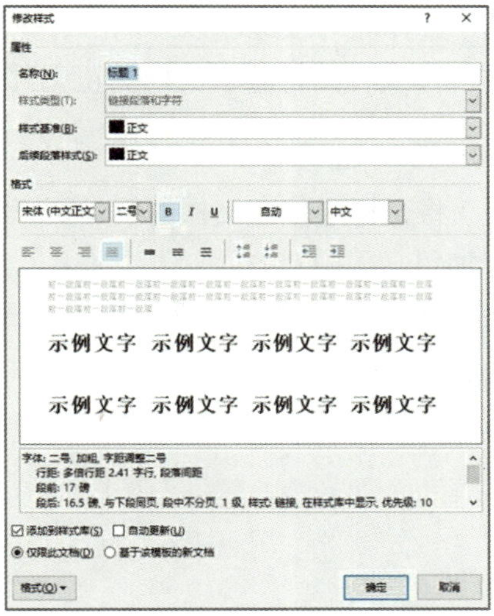

图 3-73　“修改样式”对话框

5. 应用样式

（1）选中所有的一级标题内容，单击“开始”选项卡中的“样式”组中的“标题1”按钮，将所有的一级标题应用“标题1”的样式。

（2）利用同样的方法将所有的二级标题，应用“标题2”的样式。

6. 新建样式

（1）单击“样式”任务窗格中右下角的“新建样式” 按钮，打开如图3-74所示的“根据格式设置创建新样式”对话框。在“名称”文本框中输入“论文正文”，然后在“后续段落样式”下拉列表中选择“论文正文”；在“格式”选项区域中设置字体格式为仿宋，五号；单击“格式”按钮，在打开的“段落”对话框中设置首行缩进2字符，行距为1.25倍行距，然后单击“确定”按钮。新建的“论文正文”样式显示在样式列表中，如图3-75所示。

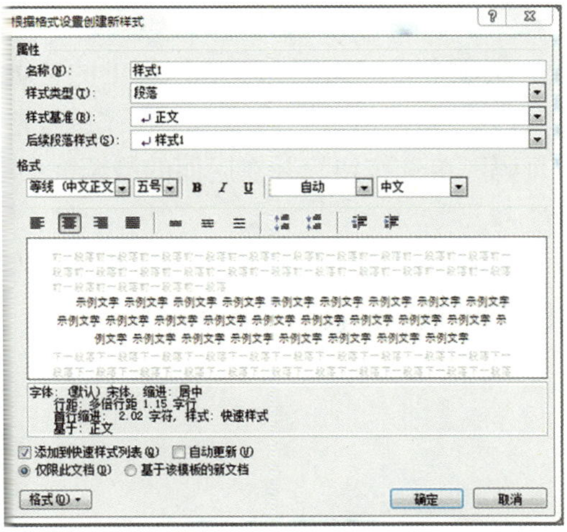

图 3-74　“根据格式设置创建新样式”对话框

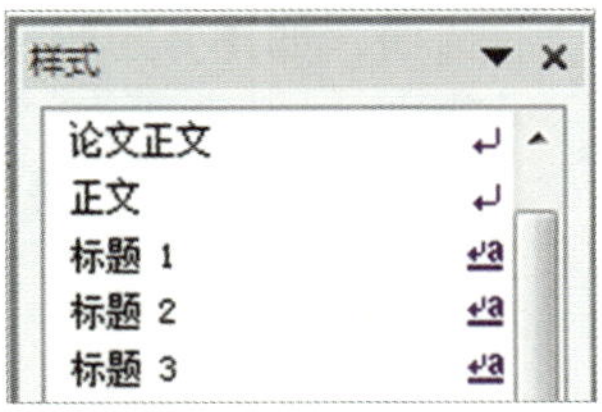

图 3-75　新样式列表

（2）选择除各级标题以外的所有正文内容，然后选择“样式和格式”任务窗格中的“论文正文”样式，则将整个文档的正文部分应用于该样式。

7. 自动生成目录

（1）将光标定位在文档的第二页（空白页），输入“目录”二字，将其格式设置为黑体、三号、加粗、居中对齐。

（2）选择“引用”选项卡中“目录”组中的“目录”按钮，在弹出的下拉菜单中选择“插入目录”命令，打开“目录”对话框。按照如图3-76所示的参数设置，单击“确定”按钮，系统自动生成目录，效果如图3-77所示。

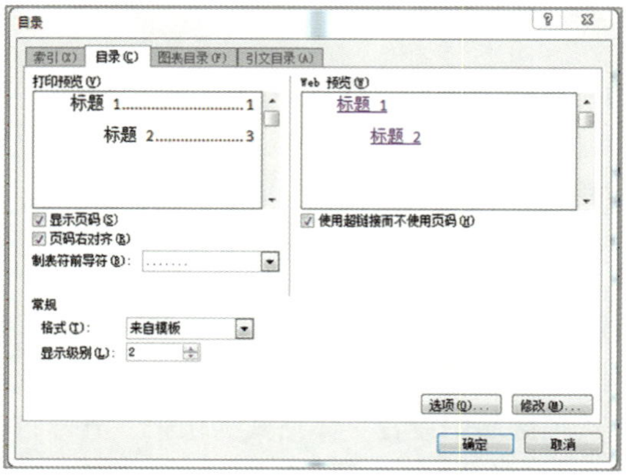

图 3-76 “目录”对话框

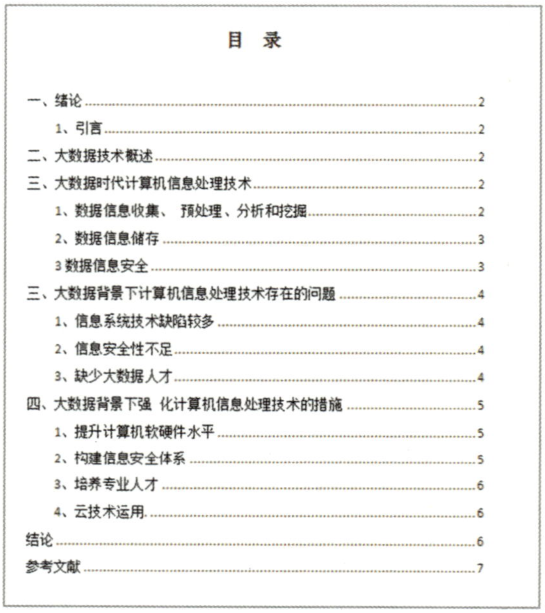

目 录

图 3-77 生成目录效果

8. 设置页码

（1）光标定位在正文首页，单击“插入”选项卡中“页眉和页脚”组中的“页码”按钮，在展开的列表中选择“设置页码格式”，打开“页码格式”对话框。在“编号格式”下拉列表中选择“1，2，3，…”，选中“起始页码”单选按钮，并在后面的微调框中输入1，如图3-78所示，单击“确定”按钮，完成设置。

（2）单击“页码”按钮，在展开的列表中选择“页面底端”，打开下拉列表，选择“普通数字2”选项，如图3-79所示，单击即在页面底端居中位置插入了页码。

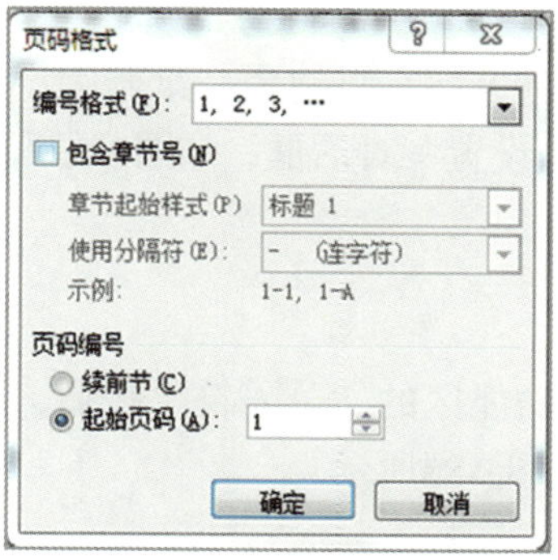

图 3-78　“页码格式”对话框

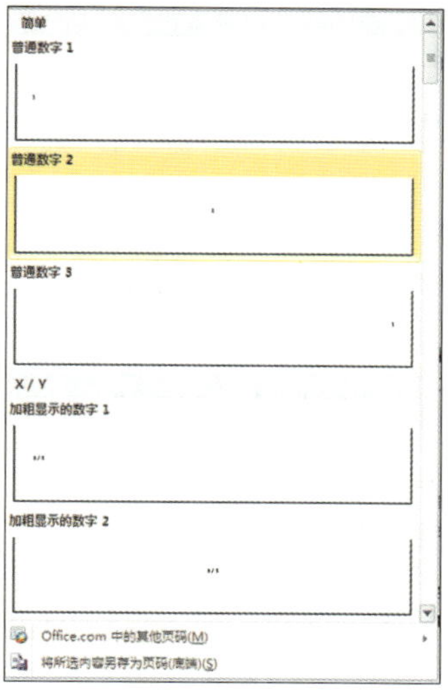

图 3-79　“页面底端”下拉列表

9. 设置页眉

（1）在“一、绪论”所在页面中，单击“插入”选项卡中的“页眉和页脚”｜“页眉”按钮，在下拉菜单中选择“空白”页眉，文档进入页眉编辑状态。

（2）在页眉和页脚工具的“设计”选项卡中单击“导航”｜“链接到前一节”按钮，将其按下状态取消，如图3-80所示。然后再输入页眉内容“基于大数据的计算机信息处理技术应用与实践”。

设置页眉页脚

（3）在文档处于页眉和页脚可编辑状态下，选择“转到页脚”命令或直接在页脚处单击左键，对页脚进行编辑，同样取消“链接到前一节”按下状态。

（4）选择页眉和页脚工具的“设计”选项卡中的“关闭页眉和页脚”命令，退出页眉和页脚编辑状态。至此，文档编辑完成，按“Ctrl+S”组合键保存文档。

10. 统计文档字数

（1）选定需要统计的文档区域。

（2）在文档状态栏中，可查看所选定的区域字数及文档总字数，如图3-81所示。

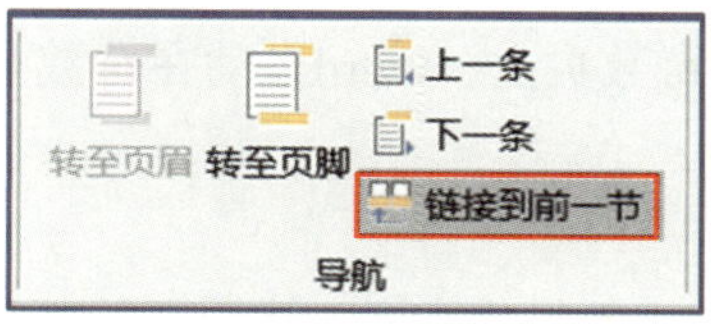

图 3-80　默认按下状态的导航栏命令

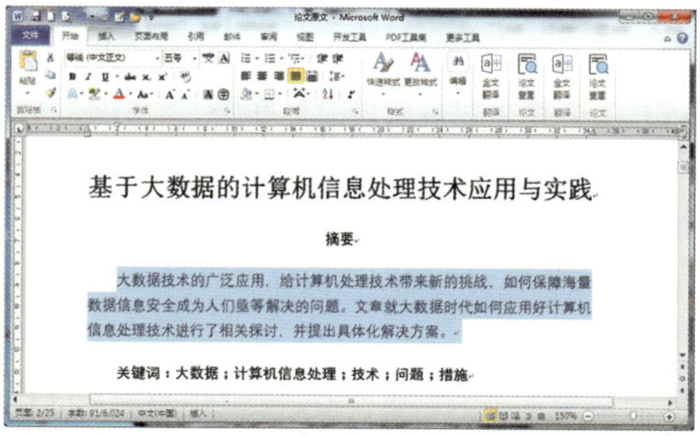

图 3-81　状态栏显示“字数”

3.4.4 知识链接

1. 页面设置

在“布局”功能区的“页面设置”栏，包含了文字方向、页边距、纸张大小、纸张方向、分栏等设置，也可单击该栏右下角箭头打开“页面设置”对话框，如图3-82所示，它们都是为整个页面排版布局而服务的。

2. 分隔符

分隔符包含分节符和分页符两种，单击“布局”功能区的“分隔符”按钮，在弹出的面板中可以看到Word 2016提供的所有分隔符类型，如图3-83所示。

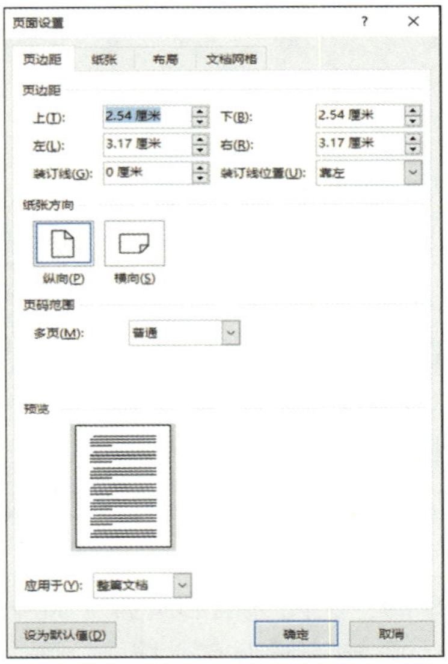

图 3-82 “页面设置”对话框

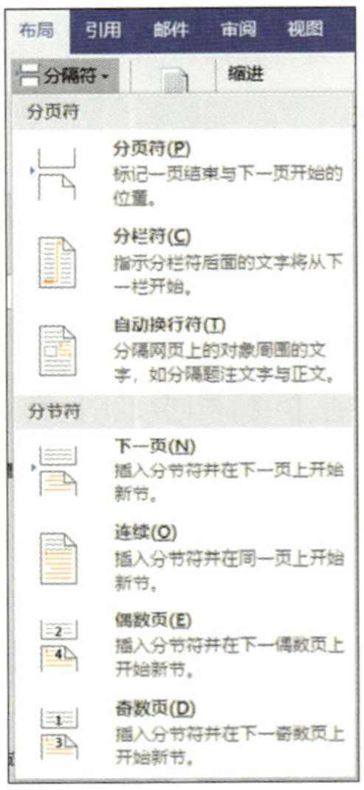

图 3-83 分隔符

（1）分节符。

① 下一页：在当前位置插入分节符，且光标当前位置后的全部内容将移到下一个页面上。

② 连续：选择此项，Word将在插入点位置添加一个分节符，插入点后的内容移到下一行，不分页，新节从当前页开始。

③ 偶数页：光标当前位置后的内容将转至下一个偶数页上，Word自动在偶数页之间空出一页。

④ 奇数页：光标当前位置后的内容将转至下一个奇数页上，Word自动在奇数页之间空出一页。

（2）分页符。

① 分页符：当文本或图形等内容填满一页时，Word会自动分页，开始新的一页。如果

要在某个特定位置强制分页不分节，则可选择插入“分页符”，这样可以做到新的内容在新的一页开始。

② 分栏符：对文档（或某些段落）分栏后，Word文档会在适当的位置自动分栏。若想某一内容出现在下栏的顶部，则可选择插入“分栏符”。

③ 自动换行符：通常情况下，文本到达文档页面右边距时，Word自动换行。若想在插入点位置强制断行，则可选择插入“自动换行符”，插入的换行符显示为灰色↓。需要注意的是，这种方法产生的新行仍是当前段的一部分，也即分行不分段。

3　加入脚注和尾注

脚注和尾注用于在打印文档中为文档中的文本提供解释、批注以及相关的参考资料。脚注是将注释文本放在文档的页面底端，尾注是将注释文本放在文档的结尾。脚注或尾注是由两个互相链接的部分组成的：注释引用标记和与其对应的注释文本。在注释中可以使用任意长度的文本，并像处理任意其他文本一样设置注释文本格式。

单击“引用”选项卡中的“脚注”组中右下角的对话框启动器，打开“脚注和尾注”对话框，如图3-84所示。在该对话框中可进行脚注和尾注的插入，引用标记可以使用系统提供的“编号格式”，也可以使用“自定义标记”，用户可根据自己的需要选择。

（1）添加脚注。

将鼠标定位在需要添加脚注的文字后，通过以上命令在打开的“脚注和尾注”对话框的“位置”区域中选中“脚注”单选按钮，在“格式”区域中选择“编号格式”下拉列表框中的一种标记，要使用更多的标记则单击“自定义标记”文本框右侧的“符号”按钮，打开如图3-85所示的“符号”对话框，从“字体”下拉列表框中选择一种字体，再选择所需的符号后单击“确定”按钮，返回“脚注和尾注”对话框，单击“插入”按钮后符号插入完毕，鼠标自动移位至页面底端，输入脚注内容并设置脚注内容的字体和字号，和Word中一般文本的设置方法相同。

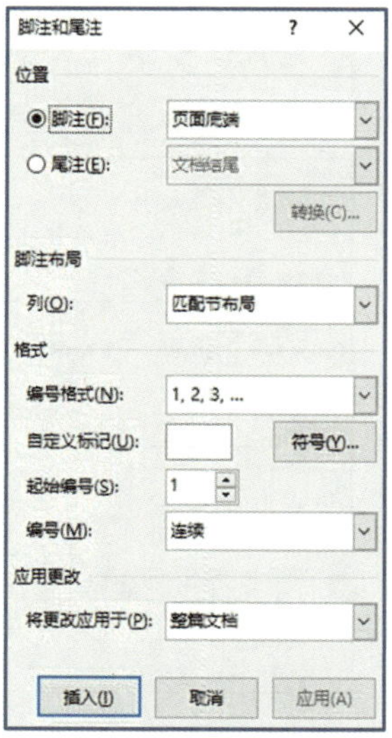

图 3-84　“脚注和尾注”对话框

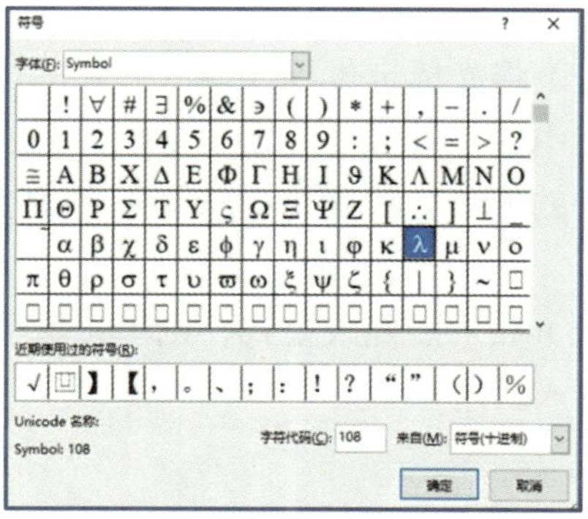

图 3-85　“符号”对话框

（2）添加尾注。

将鼠标定位在需要添加尾注的文字后，通过以上命令在打开的“脚注和尾注”对话框的“位置”区域中选中“尾注”单选按钮，在“格式”区域中选择“编号格式”下拉列表框中的格式或单击“自定义标记”文本框右侧的“符号”按钮，符号插入完毕，鼠标自动移位至文档结尾，输入尾注内容并设置尾注内容的字体和字号。

4. 插入题注

题注是对象下方显示的一行文字，用于描述该对象。可以为图片或其他图像添加题注。

（1）选中要添加题注的图片或表格、公式等对象，在“引用”选项卡中的“题注”组中单击“插入题注”按钮，打开“题注”对话框，如图3-86所示。

（2）选择显示标签的位置，单击“新建标签”按钮可以自定义标签，如图3-87所示。

（3）单击“编号”按钮可以选择编号格式，设置完成后，单击“确定”按钮插入题注效果。

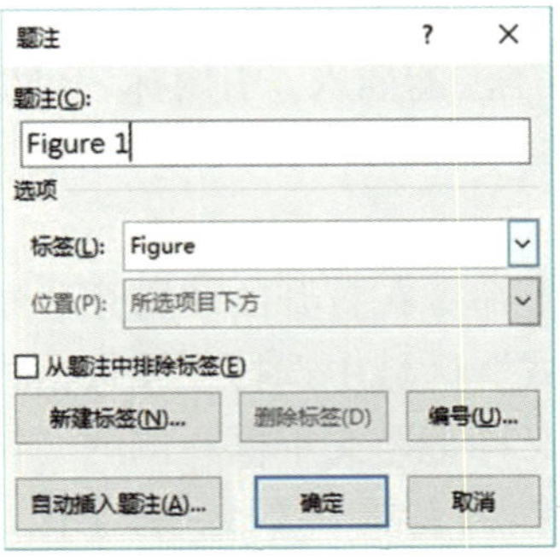

图 3-86 “题注”对话框

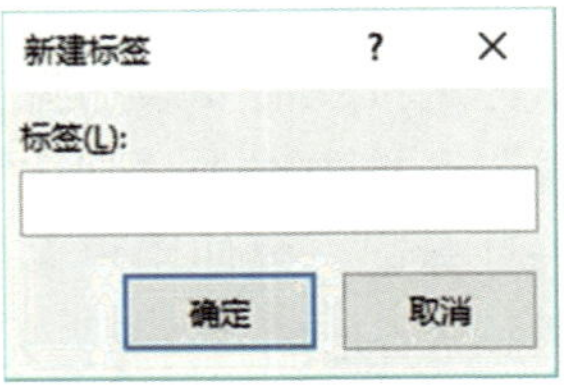

图 3-87 “新建标签”对话框

5. 插入数学公式

Word 2016提供了多种常用的公式供用户直接插入到Word文档中，用户可以根据需要直接插入这些内置公式，以提高工作效率。

（1）将光标定位到要插入公式的位置，在“插入”选项卡中的“符号”分组中单击“公式”下三角按钮，在打开的内置公式列表中选择需要的公式，如图3-88所示。

（2）如果要修改公式，则单击该公式中要修改的位置，输入新内容。

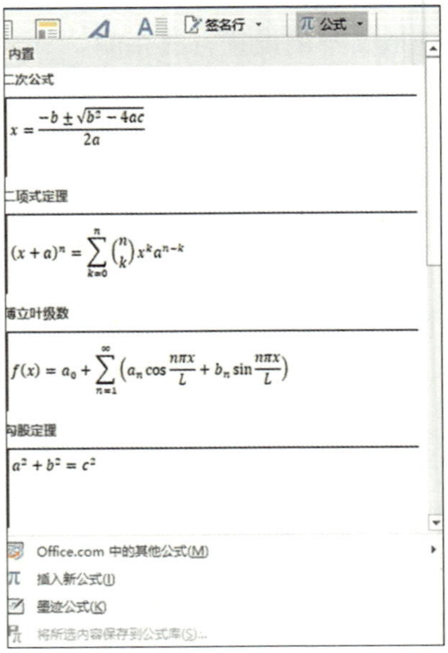

图 3-88 “公式”下拉菜单

6. 样式

（1）快速套用现有标题样式。

这种方法非常类似于格式刷的使用，需要先将标题选中，然后再单击“开始”功能区的“样式”栏中的相应样式即可。虽然设置好样式后可以方便地快速修改同级标题格式，但要将所有同级标题从偌大的文章中找出也要花费大量的时间。

设置样式

（2）编写文件时套用样式。

① 单击“样式”窗格中每个样式后面的下三角按钮，选择“修改”命令。

② 在打开的“修改样式”对话框中单击“格式”按钮，在弹出的菜单中选择“快捷键”命令，如图3-89所示。

③ 将鼠标定位于“请按新快捷键”文本框，为它设置一个快捷键后单击“指定”按钮即可，如图3-90所示。

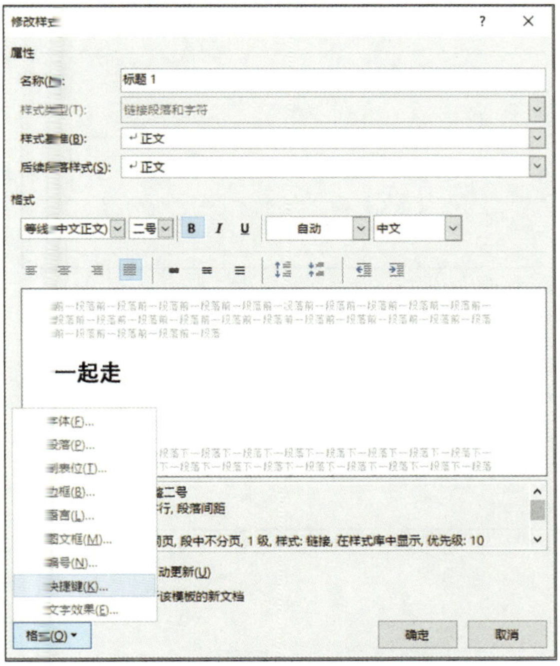

图 3-89　设置样式快捷键

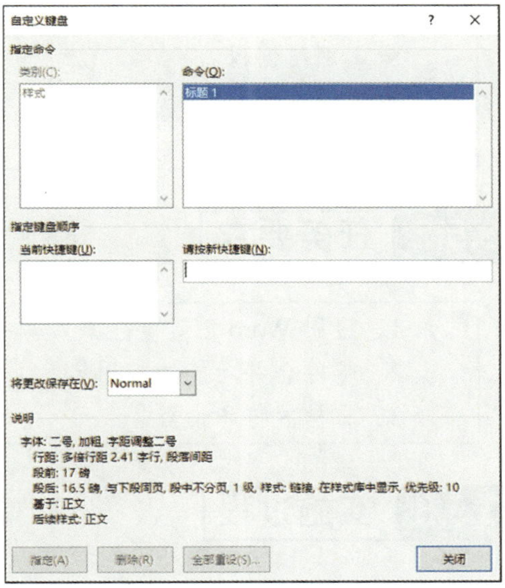

图 3-90　“请按新快捷键”文本框

④ 以此类推，为其他样式也设置好相应的快捷键。

⑤ 设置好后，直接按相应的快捷键，便会使得现在输入的样式为所对应的样式。

3.4.5 技能训练

练习：

编排毕业论文。具体要求如下：

（1）打开文档：D:\论文.docx。

（2）设置标题样式：论文标题设置为三级标题，标题1样式（黑体、三号、居中对齐）、标题2样式（黑体、四号、左对齐）、标题3样式（黑体、五号、左对齐）。

（3）生成论文目录。

（4）设置页眉和页脚。

① 封面和目录页无页码。

② 摘要页页码用Ⅰ、Ⅱ…表示。

③ 正文处页码从第1页开始。

④ 插入页眉文字“职业学校教师能力构成及提升对策研究”。

任务 3.5　批量制作学生成绩单

3.5.1 任务要点

- 创建模板。
- 邮件合并。
- 打印设置。

3.5.2 任务要求

1. 应用 Word 创建学生成绩单模板。
2. 邮件合并功能的应用。
3. 文档的打印设置。

3.5.3 实施过程

1. 创建主文档

启动Word 2016后，新建“学生成绩单”主文档，文档内容如图3-91所示，保存文档。

2. 创建数据源

数据源采用Excel 2016软件制作，启动Excel 2016，新建一个工作簿文件“期末考试成绩表.xlsx”，工作簿文件内容如图3-92所示，保存并关闭文件。

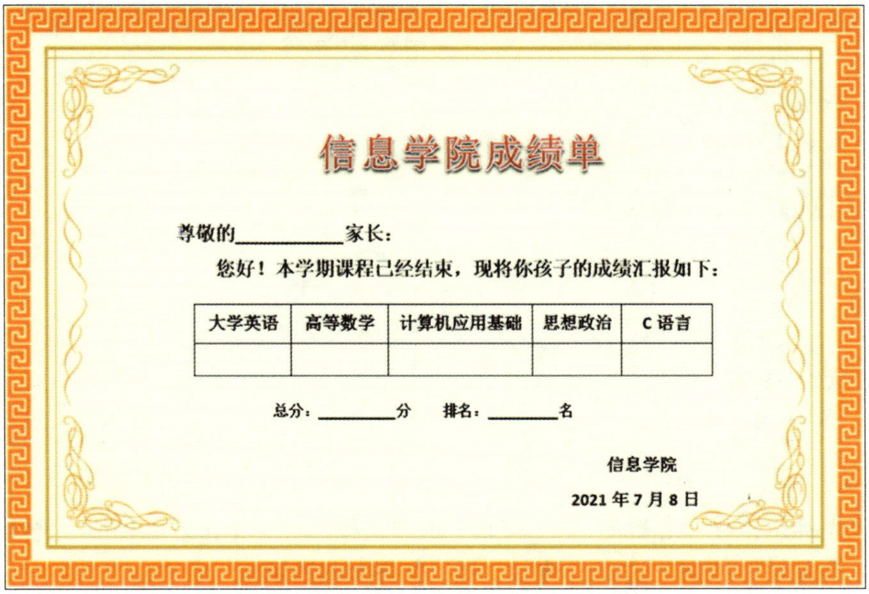

图 3-91 “学生成绩单”主文档

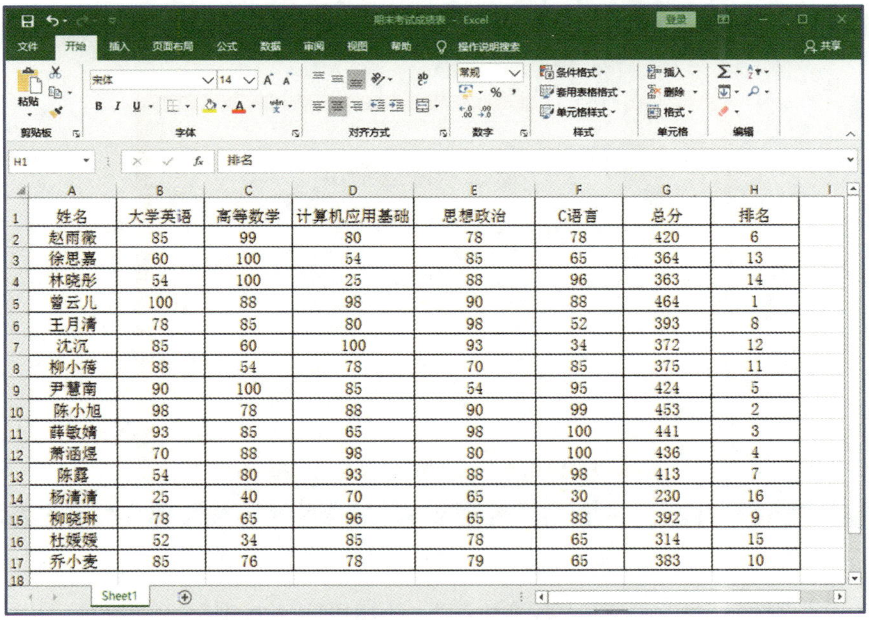

姓名	大学英语	高等数学	计算机应用基础	思想政治	C语言	总分	排名
赵雨薇	85	99	80	78	78	420	6
徐思嘉	60	100	54	85	65	364	13
林晓彤	54	100	25	88	96	363	14
曾云儿	100	88	98	90	88	464	1
王月清	78	85	80	98	52	393	8
沈沉	85	60	100	93	34	372	12
柳小蓓	88	54	78	70	85	375	11
尹慧南	90	100	85	54	95	424	5
陈小旭	98	78	88	90	99	453	2
薛敏婧	93	85	65	98	100	441	3
萧涵煜	70	88	98	80	100	436	4
陈露	54	80	93	88	98	413	7
杨清清	25	40	70	65	30	230	16
柳晓琳	78	65	96	65	88	392	9
杜媛媛	52	34	85	78	65	314	15
乔小麦	85	76	78	79	65	383	10

图 3-92 工作簿文件内容

3. 进行邮件合并

1）打开已创建的“学生成绩单”主文档，单击“开始/邮件”组的“开始邮件合并”按钮。在弹出的下拉列表中选择“信函”，如图3-93所示。

2）单击“邮件/开始邮件合并”组中的“收件人”按钮，在弹出的列表中选择“使用现有列表”，在打开的“选取数据源”对话框中选择“期末考试成绩表”文件，如图3-94所示。单击“打开”按钮，选择“Sheet1”工作表，再单击“确定”按钮。

图 3-93　开始邮件合并

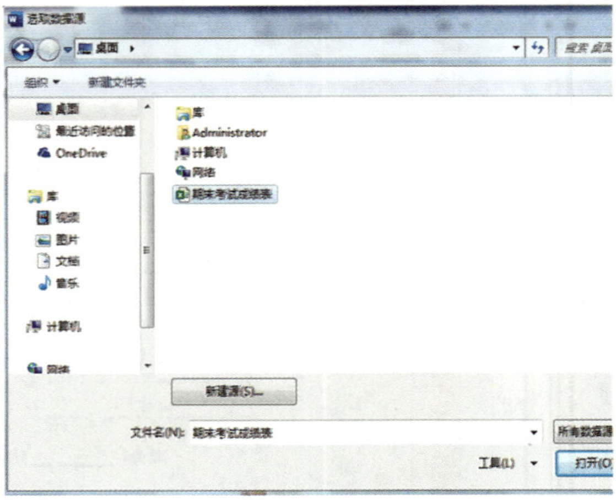

图 3-94　“选取数据源”对话框

（3）将光标定位在“尊敬的_____家长”的单击横线处，单击“邮件/编写合插入域”组中的“插入合并域”按钮，选择“姓名”域，如图3-95所示。

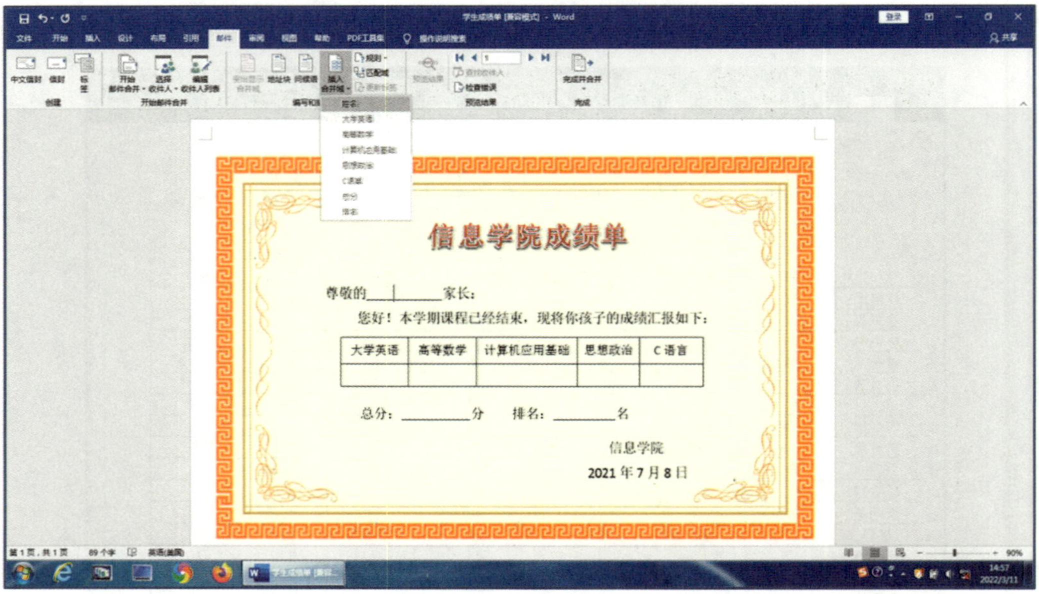

图 3-95　插入合并域

（4）依次分别将“大学语文”“高等数学”“计算机应用基础”“思想政治”“C语言”“总分”“排名”域，插入到相应的位置。

（5）单击“邮件/预览结果”组中的“预览结果”按钮，第一位同学的信息全部导入，预览结果如图3-96所示。

（6）当预览结果核对内容准确无误后，单击“邮件/完成”组中的“完成并合并”按钮，在弹出的列表中选择“编辑单个文档”，在打开的“合并到新文档”对话框中，选择“合并记录”为“全部”，如图3-97所示。单击“确定”按钮，这时系统自动生成“信函1”文档，学生成绩单函件制作完成。

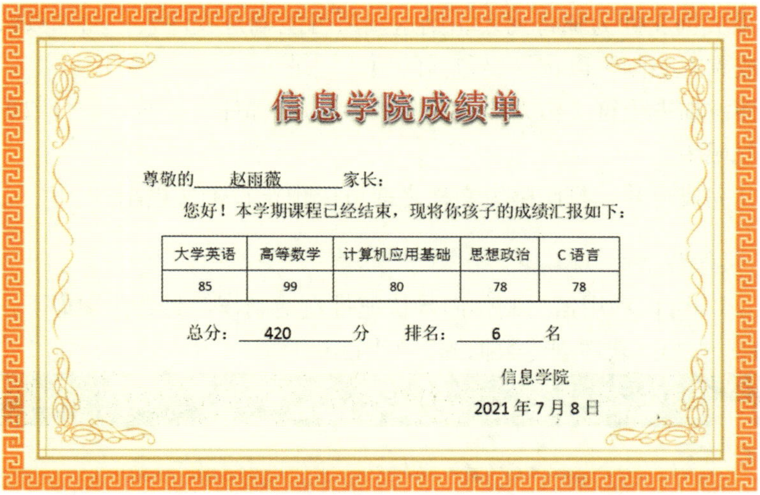

图 3-96　预览结果

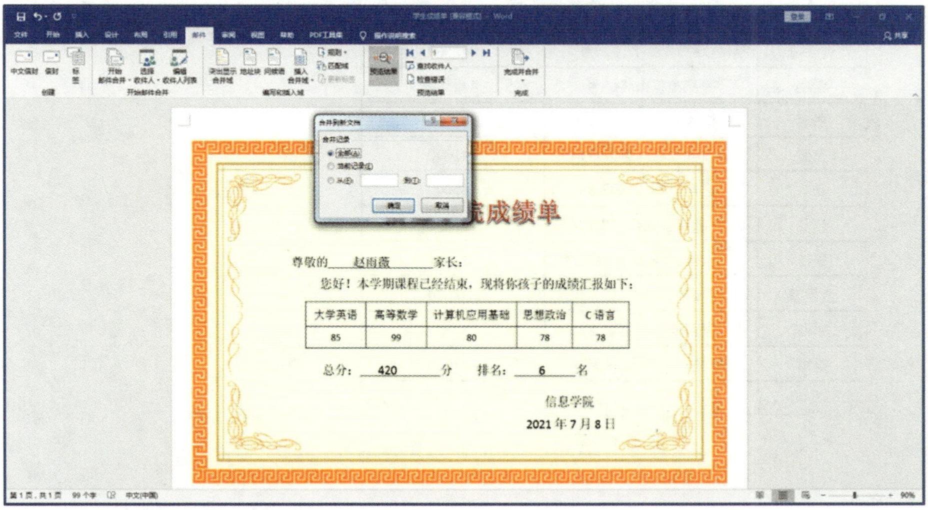

图 3-97　完成合并

（7）保存文档，单击“保存”按钮，在弹出的对话框中选择“另存为”命令，在打开的对话框中输入文件名“邮件合并学生成绩单”，单击“确定”按钮，退出Word 2016。

3.5.4 知识链接

一、邮件合并的步骤

（1）创建主文档。主文档包含的文本和图形会用于合并文档的所有版本。例如，套用信函中的寄信人地址或称呼语。

（2）将文档连接到数据源。数据源是一个文件，它包含要合并到文档的信息。例如，信函收件人的姓名和地址。

（3）调整收件人列表或项列表。Word为数据文件中的每一项（或记录）生成主文档的一个副本。如果数据文件为邮寄列表，则这些项可能就是收件人；如果只希望为数据文件中的某些项生成副本，则可以选择要包括的项（记录）。

（4）向文档添加占位符（称为邮件合并域）。执行邮件合并时，来自数据文件的信息会填充到邮件合并域中。

（5）预览并完成合并。打印整组文档之前可以预览每个文档副本。

2. 邮件合并制作信封

在Word 2016中可以利用信封制作向导快速批量地制作信封，步骤如下。

（1）利用Excel 2016软件创建数据源，如图3-98所示。

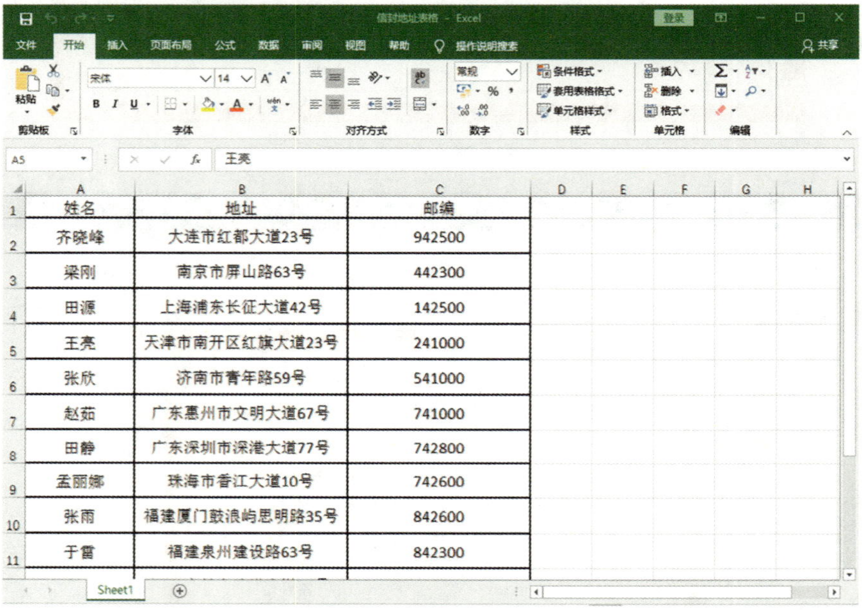

姓名	地址	邮编
齐晓峰	大连市红都大道23号	942500
梁刚	南京市屏山路63号	442300
田源	上海浦东长征大道42号	142500
王亮	天津市南开区红旗大道23号	241000
张欣	济南市青年路59号	541000
赵茹	广东惠州市文明大道67号	741000
田静	广东深圳市深港大道77号	742800
孟丽娜	珠海市香江大道10号	742600
张雨	福建厦门鼓浪屿思明路35号	842600
于雷	福建泉州建设路63号	842300

图 3-98 信封数据源表格

（2）启动Word 2016，新建文档，单击“邮件”功能区中的“中文信封”按钮，打开“信封制作向导”对话框，如图3-99所示。

（3）单击“下一步”按钮，按照向导提示对信封样式、生成信封的方式和数量、收信人信息、寄信人信息进行设置。

（4）设置完成后，系统会自动生成“文档1”，完成信封的初始制作，并打开如图3-100所示的信封模板。

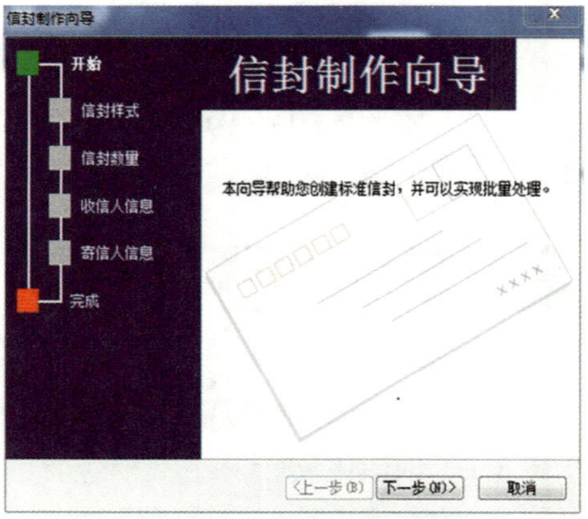

图 3-99 中文信封制作向导

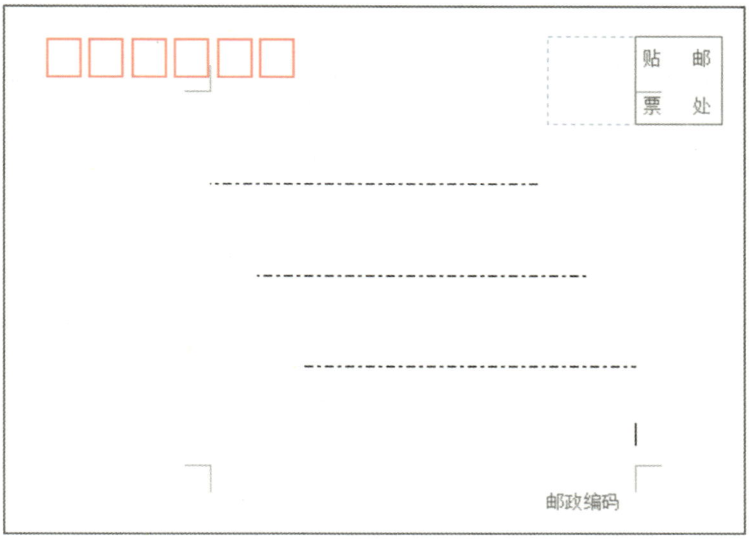

图 3-100 初始信封样张

（5）在“文档1”中单击“邮件/开始邮件合并”组中的“收件人”按钮，在弹出的列表中选择“使用现有列表”命令，在打开的“选取数据源”对话框中选择数据源文件。

（6）将光标定位在邮编处，单击“邮件/编写和插入域”组中的“插入合并域”按钮，在信封相应位置依次插入“地址”“姓名”等域，在最后一条横线中输入寄件人的地址，如“XXX学院”，在最后一行邮政编码处输入当地的邮政编码，并设置字体格式，如图3-101所示。

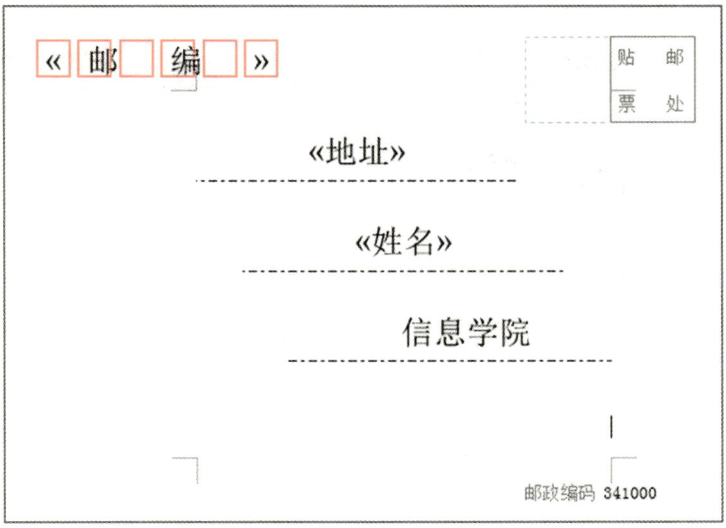

图 3-101 插入域效果

（7）单击“邮件/完成”组中的“完成并合并”按钮，在弹出的列表中选择“编辑单个文档”，在打开的“合并到新文档”对话框中，选择“合并记录”为“全部”。

（8）完成合并后系统自动生成“信函1”，信封批量完成。选择“视图”缩放组中的“多页”按钮，多页显示效果如图3-102所示。

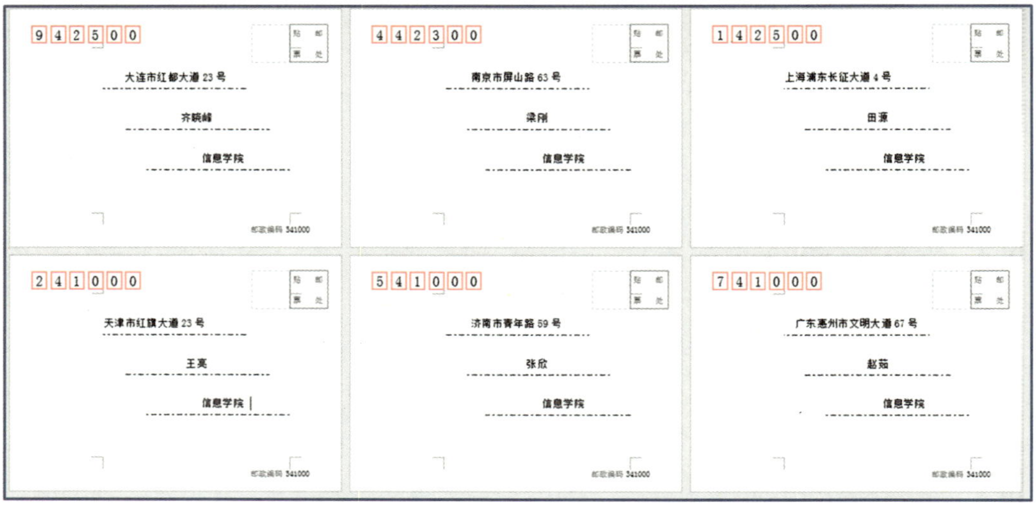

图 3-102　多页显示效果

3. 制作带照片的准考证

使用Word软件中的邮件合并功能批量制作准考证，对于带照片的准考证制作，可按照如下步骤进行制作。

（1）收集学生一寸电子照片并将学生照片文件按顺序编号保存到指定的位置中，例如，D：盘的“学生照片”文件夹中，效果如图3-103所示。

图 3-103　“学生照片”文件夹效果

（2）利用Excel 2016软件建立数据源文件。

启动Excel 2016，新建工作簿文件，完成工作簿文件内容的录入，注意工作簿中的“照片”所在的路径，需要改成双斜杠，也就是【D:\\学生照片\\1.jpg】。工作簿内容如图3-104所示，数据源文件创建完成后，将该文件命名为“考试名单表-Excel”保存在桌面，并退出Excel 2016。

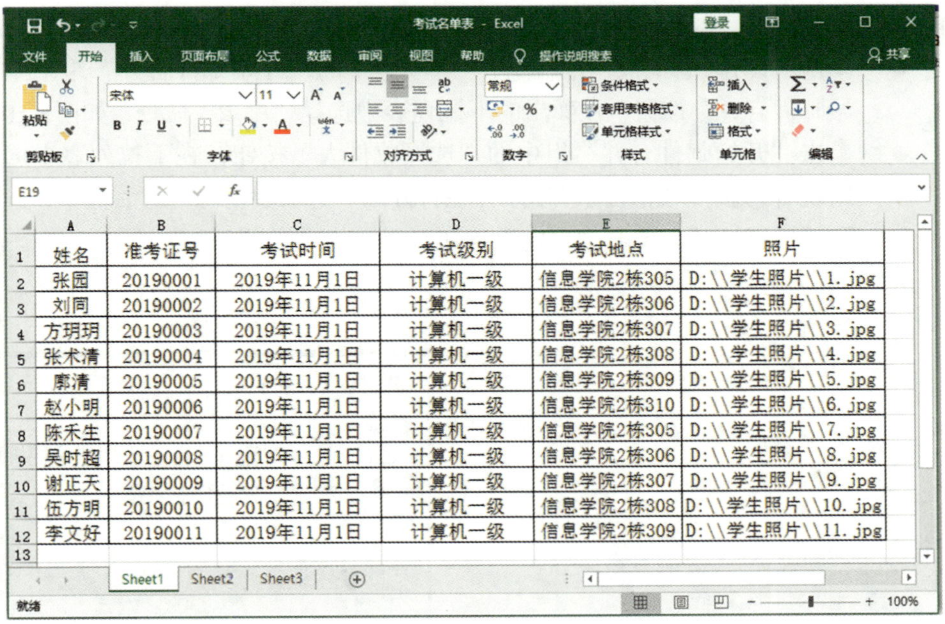

	A	B	C	D	E	F
1	姓名	准考证号	考试时间	考试级别	考试地点	照片
2	张园	20190001	2019年11月1日	计算机一级	信息学院2栋305	D:\\学生照片\\1.jpg
3	刘同	20190002	2019年11月1日	计算机一级	信息学院2栋306	D:\\学生照片\\2.jpg
4	方玥玥	20190003	2019年11月1日	计算机一级	信息学院2栋307	D:\\学生照片\\3.jpg
5	张术清	20190004	2019年11月1日	计算机一级	信息学院2栋308	D:\\学生照片\\4.jpg
6	廓清	20190005	2019年11月1日	计算机一级	信息学院2栋309	D:\\学生照片\\5.jpg
7	赵小明	20190006	2019年11月1日	计算机一级	信息学院2栋310	D:\\学生照片\\6.jpg
8	陈禾生	20190007	2019年11月1日	计算机一级	信息学院2栋305	D:\\学生照片\\7.jpg
9	吴时超	20190008	2019年11月1日	计算机一级	信息学院2栋306	D:\\学生照片\\8.jpg
10	谢正天	20190009	2019年11月1日	计算机一级	信息学院2栋307	D:\\学生照片\\9.jpg
11	伍方明	20190010	2019年11月1日	计算机一级	信息学院2栋308	D:\\学生照片\\10.jpg
12	李文好	20190011	2019年11月1日	计算机一级	信息学院2栋309	D:\\学生照片\\11.jpg
13						

图 3-104　工作簿内容

（3）利用Word 2016软件创建模板，模板效果如图3-105所示。

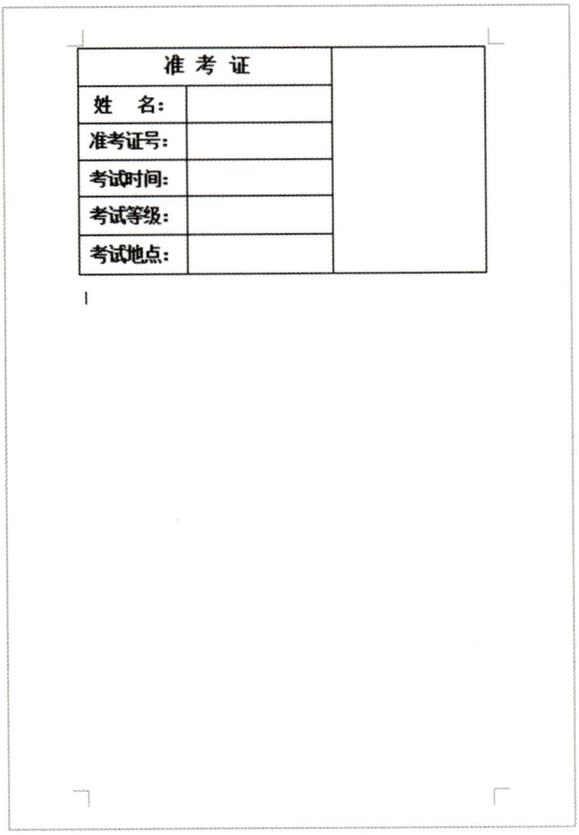

准 考 证		
姓　名：		
准考证号：		
考试时间：		
考试等级：		
考试地点：		

图 3-105　准考证模板效果

（4）开始邮件合并。

- 单击“邮件”标签，在“邮件”选项卡中的“开始邮件合并”组中单击“开始邮件合并”按钮，在弹出的下拉列表中选择“目录”命令，如图3-106所示。
- 单击“开始邮件合并”组中的“选择收件人”按钮，在下拉列表中选择“使用现有列表”，如图3-107所示。在打开的“选取数据源”对话框中，选择文件“考试名单表”，单击“确定”按钮。

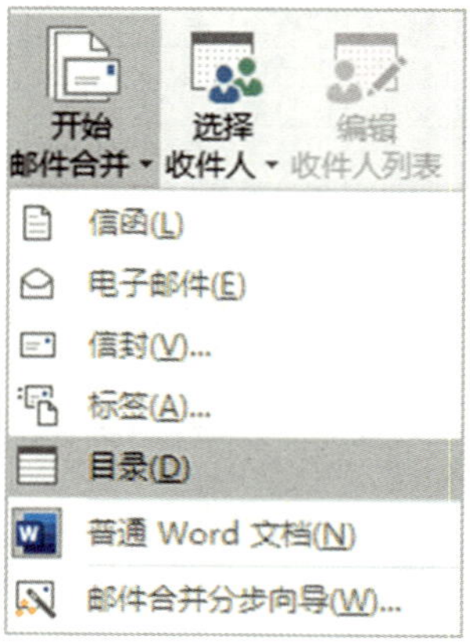

图 3-106　开始邮件合并

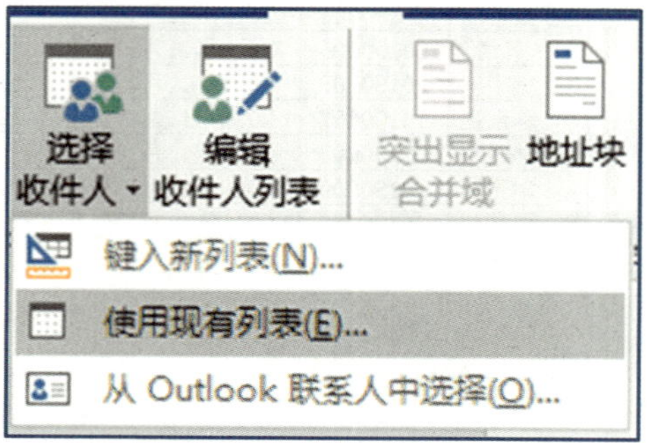

图 3-107　选择收件人

- 将光标定位在“姓名”后的单元格中，转到“邮件”选项卡，在“编写和插入域”组中单击“插入合并域”按钮，插入“姓名”域；按照同样的方法依次在对应单元格中插入“准考证号”“考试时间”“考试等级”“考试地点”等域，效果如图3-108所示。
- 将光标定位在需要插入照片的单元格，转到“插入”选项卡，单击“文本”组中的“文档部件”按钮，在下拉列表中选择“域”，如图3-109所示；在打开的“域”对话框中选择“IncludePicture”命令，在“文件名或URL:”文本框中输入“照片”，勾选相应的域选项，如图3-110所示。设置完成后，单击“确定”按钮。

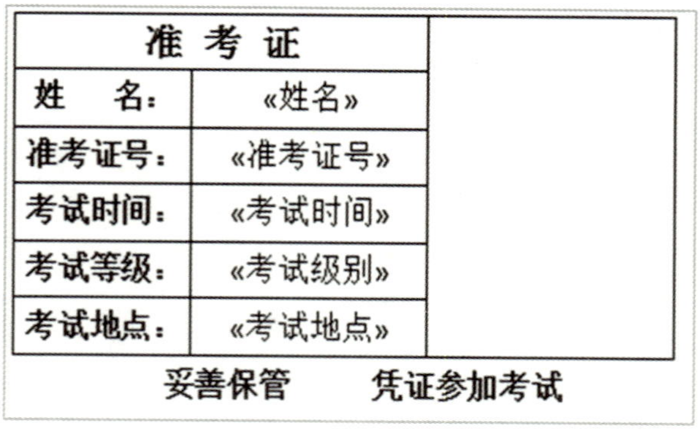

准 考 证		
姓　名：	«姓名»	
准考证号：	«准考证号»	
考试时间：	«考试时间»	
考试等级：	«考试级别»	
考试地点：	«考试地点»	

妥善保管　　凭证参加考试

图 3-108　插入部分域效果

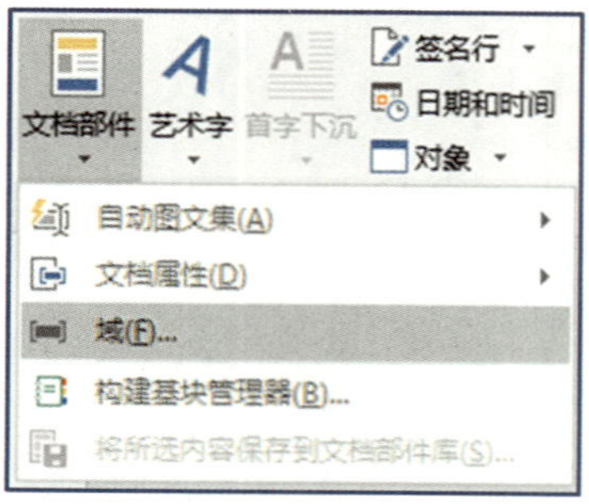

图 3-109　选择“域”

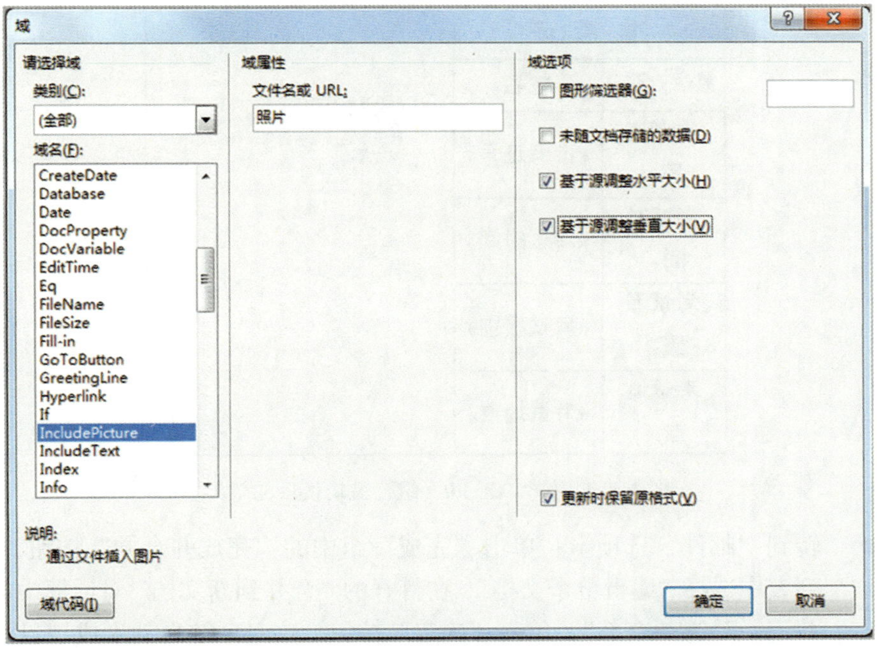

图 3-110 “域”对话框

- 使用“Alt+F9”组合键，选择域代码中的“照片”二字，将其替换为“插入合并域”中的“照片”域，如图3-111所示。最后再次使用“Alt+F9”组合键切换回来，切换后的效果如图3-112所示。

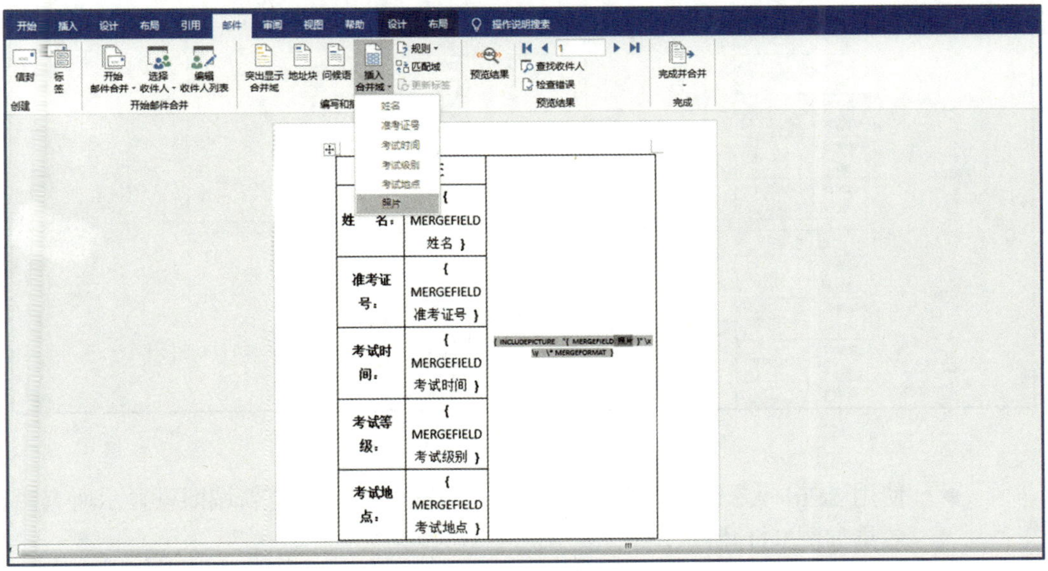

图 3-111 替换照片域

准 考 证		
姓　名：	«姓名»	无法显示链接的图像。该文件可能已被移动、重命名或删除。请验证该链接是否指向正确的文件和位置。
准考证号：	«准考证号»	
考试时间：	«考试时间»	
考试等级：	«考试级别»	
考试地点：	«考试地点»	

图 3-112　按“Alt+F9”组合键切换后的效果

- 转到“邮件”选项卡，单击“完成”组中的“完成并合并”按钮，在弹出的列表中选择“编辑单个文档”，在打开的“合并到新文档”对话框中，选择“合并记录”为“全部”，单击“确定”按钮。这时系统自动生成“目录1.docx”文档，如图3-113所示。

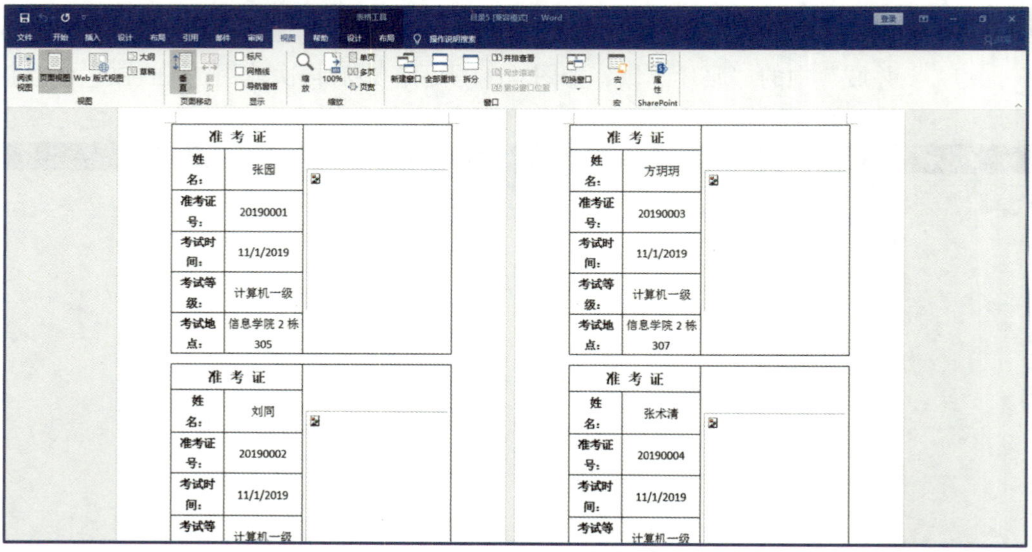

图 3-113　完成合并效果

- 使用“Ctrl+A”组合键进行全选，然后按下“F9”键更新域即可显示所有图片，效果如图3-114所示。
- 单击“布局/页面设置”组中的“页边距”按钮，在弹出的列表中选择“窄”，如图3-115所示。为了显示所有页面，转到“视图”选项卡，在“缩放”组中单击“多页”按钮，适当调整缩放比例，最终显示效果如图3-116所示。

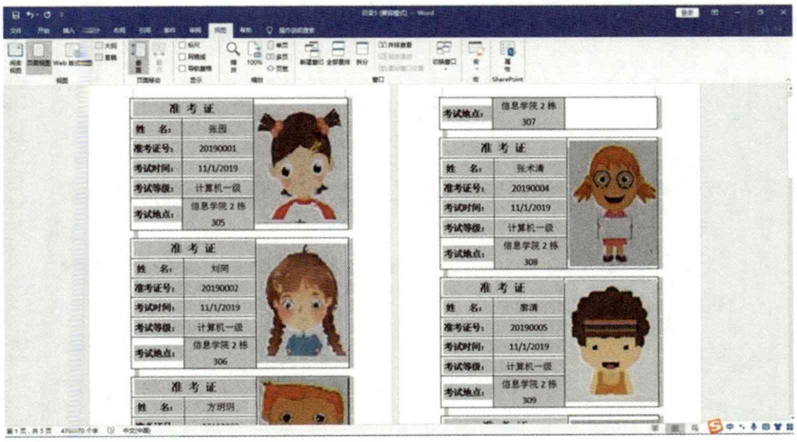

图 3-114　显示图片效果

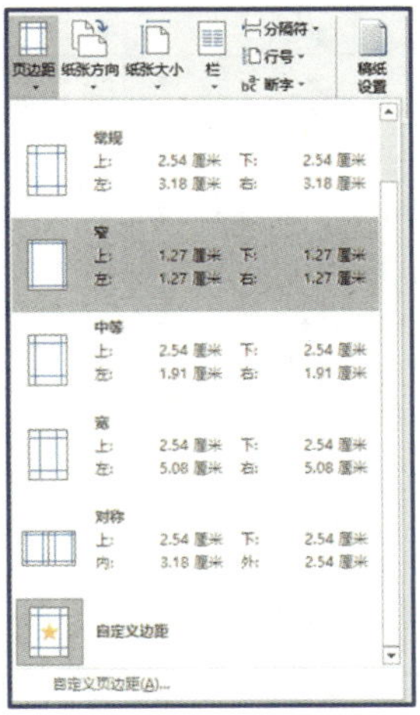

图 3-115　设置页边距

图 3-116　多页显示效果

3.5.5 技能训练

练习：批量制作学生会“录用通知书”。

（1）创建数据源“录用名单表”文件，内容如图3-117所示。

（2）制作如图3-118所示的“录用通知书”模板。

（3）开始邮件合并。

（4）完成邮件合并，进行页面设置，打印预览效果。

（5）将批量制作的“录用通知书”保存在D盘下，文件名为“录用通知书”。

姓名	部门
王海	学习部
肖夷	学习部
熊志福	学习部
郭焕奇	学习部
胡世宏	宣传部
况文韬	宣传部
王弥杰	宣传部
黄玉玲	宣传部
曹仕俊	宣传部
马文斌	外联部
叶意成	外联部
彭伟航	外联部
易胜云	外联部
李昕颖	外联部
陈玉琪	组织部
周根名	组织部
沈凡豪	组织部

图 3-117　录用名单表

录用通知书

__________同学：

恭喜你通过竞聘，顺利进入院学生会__________。期望你在学生会工作中更好的展现自己。

10 月 16 日下午 15：30 分，将召开学生会全体会议，请准时参加，地点：教学楼阶梯教室。

院学生会

2018 年 10 月 13 日

图 3-118　“录用通知书”模板

项目小结

本项目主要介绍了Word 2016的基本操作和使用方法，包括创建和保存文档、录入与编辑文本、设置字符和段落格式、查找和替换、添加项目符号、插入各种对象、表格制作、图文混合排版、打印文档等。

通过对本项目的学习，学生能够制作一些简单的办公文档，如通知、宣传海报、报名表、毕业论文、学生成绩单等，并在制作过程中掌握其方法和技巧。只有对Word 2016的基本编辑方法熟练掌握后，才能快速领悟并掌握Word 2016的高级操作，制作出更加精美的实用文档。

项目测评

小张是某公司项目开发部的A组组长，现在公司需要对某项目进行公开招标，部门经理安排小张带领A组进行此次招标工作，共有4项任务。

任务 1：编写项目招标书

任务要求：

1. 项目招标书的语言连贯，用词恰当，符号使用准确，段落分明。
2. 项目招标书的字体规范，字号统一，段落层次分明。
3. 为项目招标书添加页眉和页脚。
4. 为项目招标书进行适当的页面设置。

任务 2：制作项目招标书表格

任务要求：

1. 合理安排项目招标书表格布局，合理使用合并单元格和拆分单元格的方法。
2. 表格内字体规范，字号统一，居中对齐。
3. 表格排版整齐，同一单元格的内容应尽量在一页中显示。
4. 表格添加适当的边框和底纹，重点突出，不可杂乱无章。

任务 3：制作项目宣传海报

任务要求：

1. 海报包含多种元素，如文字、图片、艺术字、自选图形等。
2. 各种元素要合理分布，在适当的位置为海报增添生动感。
3. 海报主题突出，布局美观。
4. 海报整体设计追求创新突破。

任务 4：制作项目研讨会邀请函

任务要求：

1. 邀请函措辞恰当，时间地点清晰。
2. 通过邮件合并生成多份邀请函，要注意格式的规范。

任务 5：项目后期资料整理与存档

任务要求：

1. 制作封面，布局美观。
2. 制作目录，结构清晰，一目了然。
3. 所有资料应有序排列，分类明确。
4. 页眉显示对应资料名称，页脚显示页码。

项目
4

Excel 2016 电子表格处理软件

思政课堂

身处数字时代，我们可以获得各种各样的数据，但是，如何从庞大冗杂的数据中快速发现并提取出真正有价值的信息呢？从哲学的角度来分析，我们可以把提取数据的过程分解为提出问题、发现问题和解决问题3个步骤，提取数据是面，提出问题、发现问题和解决问题是不同的点，首先，要由面及点，想清楚要提取的数据是什么数据，可以利用什么工具，然后用这个工具解决问题，完成由点及面的回溯。具体到实践中，就是可以利用数据表来从一组已知的数据中突出有用的内容，从而轻松洞察数据背后的信息。

学习导航

知识目标

- 了解Excel 2016的工作界面及基本操作，工作簿和工作表的常用操作；
- 熟悉Excel 2016中不同类型的数据输入，单元格中数据的填充方法；
- 掌握Excel 2016中数据的格式设置，包括设置字体格式、对齐方式和数字格式等内容。

技能目标

- 能够熟练制作和编辑工作表；
- 能够熟练运用公式和函数得到所需结果。

素养目标

- 通过简易的数据分析与应用，提升自身逻辑思维能力和实际动手能力。

任务 4.1 学生成绩表的制作

4.1.1 任务要点

- Excel 2016 的启动、新建、操作界面。
- 插入、重命名、删除工作表。
- 录入与编辑。
- 选择表格元素。
- 单元格格式。
- 保存与退出。

4.1.2 任务要求

1．启动 Excel 软件，新建工作表，认识 Excel 2016 操作界面。

2．插入、重命名、删除工作表。

3．录入与编辑文档内容。

4．选择单元格及行、列。

5．设置单元格的格式。

6．文档保存并退出。

结果如图 4-1 所示。

应用技术职业学院2021-2022-1学期成绩登记表

院（系）/部：信息工程学院　　行政班：21软件　　学生人数：20

课程名称：C语言程序设计　　学分：4.0　　考核方式：考试

综合成绩（百分制）=平时成绩（百分制）（30%）+中考成绩（百分制）（0%）+末考成绩（百分制）（70%）

序号	学号	姓名	性别	修读性质	平时成绩	中考成绩	末考成绩	综合成绩	辅助标记	备注
1	2021132001	王小倩								
2	2021132002	许富强								
3	2021132003	刘潮								
4	2021132004	田薇薇								
5	2021132005	邱萱								
6	2021132006	董敏								
7	2021132007	李静								
8	2021132008	王小川								
9	2021132009	王强								
10	2021132010	张成								
11	2021132011	彭程宇								
12	2021132012	皮海玉								
13	2021132013	宋鄉								
14	2021132014	杨伟								
15	2021132015	尹小定								
16	2021132016	郑彦军								
17	2021132017	钟志华								
18	2021132018	蓝福明								
19	2021132019	刘刚								
20	2021132020	刘云帆								

说明：任课教师应于考试/查后三天内，将本表一式两份报至所在学院

教师签名：________

图 4-1　“21 软件成绩登记表”工作表

4.1.3 实施过程

1. 启动Excel 2016，建立一个新的工作簿

（1）启动Excel 2016后，进入如图4-2所示的界面，单击“空白工作簿”图标，创建一个新的空白文档，这时的界面如图4-3所示。用户可以根据需要在新建的工作簿中添加、删除、重命名工作表。

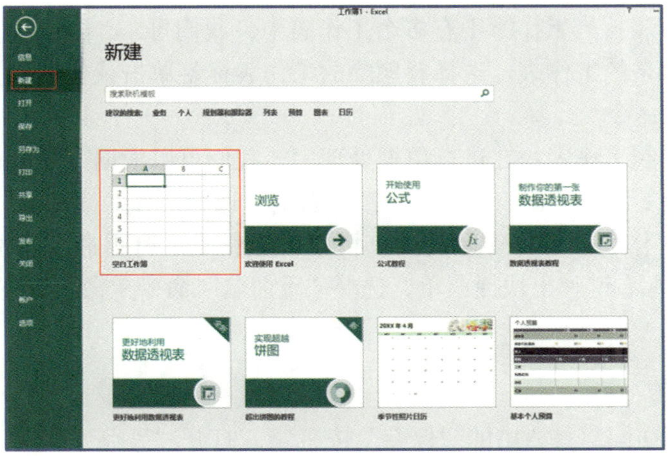

图 4-2 新建空白工作簿

（2）单击工作表底部的工作表标签，可以切换到想选择的工作表。简单来说，如果将工作簿比作一本书，那么书中的每一页都可以看作为工作表。

在图4-3中，空白的区域为Excel的工作区，工作区由行和列组成，行和列交叉构成的小方格称为单元格，而单元格地址则用列标和行号表示，如A1表示A列第1行的单元格，D5表示D列第5行的单元格。A1:D5表示包含A1和D5之间所有连续的单元格。

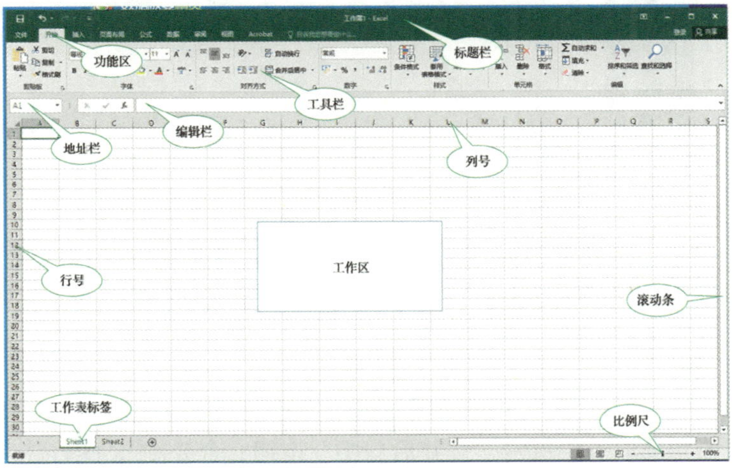

图 4-3 Excel 工作界面

2. 添加、删除、移动、复制、重命名工作表

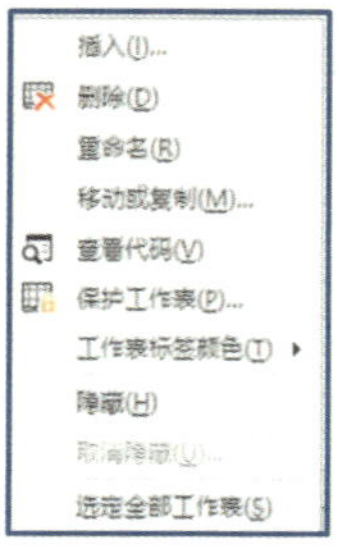

图 4-4　工作表标签邮寄界面

（1）添加工作表：如果工作簿中工作表的数量，无法满足用户需求，那么可以根据实际情况添加工作表。单击工作表标签右侧的 “新建”按钮，则会在现有的工作表末尾插入一个新的工作表；若要在某个已存在的工作表之前插入一个新的工作表，则可以右键单击某个工作表标签，弹出如图4-4所示的快捷菜单，选择插入工作表，在弹出的对话框中按照需要进行选择插入即可。

（2）删除工作表：当工作簿中有多个工作表中，我们可以根据需要删除多余的工作表。选择要删除的工作表标签单击鼠标右键，在弹出的快捷菜单中选择“删除”命令。

（3）移动、复制工作表：在进行数据处理中，我们可以根据需要进行移动或复制工作表。选择要移动或复制的工作表标签单击鼠标右键，选择“移动或复制”命令即可。

（4）重命名工作表：根据实际需要，可以对工作表进行重命名。例如，选中工作表“Sheet1”，单击鼠标右键弹出快捷菜单，选择“重命名”命令重命名为“C语言程序设计成绩登记表”工作表。

3. 保存工作簿

（1）单击快捷访问工具栏中的“保存”按钮，打开“另存为”窗口，如图4-5所示。

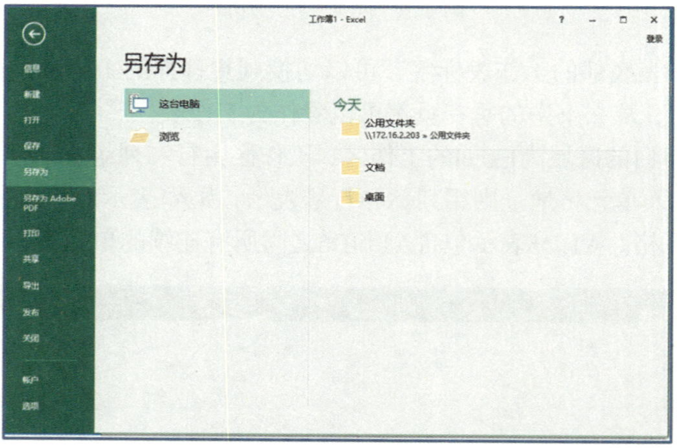

图 4-5　“另存为”窗口

（2）单击“浏览”按钮，打开“另存为”对话框，选择保存文件的位置，最后在“文件名”下拉列表框中直接输入“21软件成绩登记表”，单击“保存”按钮完成存盘。

4. 合并单元格

（1）选择A1单元格，按住“Shift”键后再单击K1单元格，选中A1:K1单元格区域。

（2）在“开始”选项卡中单击“合并后居中”按钮，合并A1:K1单元格区域。想取消合并同样再次选择此按钮即可。

（3）利用同样的方法合并A2:B2、E2:F2、J2:K2、A3:B3、E3:F3、J3:K3、A4:K4、A26:K26、A27:E27单元格。

5. 文字录入

选择A1单元格，在编辑栏中输入“应用技术职业学院2021-2022-1学期成绩登记表”，完成后单击“√”按钮，如图4-6所示。也可以选择A1后直接录入文字，录入完成后按“Enter”键完成录入。如果原来的单元格中已经录入文字，那么第二种方法会将原来的文字替代。用同样的方法将图4-1中的文字按照对应的位置录入到表格中。

注意：在单元格中换行使用“Alt+Enter”组合键。

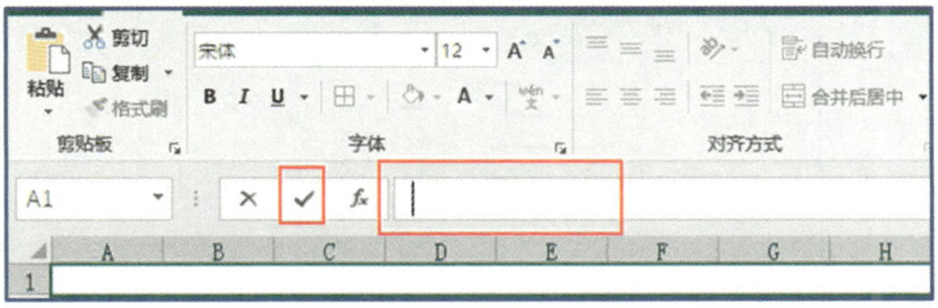

图 4-6　单元格编辑框

6. 设置字体

单击A1单元格，在“开始”选项卡中单击“字体”|“字体”下拉按钮，在弹出的列表中选择“宋体”，单击“字号”下拉按钮，在展开的列表中选择“16”，然后将字体加粗。按同样的方法设置表格外的其他字体均为宋体，10号字；A5:J5单元格的文字设置为宋体、11号字、加粗。

7. 设置单元格对齐

单元格对齐方式工具在“开始”选项卡中的“对齐方式”工具组中，如图4-7所示，上面的三个按钮分别为纵向对齐方式的“顶端对齐”“垂直居中”“底端对齐”，下面的三个按钮分别为横向对齐方式的“左对齐”“居中”“右对齐”。

（1）选择A1单元格，单击横向、纵向对齐方式的“居中”按钮，将A1设置为横向、纵向均居中对齐。

（2）选择A2:B2单元格，单击“左对齐”“垂直居中”按钮，将A2:B2设为横向左对齐，用同样的方法设置其他表格外的单元格。

（3）选择A5:K25单元格，单击“垂直居中”“居中”按钮，将A5:K25所有单元格均设置为横向、纵向居中对齐。

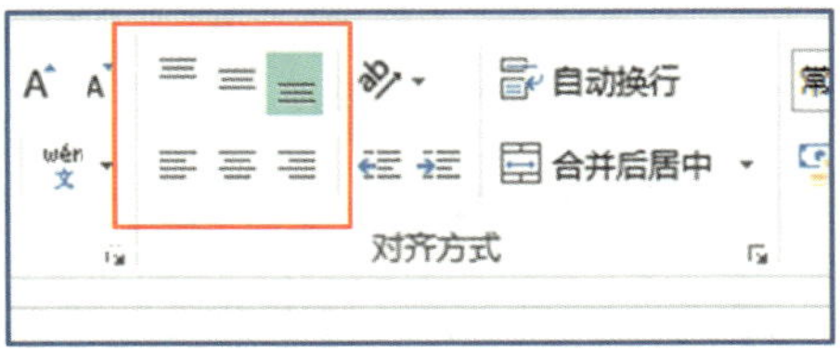

图 4-7　单元格对齐方式

8. 表格线绘制

选择A5:K25单元格，单击“开始”选项卡中的“字体”|“边框”下三角按钮，在打开的面板中选择“所有框线”命令，将所有框线设为细实线。

在实际操作中，用户可根据需要选择不同的命令，包括线条粗细、线型、颜色等。选择“其他边框”命令，打开“设置单元格格式”对话框，可在“边框”选项卡中使用“边框”选项组的工具设置各种框线，如图4-8所示。

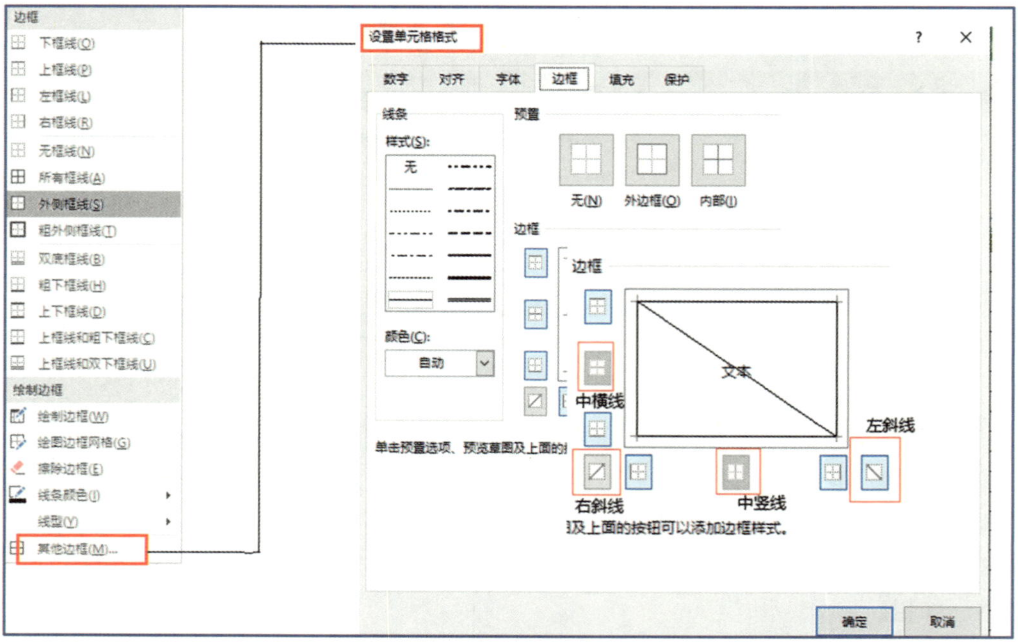

图4-8 “设置单元格格式”对话框

9. 行高、列宽设置

（1）行高：右键单击行号“1”，在弹出的快捷菜单中选择“行高”命令，如图4-9左图所示。在打开的“行高”对话框中输入行高值“18”，单击“确定”按钮。用此方法设置其他行高，均设置为15。

> 提示：若不需要设定精确的行高值，可以直接将鼠标移至行号为1下方的框线处，当鼠标指针变成双向箭头形状时，按住鼠标左键进行拖动，拖动过程中注意当前行高度值的提示，拖到合适位置后释放鼠标，即可更改该行行高。

（2）列宽：将光标移动到列标“A”位置右键单击，在弹出的快捷菜单中选择“列宽”命令，如图4-9右图所示。在打开的“列宽”对话框中输入列宽值“5”，单击“确定”按钮。并用此方法设置其他列宽，其中B、C列列宽为15；其余均为10。

> 提示：若不需要设定精确的列宽值，则可以直接将鼠标移至A列列标右侧的框线处，当鼠标指针变成双向箭头形状时，按住鼠标左键进行拖动，拖至合适位置后释放鼠标。

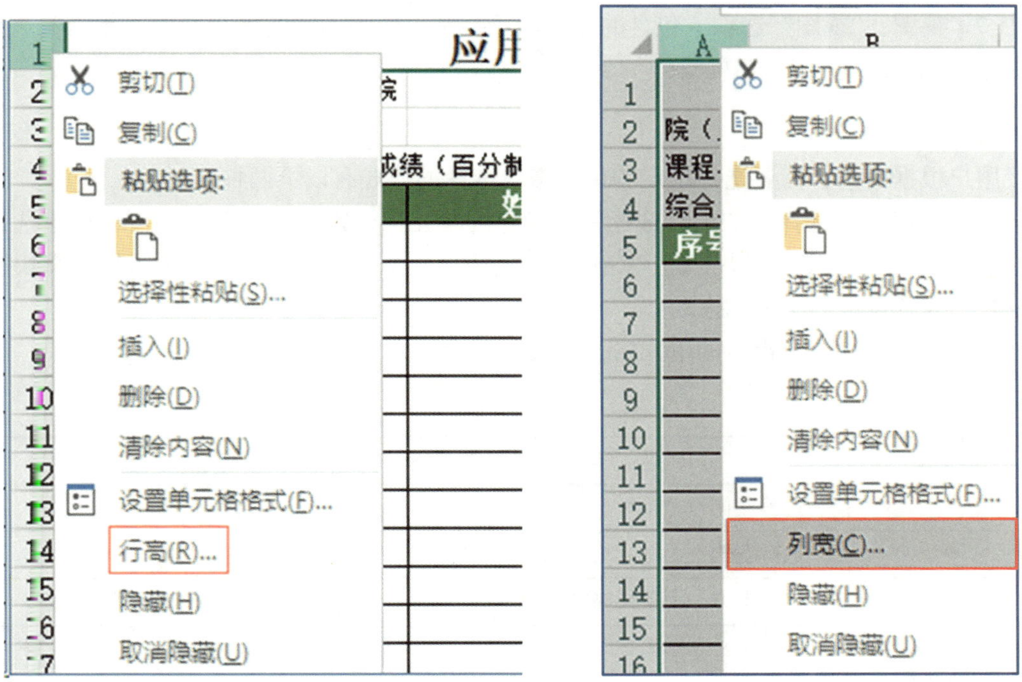

图 4-9　行标、列标快捷菜单

10. 保存与退出

（1）保存工作簿：单击“快速访问工具栏”中的“保存”按钮，将编辑过的文件按原路径存盘，此时将不再打开“另存为”对话框。

（2）退出工作簿：选择标题栏右侧的“关闭”按钮退出程序。

4.1.4 知识链接

1. 功能区选项卡

在Excel软件中，功能区的各选项卡提供了各种不同的命令，并将相关命令进行了分组。

（1）开始：此选项卡包含基本的剪贴板命令、格式命令、样式命令、插入和删除行或列的命令，以及各种工作表编辑命令。

（2）插入：选择此选项卡可在工作表中插入表、图、图表、符号等。

（3）页面布局：此选项卡中的功能包含对工作表的整体外观的设置，以及与打印有关的页面设置。

（4）公式：使用此选项卡可插入公式、命名单元格或区域、访问公式审核工具，以及控制Excel执行计算的方式。

（5）数据：此选项卡提供了Excel中与数据相关的命令，包括数据验证命令。

（6）审阅：此选项卡包含的工具用于检查拼写、翻译单词、添加注释，以及保护工作表。

（7）视图："视图"选项卡包含的命令用于控制工作表不同的显示方式。此选项卡上的一些命令也可以在状态栏中获取。

2. 选择单元格

用户根据需求，需要选择指定的单元格，选择的方式有以下两种。

（1）利用鼠标选择，如果只选择一个指定的单元格，则可以用单击即可；如果选择多个不连续的，则可以借助快捷键"Ctrl"；如果选择多个连续的单元格，则可以借助快捷键"Shift"，或者直接利用鼠标拖动。

（2）利用键盘选择指定的单元格，如表4-1所示。

表 4-1　选择活动单元格快捷键

操作键	插入点位置	操作键	插入点位置
←	选择左侧一个单元格	↓	选择下方一个单元格
→	选择右侧一个单元格	Enter	选择下方一个单元格
↑	选择上方一个单元格	Tab	选择右侧一个单元格

3. 选择行、列

（1）选择行：将鼠标移至行号为5的位置处，当鼠标指针变成黑色向右的箭头形状时单击，可选择该行单元格。选择该行单元格后，按住鼠标左键上下拖动可以选择连续的多行单元格；借助"Ctrl"键可以选择不连续的多行单元格。

（2）选择列：将鼠标移到列标为E的位置处，当鼠标变成黑色向下箭头形状时单击，可以选择该列单元格。选择该列单元格后，按住鼠标左键左右拖动可以选择连续的多列单元格；借助"Ctrl"键可以选择不连续的多列单元格。

4.1.5 技能训练

练习：制作课程表（效果如图4-10）。

1. 新建一个名为"课程表.xlsx"的工作簿。
2. 在"Sheet1"工作表中输入如图4-10所示的数据。
3. A1～F1合并居中，黑体，加粗，20号字；其余行为宋体，12号字。
4. 行高设置：第1、2行行高为40，其他行行高均为30。
5. 列宽设置：第A列列宽设置为10，其他列列宽为15。
6. 单元格内数据水平、垂直均居中对齐。
7. 表格框线、底纹根据个人喜好自行设置。
8. 将文件保存在桌面上。

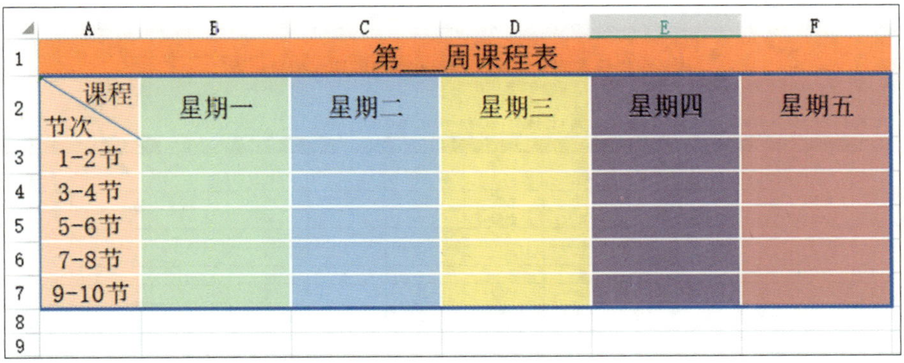

图 4-10　“课程表”效果

任务 4.2　学生成绩表的输入

4.2.1 任务要点

- 输入和编辑数据。
- 特殊数据的输入。
- 自动填充。
- 单元格数据格式。
- 查找和替换。
- 验证。

4.2.2 任务要求

1. 在工作表中输入和编辑数据。
2. 特殊数据的输入。
3. 数据的自动填充。
4. 设置单元格数据格式。
5. 查找、替换数据。
6. 数据验证。

结果如图 4-11 和图 4-12 所示。

应用技术职业学院2021-2022-1学期成绩登记表

院（系）/部：信息工程学院　　行政班：21软件　　学生人数：20

课程名称：C语言程序设计　　学分：4.0　　考核方式：考试

综合成绩（百分制）=平时成绩（百分制）（30%）+中考成绩（百分制）（0%）+末考成绩（百分制）（70%）

序号	学号	姓名	性别	修读性质	平时成绩	中考成绩	末考成绩	综合成绩	辅助标记	备注
1	2021132001	王小倩	女	必修	95		85			
2	2021132002	许富强	男	必修	80		90			
3	2021132003	刘潮	男	必修	98		88			
4	2021132004	田薇薇	女	必修	100		98			
5	2021132005	邱萱	女	必修	80		90			
6	2021132006	董敏	女	必修	70		35			
7	2021132007	李静	男	必修	70		60			
8	2021132008	王小川	男	必修	80		78			
9	2021132009	王强	男	必修	80		55			
10	2021132010	张成	男	必修	85		65			
11	2021132011	彭程宇	男	必修	90		89			
12	2021132012	皮海玉	男	必修	100		97			
13	2021132013	宋娜	女	必修	85		72			
14	2021132014	杨伟	男	必修	70		26			
15	2021132015	尹小定	男	必修	75		73			
16	2021132016	郑彦军	男	必修	85		80			
17	2021132017	钟志华	男	必修	85		82			
18	2021132018	蓝福明	男	必修	75		90			
19	2021132019	刘刚	男	必修	80		73			
20	2021132020	刘云帆	男	必修	70		70			

说明：任课教师应于考试/查后三天内，将本表一式两份报至所在学院

教师签名：＿＿＿＿＿＿

图 4-11　“C 语言程序设计成绩登记表”完成效果

应用技术职业学院2021-2022-1学期成绩登记表

院（系）/部：信息工程学院　　行政班：21软件　　学生人数：20

课程名称：计算机应用与人工智能基础　　学分：3.0　　考核方式：考查

综合成绩（百分制）=平时成绩（百分制）（50%）+中考成绩（百分制）（0%）+末考成绩（百分制）（50%）

序号	学号	姓名	性别	修读性质	平时成绩	中考成绩	末考成绩	综合成绩	辅助标记	备注
1	2021132001	王小倩	女	必修	90		77			
2	2021132002	许富强	男	必修	60		68			
3	2021132003	刘潮	男	必修	77		98			
4	2021132004	田薇薇	女	必修	98		90			
5	2021132005	邱萱	女	必修	66		90			
6	2021132006	董敏	女	必修	65		60			
7	2021132007	李静	男	必修	65		70			
8	2021132008	王小川	男	必修	99		75			
9	2021132009	王强	男	必修	83		55			
10	2021132010	张成	男	必修	92		65			
11	2021132011	彭程宇	男	必修	41		60			
12	2021132012	皮海玉	男	必修	88		83			
13	2021132013	宋娜	女	必修	66		71			
14	2021132014	杨伟	男	必修	94		50			
15	2021132015	尹小定	男	必修	56		55			
16	2021132016	郑彦军	男	必修	72		66			
17	2021132017	钟志华	男	必修	60		80			
18	2021132018	蓝福明	男	必修	80		79			
19	2021132019	刘刚	男	必修	75		73			
20	2021132020	刘云帆	男	必修	75		72			

说明：任课教师应于考试/查后三天内，将本表一式两份报至所在学院

教师签名：＿＿＿＿＿＿

图 4-12　“计算机应用与人工智能基础成绩登记表”完成效果

4.2.3 实施过程

1. 打开工作簿

打开“Excel实例\任务二\21软件学生成绩登记册.xlsx”工作簿，选择第一个工作表“C语言程序设计成绩登记表”。

2. 输入序号

Excel软件可以帮助用户自动完成序号的填充，有以下两种方法。

（1）在A7单元格中输入“1”，在A8单元格中输入“2”，选择A7:A8单元格区域，将鼠标指针放在单元格右下角的复制柄上向下拖动，如图4-13所示。拖动至A25单元格，完成步长为1的数据复制。

（2）在A8单元格中输入“2”，右键单击复制柄，打开如图4-14所示的快捷菜单，选择“填充序列”命令。

图 4-13　复制柄

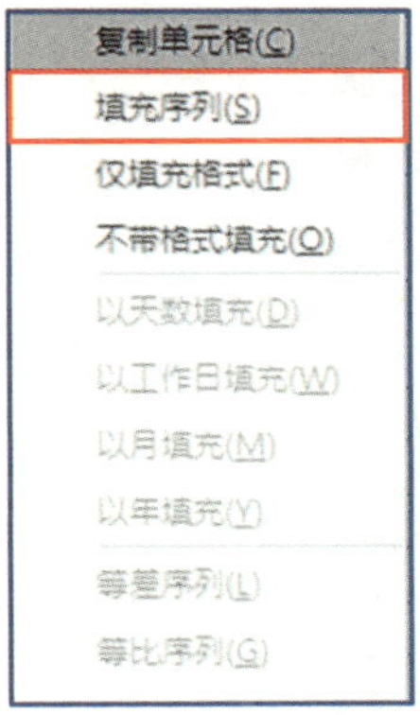

图 4-14　右键单击复制柄弹出快捷菜单

3. 输入学号

选择B6单元格，单击鼠标右键，在弹出的快捷菜单中选择“设置单元格格式”命令，打开“设置单元格格式”对话框，切换到“数字”选项卡，选择“分类”列表框中的“自定义”选项，并在类型中输入："2021132"@，如图4-15所示（注意：所有符号都应采用英文标点）。单击“确定”按钮后，再次选择B6单元格，输入“001”，按复制柄复制数据到B25单元格，完成学号的输入。

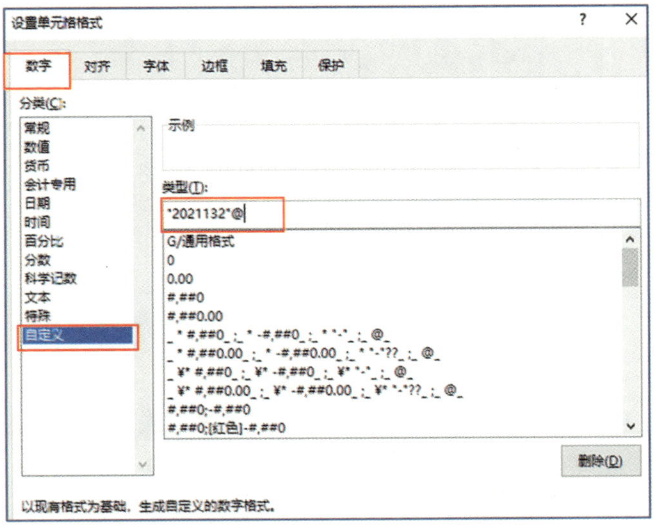

图 4-15　“设置单元格格式”对话框的“数字”选项卡

在日常生活中，如果需要在整列内容前面都加上相同的汉字、数字或字母等，则可以使用上面的方法实现；如果在整列内容后面添加，则其规则为：@"XXX"。

4. 输入姓名

为了方便以后的输入，可将姓名生成自定义序列，以后只需输入第一个姓名，利用复制柄就可以将其他姓名复制出来。

（1）按照图4-11所示输入姓名。

（2）选择“文件” | “选项”命令，如图4-16所示。

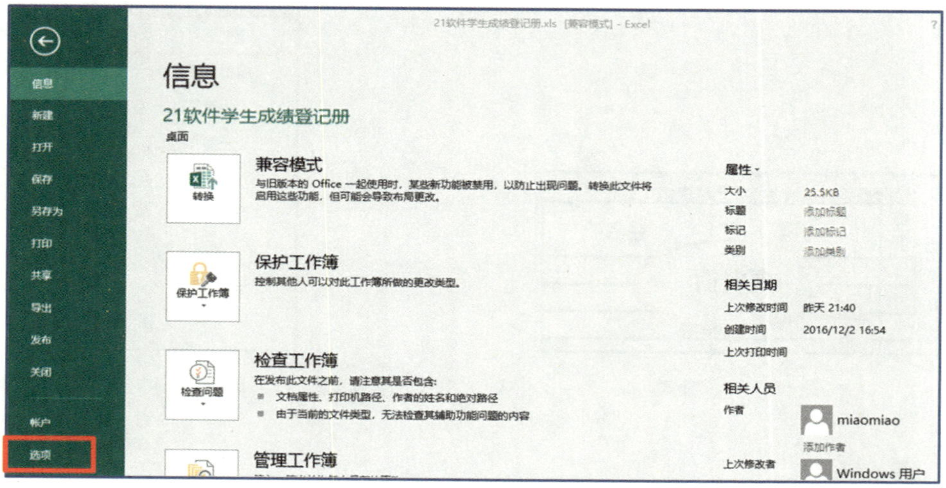

图 4-16　文件功能区

（3）在打开的“Excel选项”对话框中切换到“高级”选项卡，向下滚动鼠标找到“创建用于排序和填充序列的列表”选项，单击“编辑自定义列表”按钮，如图4-17所示。

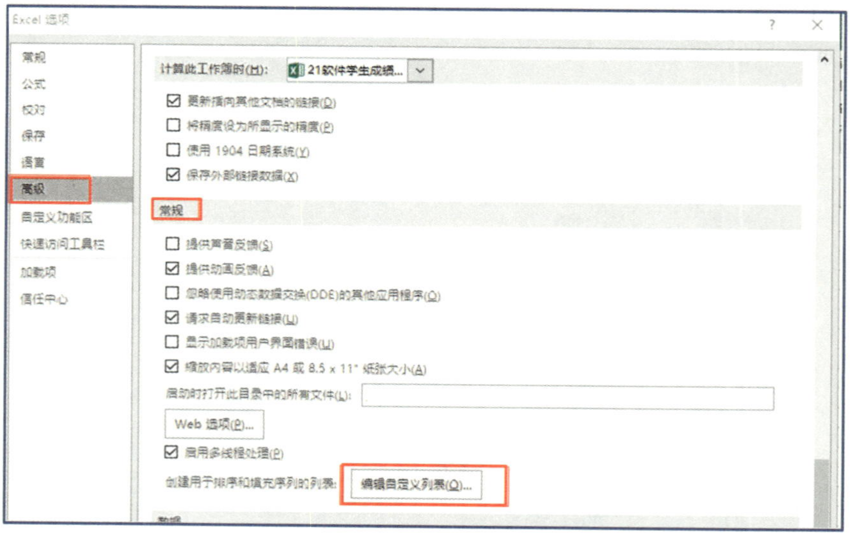

图 4-17　“Excel 选项”对话框的“高级”选项卡

（4）在打开的“自定义序列”对话框中单击“从单元格中导入序列”编辑框右侧的按

钮，如图4-18所示。

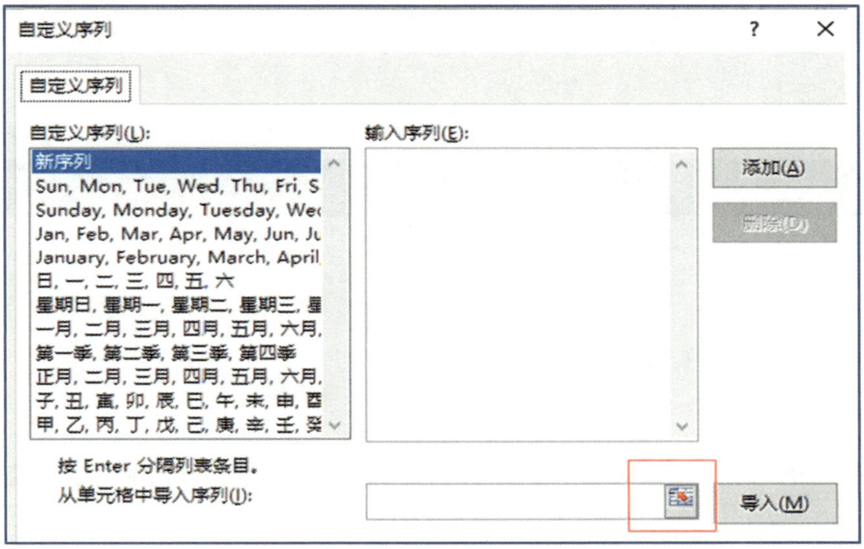

图 4-18　从单元格导入自定义序列

（5）选中C6:C25单元格区域，按“Enter”键，单击“导入”按钮，如图4-19所示。完成后单击“确定”按钮。

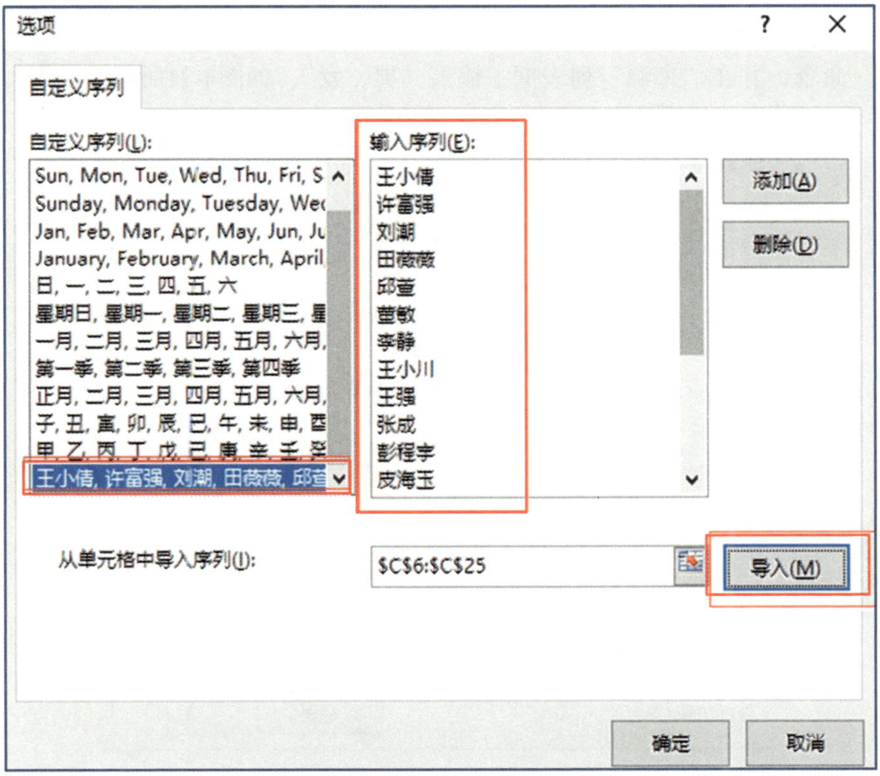

图 4-19　导入自定义序列

注意：如果不想直接在单元格中输入后再添加自定义序列，也可以直接在“从单元格中导入序列”编辑框中输入序列，内容用英文符号“,”隔开即可。

5. 输入性别

（1）选择D6:D25单元格，单击“数据”选项卡中的“数据验证”按钮，如图4-20所示。

图 4-20 数据功能区

（2）在打开的“数据验证”对话框中，选择“验证条件”选项组的“允许”列表框中的“序列”命令，并在“来源”列表框中输入“男，女”，如图4-21所示（注意：“,”为英文标点）。

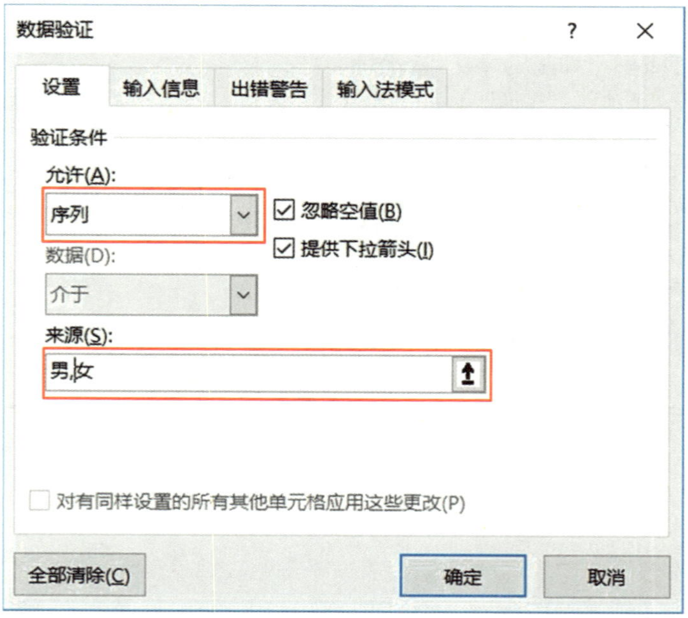

图 4-21 “数据验证”对话框

（3）再次选中D6单元格，单击出现的下三角按钮▾，在打开的面板中选择性别输入。

（4）用此种方法按图4-11所示完成性别的输入。

6. 输入修读性质

选择E6单元格，输入“必修”，按住复制柄向下复制到E25单元格。

7. 设置数据有效性

（1）选择F6:H25单元格区域，在“数据”选项卡中单击“数据验证”按钮，打开“数据验证”对话框。

（2）在“验证条件”选项组中的“允许”下拉列表框中选择“整数”命令，在“最小值”编辑框中输入“0”，“最大值”编辑框中输入“100”，如图4-22所示。

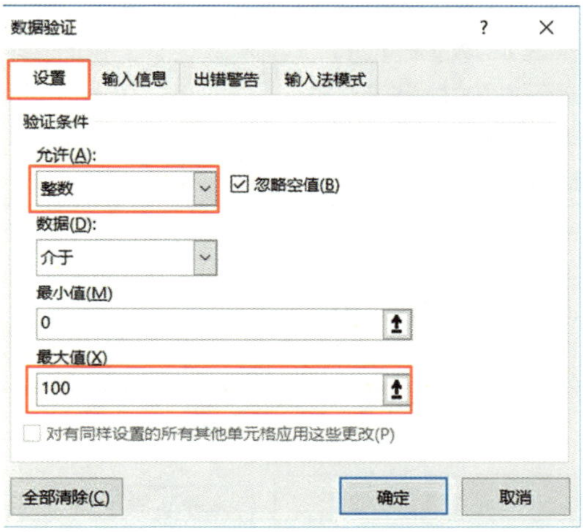

图 4-22　“数据验证”对话框中的“设置”选项卡

转到“出错警告”选项卡，在“样式”下拉列表框中选择“停止”命令，在“错误信息”编辑框中输入“请输入0-100间的整数”，如图4-23所示，单击“确定”按钮。

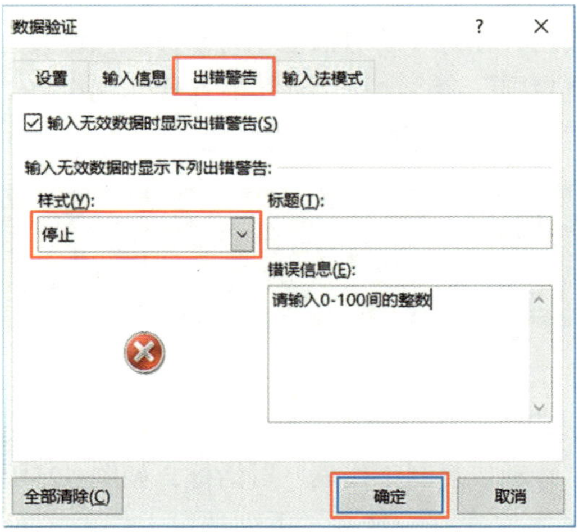

图 4-23　“数据验证”对话框中的“出错警告”选项卡

8. 建立条件句格式（按照分数段设置不同颜色）

（1）选择F6:I25单元格区域，单击“开始”选项卡中的“条件格式”按钮，在下拉菜单中选择“新建规则”命令，打开“新建格式规则”对话框。

（2）在“选择规则类型”列表框中选择“只为包含以下内容的单元格设置格式”，分别选择“介于”选项和“大于或等于”选项，并在右侧的数值框中输入“90”，如图4-24所示。

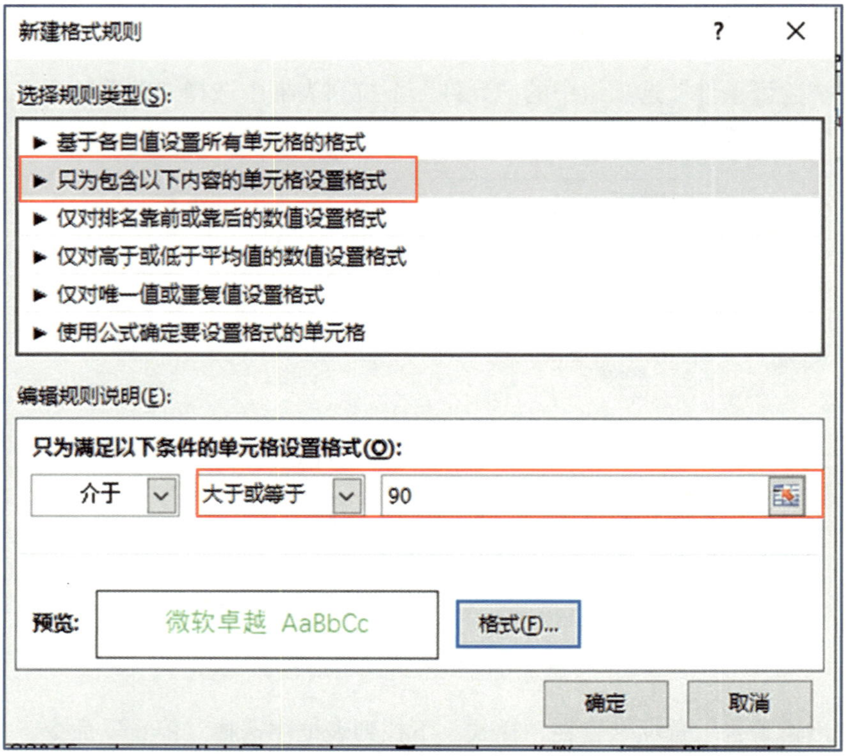

图 4-24 “新建格式规则”对话框

（3）单击“格式”按钮，在打开的对话框中将字体颜色设置为绿色。

（4）再次选择“新建规则”命令，按上述步骤操作，此次将“介于”更改为“小于”，在后面的数值框中输入“60”，字体颜色设置为红色。

注意：如果后期不需要此规则了，则可以清除规则。操作步骤：单击“条件格式”按钮，在弹出的下拉列表中选择“清除规则”命令，然后在展开的子菜单中选择清除规则的范围，如清除所选单元格的规则、清除整个工作表的规则。

9. 复制工作表

（1）右键单击“C语言程序设计成绩登记表”工作表名称，在弹出的快捷菜单中选择“移动或复制”命令，打开“移动或复制工作表”对话框，如图4-25所示。

（2）勾选“建立副本”复选框，选择“下列选定工作表之前”列表框中的“(移到最后)”选项，单击“确定”按钮，生成与该表内容完全一样的表“C语言程序设计成绩登记表(2)”。

（3）右键单击新生成的工作表名称，在弹出的快捷菜单中选择“重命名”命令，将该表重命名为“计算机应用与人工智能基础成绩登记表”。

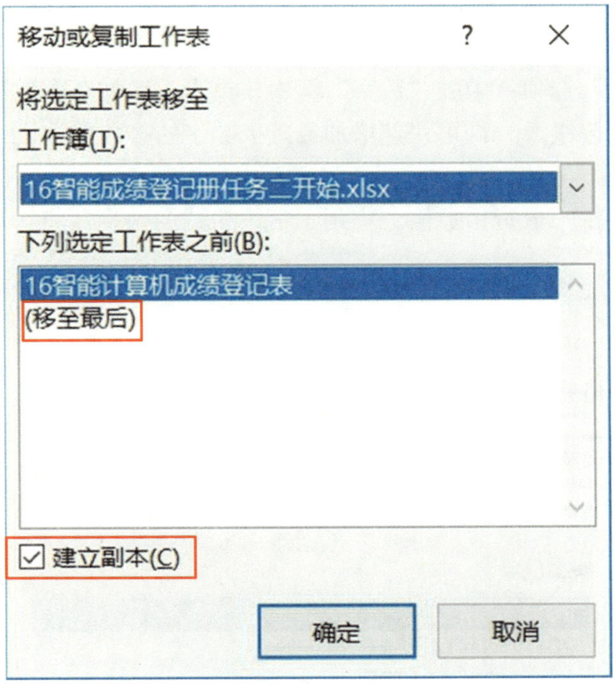

图 4-25　“移动或复制工作表”对话框

10. 修改相关内容与保存

切换到“计算机应用与人工智能基础成绩登记表”工作表，按照图4-12所示更改内容。更改完成后，单击窗口左上角的“保存”按钮，完成对修改编辑工作簿的保存。

4.2.4 知识链接

1. 同时输入多个数据

在编辑电子表格时，有时需要对多个单元格输入相同的数据。此时，可以在电子表格中同时输入多个数据，以节省输入表格数据的时间。操作步骤：选择需要输入相同数据的单元格区域，这个区域可以是连续的（鼠标直接拖动），也可以是不连续的（按住“Ctrl”键同时选择）。在选定区域中输入需要的内容，然后按“Ctrl+Enter”组合键，即可看到所选择的单元格区域中显示了相同的数据，即同时输入了多个数据。

2. 设置数字格式

数字格式包括数值、货币、会计专用、日期、时间、百分比、文本等。为了使电子表格中的数字更加专业、规范，可以为数字设置相符的格式，如将金额数据以货币的格式进行显示。操作步骤：右键单击单元格，在弹出的快捷菜单中选择“设置单元格格式”命令，在其对话框中的“数字”选项卡中的“分类”下进行选择。

（1）数值格式。

数值格式用于一般数字的表示，可以为应用了数值格式的数字设置小数点，使数字更加精确地显示出来。

另外，在“开始”选项卡中的“数字”组中，单击“增加小数位数”按钮，或者单击“减少小数位数”按钮，即可快速增加或减少数字的小数位数。

（2）货币格式。

货币格式用于表示一般货币数值。应用了货币格式的数字，将自动在数字前面显示货币符号。

（3）日期格式。

在相应的命令下，用户可以根据需要选择相应的格式，如图4-26所示，并且后期如果更改日期，则其应用的格式不会发生变化。

图 4-26　日期类型示例

（4）百分比格式。

在“百分比”选项中，根据实际需要，用户可以在右侧的“小数位数”文本框中设置保留的小数位数，如设置为2，最后单击“确定”按钮即可。

3. 输入数据（输入以0开头的数据）

（1）输入以0开头的数据。

在输入以0开头的数据时，会发现有效数字前面的0自动消失，即无法输入以0开头的数据。这是因为Excel默认以“常规”格式显示数据的，数字之前的0作为无效的数据不显示。此时，需要将输入的内容以文本格式显示，才能显示有效数字之前的0。

操作步骤：在“开始”选项卡中的“数字”组中单击“数字格式”下三角按钮，如图4-27所示，在其下拉列表中选择“文本”选项，再输入以0开头的数据，即可以实现有效数字前面0的正常显示。

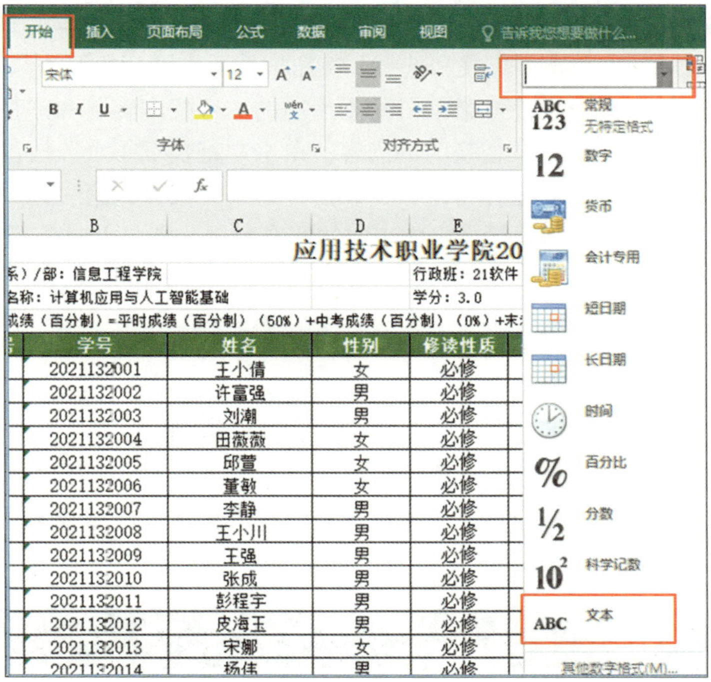

图 4-27　更改数据格式

（2）自动填充数据。

自动填充数据是根据已有的数据项，通过拖动填充柄快速填充相匹配的数据，如自动填充序列、有规律的数据、相同的数据、自定义序列的数据。

4. 查找与替换数据

查找功能可以快速找到工作表中指定的内容，如数据、格式等。如果需要将工作表中的某些数据进行统一的修改，那么可以使用替换功能，将指定的数据进行一次性替换，避免逐个修改数据和重复执行相同的操作。

（1）查找数据。

在“开始”选项卡中的“编辑”组中单击“查找和选择”按钮，如图4-28所示，在展开的下拉菜单中选择“查找”选项，打开“查找和替换”对话框，在“查找”选项卡中的“查找内容”文本框中输入要查找的内容，单击“查找下一个”按钮。如果需要查找指定的全部数据，则单击对话框中的“查找全部”按钮。在“查找和替换”对话框中单击“选项”按钮，即可展开对话框选项区域，在此可以设置相应的查找选项，如查找的范围、搜索的方向、区分大小写等，以使查找的数据更加精确。

图 4-28　“查找和选择”下拉菜单

（2）替换数据。

在“开始”选项卡中单击“查找和选择”按钮，然后在展开的下拉菜单中选择“替换”选项，打开“替换”对话框，在“替换”选项卡中的“查找内容”和“替换为”文本框中分别输入需要替换的内容，以及替换为的内容，单击“查找下一个”按钮。此时可看到查找到了第一处数据。如果需要进行替换，则单击“替换”按钮，第一处数据被替换，并自动选择了下一处数据；如果需要替换工作表中的所有数据，则单击“全部替换”按钮。

5. 插入批注

批注可以看作是审阅者给表格的注释，当需要为单元格中的数据添加注释时，就可以使用批注功能了。

（1）插入批注：选择需要插入批注的单元格，在“审阅”选项卡中的“批注”组中单击“新建批注”按钮，如图4-29所示。或单击鼠标右键在弹出的快捷菜单中选择“插入批注”命令，则在所选择单元格右侧出现了批注框，批注框中显示了审阅者用户名，在其中输入所需要的批注内容即可。

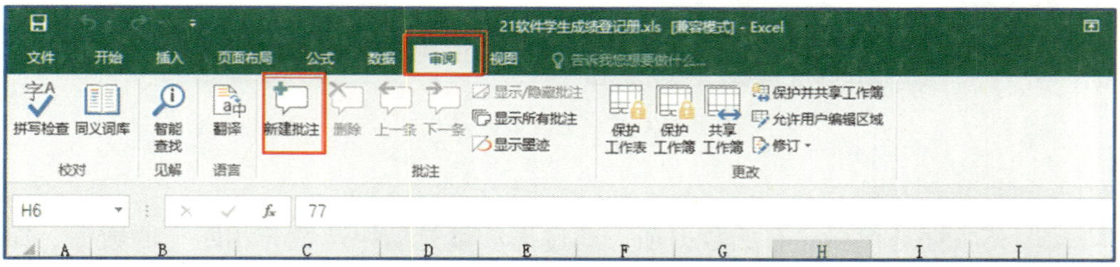

图 4-29　审阅功能区菜单

（2）编辑批注：在插入批注后，如果对批注内容不满意，则也可以对批注进行编辑，选择需要编辑的批注所在单元格并单击鼠标右键，在弹出的快捷菜单中选择“编辑批注”命令，即可对批注进行编辑了。

（3）删除批注：当不再需要使用插入的批注时，可以将其进行删除，选择需要删除批注的单元格并单击鼠标右键，在弹出的快捷菜单中选择“删除批注”命令即可。

6. 设置数据自动换行

在制作表格时，经常会遇到需要输入较多内容的情况，输入的内容过多将超出单元格的宽度，导致无法正常显示。可以在编辑状态下按“Alt+Enter”组合键，将单元格中的数据进行强制换行。此外，还可以将单元格设置为自动换行，使其中的数据能够根据单元格的宽度自动换行。

方法一：单击“自动换行”按钮。

选择需要设置自动换行的单元格，然后在“开始”选项卡中的“对齐方式”组中选择“自动换行”命令，即可实现数据的自动换行，如图4-30所示。

方法二：通过对话框进行设置。

选择目标单元格并打开“设置单元格格式”对话框，然后在“对齐”选项卡中勾选“自动换行”复选框，如图4-31所示，即可实现数据的自动换行。

图 4-30 选择“开始”选项卡中的“自动换行”命令

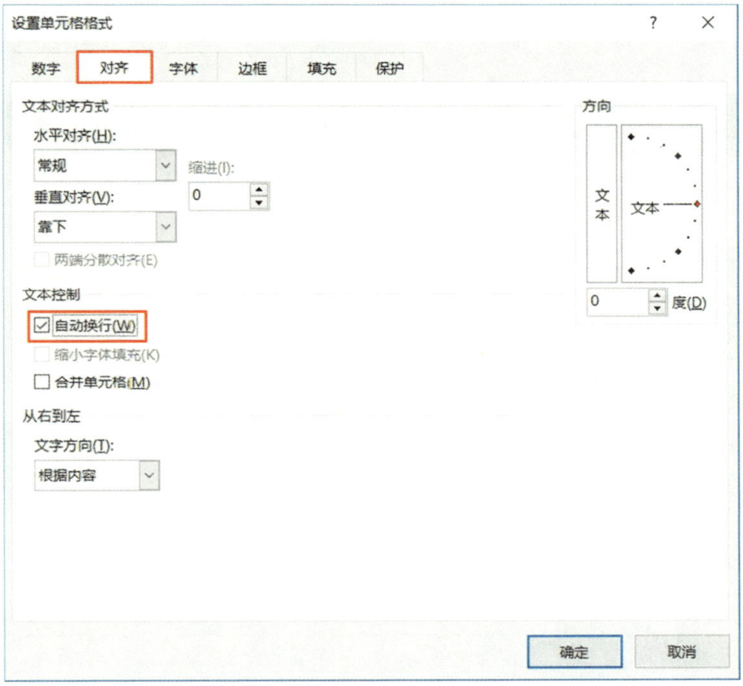

图 4-31 “设置单元格格式”对话框

4.2.5 技能训练

练习：制作水果店价格表（效果如图4-32所示）。

1. 新建一个名为“阳光水果店价格表”的工作簿；将“Sheet1”工作表如图4-32所示重命名。

2. 字体设置。

（1）A1:D1合并居中，宋体，加粗，12号字。

（2）B2:D2单元格内文字设置为居中，

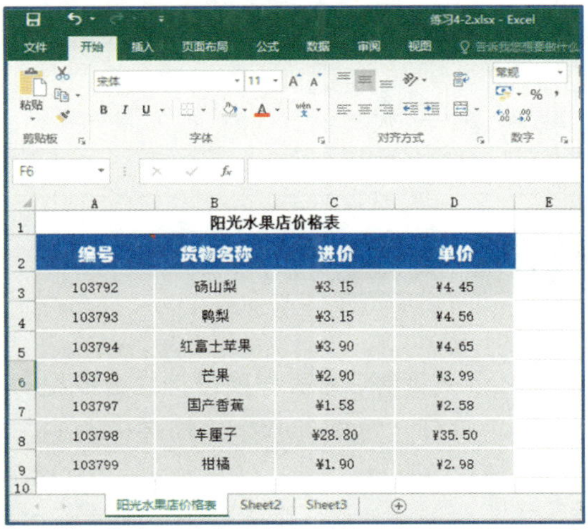

图 4-32 “阳光水果店价格表”工作表最终效果

华文琥珀，14号字。

（3）A3:D9单元格内文字设置为居中，宋体，12号字。

（4）价格数据格式设置为金额，2位小数点。

3. 行高设置：第1行行高为20、第2行行高为30，其他行行高均为24。

4. 列宽设置：列宽均为15。

5. 框线设置：表格边框线设置为较粗实线，白色。

6. 第2行表格底纹设置为蓝色。

7. 为A2单元格新建批注：这一列为水果编号。

任务 4.3 学生成绩表的处理

4.3.1 任务要点

- 单元格引用。
- 公式。
- 表达式。
- 函数。

4.3.2 任务要求

1. 单元格的引用。
2. 公式的输入。
3. 表达式的类型。
4. 复制公式中的相对引用、绝对应用、混合引用。
5. 函数的表示。
6. 函数的值。
7. 函数的嵌套。

4.3.3 实施过程

1. 公式计算C语言程序设计综合成绩

（1）打开“21软件学生成绩登记册.xlsx”工作簿，“C语言程序设计成绩登记表”工作表，选择I6单元格，输入“=F6*30%+H6*70%”，如图4-33所示。

（2）再次选择I6单元格，按复制柄向下复制到I25单元格。完成后如图4-34所示。

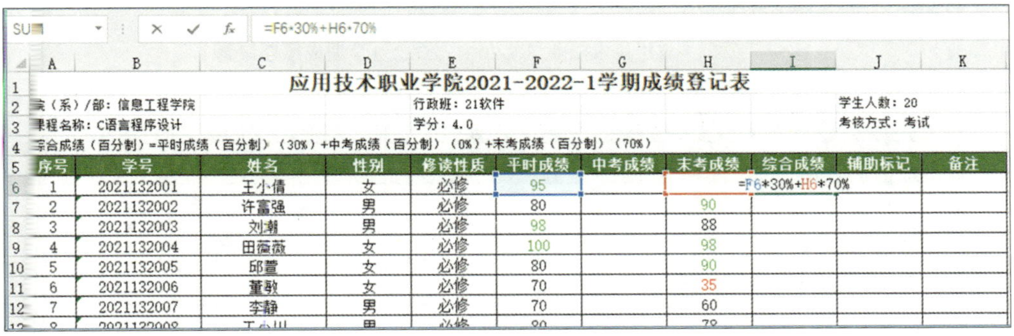

=F6*30%+H6*70%

应用技术职业学院2021-2022-1学期成绩登记表

院（系）/部：信息工程学院　行政班：21软件　学生人数：20

课程名称：C语言程序设计　学分：4.0　考核方式：考试

综合成绩（百分制）=平时成绩（百分制）（30%）+中考成绩（百分制）（0%）+末考成绩（百分制）（70%）

序号	学号	姓名	性别	修读性质	平时成绩	中考成绩	末考成绩	综合成绩	辅助标记	备注
1	2021132001	王小倩	女	必修	95			=F6*30%+H6*70%		
2	2021132002	许富强	男	必修	80		90			
3	2021132003	刘潮	男	必修	98		88			
4	2021132004	田薇薇	女	必修	100		98			
5	2021132005	邱萱	女	必修	80		90			
6	2021132006	董敏	女	必修	70		35			
7	2021132007	李静	男	必修	70		60			

图 4-33　C 语言程序设计成绩登记表综合成绩录入

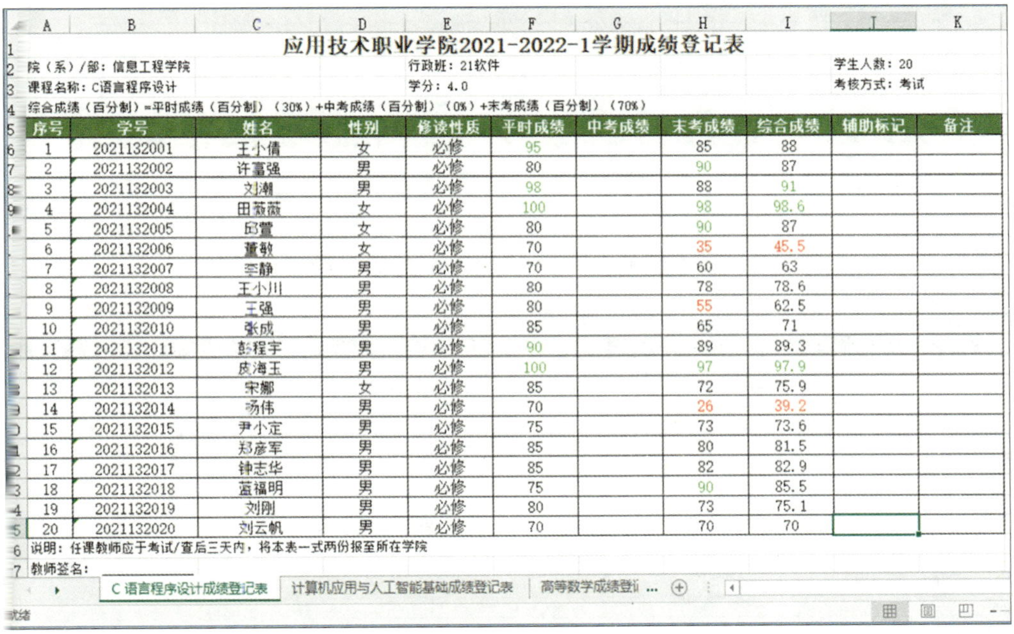

应用技术职业学院2021-2022-1学期成绩登记表

院（系）/部：信息工程学院　行政班：21软件　学生人数：20

课程名称：C语言程序设计　学分：4.0　考核方式：考试

综合成绩（百分制）=平时成绩（百分制）（30%）+中考成绩（百分制）（0%）+末考成绩（百分制）（70%）

序号	学号	姓名	性别	修读性质	平时成绩	中考成绩	末考成绩	综合成绩	辅助标记	备注
1	2021132001	王小倩	女	必修	95		85	88		
2	2021132002	许富强	男	必修	80		90	87		
3	2021132003	刘潮	男	必修	98		88	91		
4	2021132004	田薇薇	女	必修	100		98	98.6		
5	2021132005	邱萱	女	必修	80		90	87		
6	2021132006	董敏	女	必修	70		35	45.5		
7	2021132007	李静	男	必修	70		60	63		
8	2021132008	王小川	男	必修	80		78	78.6		
9	2021132009	王强	男	必修	80		55	62.5		
10	2021132010	张成	男	必修	85		65	71		
11	2021132011	彭程宇	男	必修	90		89	89.3		
12	2021132012	庞海玉	男	必修	100		97	97.9		
13	2021132013	宋娜	女	必修	85		72	75.9		
14	2021132014	汤伟	男	必修	70		26	39.2		
15	2021132015	尹小定	男	必修	75		73	73.6		
16	2021132016	郑彦军	男	必修	85		80	81.5		
17	2021132017	钟志华	男	必修	85		82	82.9		
18	2021132018	蓝福明	男	必修	75		90	85.5		
19	2021132019	刘刚	男	必修	80		73	75.1		
20	2021132020	刘云帆	男	必修	70		70	70		

说明：任课教师应于考试/查后三天内，将本表一式两份报至所在学院

教师签名：

图 4-34　C 语言程序设计成绩登记表

2. 计算其余各科成绩的综合成绩

（1）进入“计算机应用与人工智能基础成绩登记表”工作表，选择I6单元格，输入“=F6*50%+H6*50%”，再次选择I6单元格，按复制柄向下复制到I25单元格，完成后如图4-35所示。

（2）进入“高等数学成绩登记表”工作表，选择I6单元格，输入“=F6*30%+H6*70%”，再次选择I6单元格，按复制柄向下复制到I25单元格，完成后如图4-36所示。

	A	B	C	D	E	F	G	H	I	J
1	应用技术职业学院2021-2022-1学期成绩登记表									
2	院（系）/部：信息工程学院				行政班：21软件					学生人数：20
3	课程名称：计算机应用与人工智能基础				学分：3.0					考核方式：考
4	综合成绩（百分制）=平时成绩（百分制）（50%）+中考成绩（百分制）（0%）+末考成绩（百分制）（50%）									
5	序号	学号	姓名	性别	修读性质	平时成绩	中考成绩	末考成绩	综合成绩	辅助标记
6	1	2021132001	王小倩	女	必修	90		77	83.5	
7	2	2021132002	许富强	男	必修	60		68	64	
8	3	2021132003	刘瀚	男	必修	77		98	87.5	
9	4	2021132004	田薇薇	女	必修	98		90	94	
10	5	2021132005	邱萱	女	必修	66		90	78	
11	6	2021132006	董敏	女	必修	65		60	62.5	
12	7	2021132007	李静	男	必修	65		70	67.5	
13	8	2021132008	王小川	男	必修	99		75	87	
14	9	2021132009	王强	男	必修	83		55	69	
15	10	2021132010	张成	男	必修	92		65	78.5	
16	11	2021132011	彭程宇	男	必修	41		60	50.5	
17	12	2021132012	皮海玉	男	必修	88		83	85.5	
18	13	2021132013	宋娜	女	必修	66		71	68.5	
19	14	2021132014	杨伟	男	必修	94		50	72	
20	15	2021132015	尹小定	男	必修	56		55	55.5	
21	16	2021132016	郑彦军	男	必修	72		66	69	
22	17	2021132017	钟志华	男	必修	60		80	70	
23	18	2021132018	蓝福明	男	必修	80		79	79.5	
24	19	2021132019	刘刚	男	必修	75		73	74	
25	20	2021132020	刘云帆	男	必修	75		72	73.5	

图 4-35　计算机应用与人工智能基础成绩登记表

	A	B	C	D	E	F	G	H	I	J	K
1	应用技术职业学院2021-2022-1学期成绩登记表										
2	院（系）/部：信息工程学院				行政班：21软件					学生人数：20	
3	课程名称：高等数学				学分：4.0					考核方式：考试	
4	综合成绩（百分制）=平时成绩（百分制）（30%）+中考成绩（百分制）（0%）+末考成绩（百分制）（70%）										
5	序号	学号	姓名	性别	修读性质	平时成绩	中考成绩	末考成绩	综合成绩	辅助标记	备注
6	1	2021132001	王小倩	女	必修	90		66	73.2		
7	2	2021132002	许富强	男	必修	95		90	91.5		
8	3	2021132003	刘瀚	男	必修	92		80	83.6		
9	4	2021132004	田薇薇	女	必修	80		60	66		
10	5	2021132005	邱萱	女	必修	85		55	64		
11	6	2021132006	董敏	女	必修	84		69	73.5		
12	7	2021132007	李静	男	必修	55		71	66.2		
13	8	2021132008	王小川	男	必修	92		80	83.6		
14	9	2021132009	王强	男	必修	50		78	69.6		
15	10	2021132010	张成	男	必修	94		80	84.2		
16	11	2021132011	彭程宇	男	必修	90		70	76		
17	12	2021132012	皮海玉	男	必修	69		43	50.8		
18	13	2021132013	宋娜	女	必修	70		81	77.7		
19	14	2021132014	杨伟	男	必修	73		72	72.3		
20	15	2021132015	尹小定	男	必修	69		76	73.9		
21	16	2021132016	郑彦军	男	必修	78		72	73.8		
22	17	2021132017	钟志华	男	必修	68		81	77.1		
23	18	2021132018	蓝福明	男	必修	71		69	69.6		
24	19	2021132019	刘刚	男	必修	70		50	56		
25	20	2021132020	刘云帆	男	必修	70		49	55.3		
26	说明：任课教师应于考试/查后三天内，将本表一式两份报至所在学院										
27	教师签名：____________										

图 4-36　高等数学成绩登记表

（3）进入“大学生英语成绩登记表”工作表，选择I6单元格，输入“=F6*30%+H6*70%”，再次选择I6单元格，按复制柄向下复制到I25单元格，完成后如图4-37所示。

I25 =F25*30%+H25*70%

应用技术职业学院2021-2022-1学期成绩登记表

院（系）/部：信息工程学院　　行政班：21软件　　学生人数：20

课程名称：大学生英语　　学分：4.0　　考核方式：考试

综合成绩（百分制）=平时成绩（百分制）（30%）+中考成绩（百分制）（0%）+末考成绩（百分制）（70%）

序号	学号	姓名	性别	修读性质	平时成绩	中考成绩	末考成绩	综合成绩	辅助标记	备注
1	2021132001	王小倩	女	必修	95		78	83.1		
2	2021132002	许富强	男	必修	91		80	83.3		
3	2021132003	刘潮	男	必修	89		73	77.8		
4	2021132004	田薇薇	女	必修	85		63	69.6		
5	2021132005	邱萱	女	必修	87		76	79.3		
6	2021132006	董敏	女	必修	62		60	60.6		
7	2021132007	李静	男	必修	83		73	76		
8	2021132008	王小川	男	必修	64		83	77.3		
9	2021132009	王强	男	必修	60		89	80.3		
10	2021132010	张成	男	必修	82		80	80.6		
11	2021132011	彭程宇	男	必修	89		78	81.3		
12	2021132012	皮海玉	男	必修	78		86	83.6		
13	2021132013	宋娜	女	必修	78		90	86.4		
14	2021132014	杨伟	男	必修	68		82	77.8		
15	2021132015	尹小定	男	必修	64		76	72.4		
16	2021132016	邦彦军	男	必修	62		75	71.1		
17	2021132017	钟志华	男	必修	70		50	56		
18	2021132018	蓝福明	男	必修	60		63	62.1		
19	2021132019	刘刚	男	必修	71		55	59.8		
20	2021132020	刘云帆	男	必修	66		60	61.8		

图 4-37　大学生英语成绩登记表

（4）进入“思想道德与法治成绩登记表”工作表，选择I6单元格，输入“=F6*50%+H6*50%”，再次选择I6单元格，按复制柄向下复制到I25单元格，完成后如图4-38所示。

I25 =F25*50%+H25*50%

应用技术职业学院2021-2022-1学期成绩登记表

院（系）/部：信息工程学院　　行政班：21软件　　学生人数：20

课程名称：思想道德与法治　　学分：2.0　　考核方式：考查

综合成绩（百分制）=平时成绩（百分制）（50%）+中考成绩（百分制）（0%）+末考成绩（百分制）（50%）

序号	学号	姓名	性别	修读性质	平时成绩	中考成绩	末考成绩	综合成绩	辅助标记	备注
1	2021132001	王小倩	女	必修	100		85	92.5		
2	2021132002	许富强	男	必修	70		80	75		
3	2021132003	刘潮	男	必修	85		79	82		
4	2021132004	田薇薇	女	必修	100		77	88.5		
5	2021132005	邱萱	女	必修	90		83	86.5		
6	2021132006	董敏	女	必修	86		76	81		
7	2021132007	李静	男	必修	73		85	79		
8	2021132008	王小川	男	必修	87		90	88.5		
9	2021132009	王强	男	必修	92		72	82		
10	2021132010	张成	男	必修	65		61	63		
11	2021132011	彭程宇	男	必修	72		65	68.5		
12	2021132012	皮海玉	男	必修	86		96	91		
13	2021132013	宋娜	女	必修	77		73	75		
14	2021132014	杨伟	男	必修	83		81	82		
15	2021132015	尹小定	男	必修	75		58	66.5		
16	2021132016	郑彦军	男	必修	80		73	76.5		
17	2021132017	钟志华	男	必修	70		62	66		
18	2021132018	蓝福明	男	必修	68		65	66.5		
19	2021132019	刘刚	男	必修	79		71	75		
20	2021132020	刘云帆	男	必修	77		66	71.5		

说明：任课教师应于考试/查后三天内，将本表一式两份报至所在学院

教师签名：__________

图 4-38　思想道德与法治成绩登记表

3. 在成绩汇总登记表中录入成绩

（1）进入“21软件成绩汇总登记表”工作表，选择F4单元格，输入“=C语言程序设计成绩登记表!I6”，如图4-39所示。

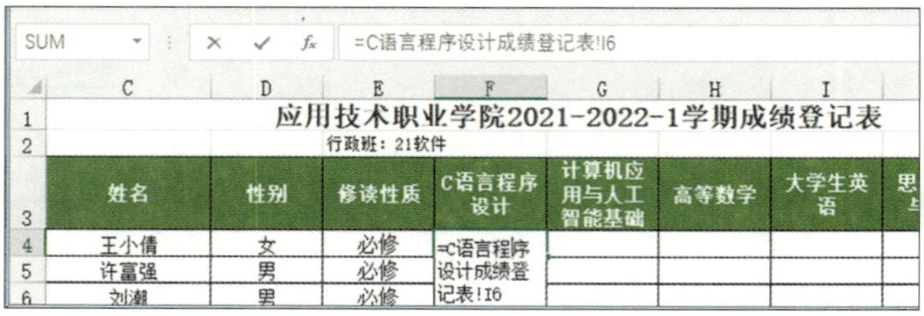

图 4-39　成绩汇总登记表 C 语言程序设计成绩录入

（2）再次选中F4单元格，按复制柄向下复制到F23；选择G4单元格，输入“=计算机应用与人工智能基础成绩登记表!I6”，并向下复制到G23单元格；选择H4单元格，输入“=高等数学成绩登记表!I6”，并向下复制到H23单元格；选择I4单元格，输入“=大学生英语成绩登记表!I6”，并向下复制到I23单元格；选择J4单元格，输入“=思想道德与法治成绩登记表!I6”，并向下复制到J23单元格，完成后如图4-40所示。

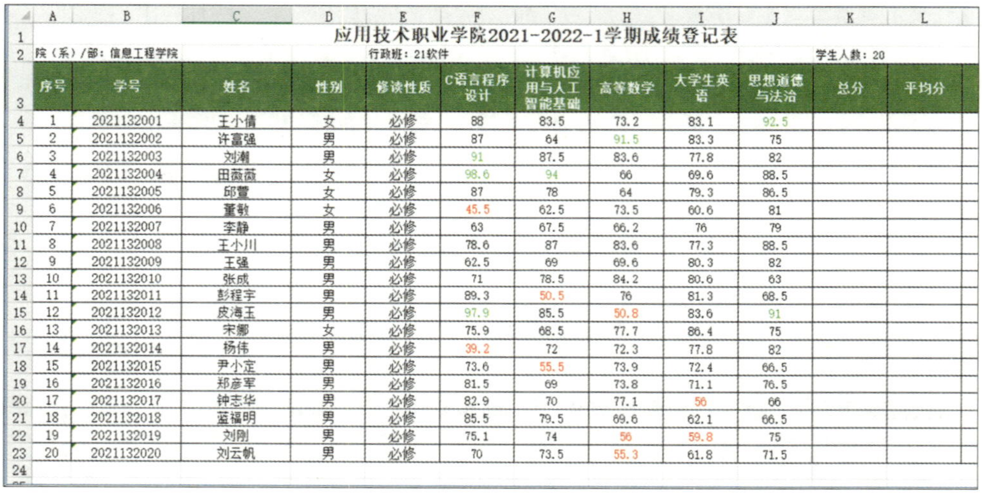

应用技术职业学院2021-2022-1学期成绩登记表

院（系）/部：信息工程学院　　行政班：21软件　　学生人数：20

序号	学号	姓名	性别	修读性质	C语言程序设计	计算机应用与人工智能基础	高等数学	大学生英语	思想道德与法治	总分	平均分
1	2021132001	王小倩	女	必修	88	83.5	73.2	83.1	92.5		
2	2021132002	许富强	男	必修	87	64	91.5	83.3	75		
3	2021132003	刘潮	男	必修	91	87.5	83.6	77.8	82		
4	2021132004	田薇薇	女	必修	98.6	94	66	69.6	88.5		
5	2021132005	邱萱	女	必修	87	78	64	79.3	86.5		
6	2021132006	董敏	女	必修	45.5	62.5	73.5	60.6	81		
7	2021132007	李静	男	必修	63	67.5	66.2	76	79		
8	2021132008	王小川	男	必修	78.6	87	83.6	77.3	88.5		
9	2021132009	王强	男	必修	62.5	69	69.6	80.3	82		
10	2021132010	张成	男	必修	71	78.5	84.2	80.6	63		
11	2021132011	彭程宇	男	必修	89.3	50.5	76	81.3	68.5		
12	2021132012	皮海玉	男	必修	97.9	85.5	50.8	83.6	91		
13	2021132013	宋娜	女	必修	75.9	68.5	77.7	86.4	75		
14	2021132014	杨伟	男	必修	39.2	72	72.3	77.8	82		
15	2021132015	尹小定	男	必修	73.6	55.5	73.9	72.4	66.5		
16	2021132016	郑彦军	男	必修	81.5	69	73.8	71.1	76.5		
17	2021132017	钟志华	男	必修	82.9	70	77.1	56	66		
18	2021132018	蓝福明	男	必修	85.5	79.5	69.6	62.1	66.5		
19	2021132019	刘刚	男	必修	75.1	74	56	59.8	75		
20	2021132020	刘云帆	男	必修	70	73.5	55.3	61.8	71.5		

图 4-40　成绩汇总登记表成绩录入完成

4. 计算总分、平均分

（1）总分录入：选择K4单元格，单击“开始”选项卡中的“自动求和”按钮，出现虚线选区，如图4-41所示。选择F4:J4单元格区域，按“Enter”键确定。再次选中K4单元格，按复制柄向下复制到K23单元格，完成后如图4-42所示。

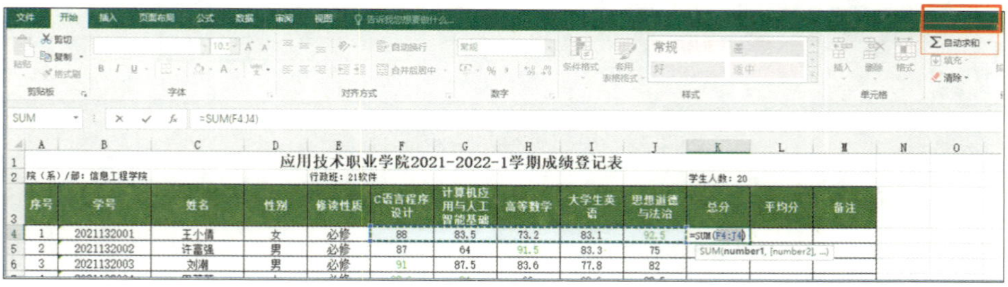

图 4-41　成绩汇总登记表总分录入

应用技术职业学院2021-2022-1学期成绩登记表

院（系）/部：信息工程学院　　行政班：21软件　　学生人数：20

序号	学号	姓名	性别	修读性质	C语言程序设计	计算机应用与人工智能基础	高等数学	大学生英语	思想道德与法治	总分	平均分
1	2021132001	王小倩	女	必修	88	83.5	73.2	83.1	92.5	420.3	
2	2021132002	许富强	男	必修	87	64	91.5	83.3	75	400.8	
3	2021132003	刘潮	男	必修	91	87.5	83.6	77.8	82	421.9	
4	2021132004	田薇薇	女	必修	98.6	94	66	69.6	88.5	416.7	
5	2021132005	邱萱	女	必修	87	78	64	79.3	86.5	394.8	
6	2021132006	董敏	女	必修	45.5	62.5	73.5	60.6	81	323.1	
7	2021132007	李静	男	必修	63	67.5	66.2	76	79	351.7	
8	2021132008	王小川	男	必修	78.6	87	83.6	77.3	88.5	415	
9	2021132009	王强	男	必修	62.5	69	69.6	80.3	82	363.4	
10	2021132010	张成	男	必修	71	78.5	84.2	80.6	63	377.3	
11	2021132011	彭程宇	男	必修	89.3	50.5	76	81.3	68.5	365.6	
12	2021132012	皮海玉	男	必修	97.9	85.5	50.8	83.6	91	408.8	
13	2021132013	宋娜	女	必修	75.9	68.5	77.7	86.4	75	383.5	
14	2021132014	杨伟	男	必修	39.2	72	72.3	77.8	82	343.3	
15	2021132015	尹小定	男	必修	73.6	55.5	73.9	72.4	66.5	341.9	
16	2021132016	郑彦军	男	必修	81.5	69	73.8	71.1	76.5	371.9	
17	2021132017	钟志华	男	必修	82.9	70	77.1	56	66	352	
18	2021132018	蓝福明	男	必修	85.5	79.5	69.6	62.1	66.5	363.2	
19	2021132019	刘刚	男	必修	75.1	74	56	59.8	75	339.9	
20	2021132020	刘云帆	男	必修	70	73.5	55.3	61.8	71.5	332.1	

图 4-42　成绩汇总登记表总分录入完成

（2）平均分录入：选择L4单元格，单击“开始”选项卡中的“自动求和”按钮旁边的下三角按钮，从弹出的菜单中选择“平均值”命令，如图4-43所示。选择F4:J4单元格区域，按“Enter”键确定。再次选中L4单元格，按复制柄向下复制到L23单元格，完成后如图4-44所示。

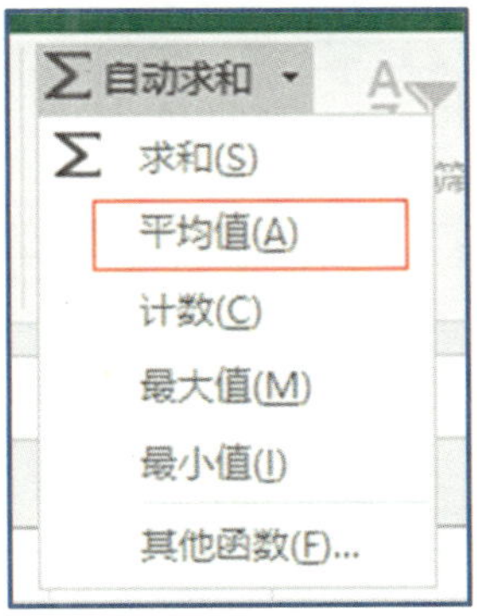

图 4-43　自动求和工具

应用技术职业学院2021-2022-1学期成绩登记表

院（系）/部：信息工程学院　　行政班：21软件　　学生人数：20

序号	学号	姓名	性别	修读性质	C语言程序设计	计算机应用与人工智能基础	高等数学	大学生英语	思想道德与法治	总分	平均分
1	2021132001	王小倩	女	必修	88	83.5	73.2	83.1	92.5	420.3	84.06
2	2021132002	许富强	男	必修	87	64	91.5	83.3	75	400.8	80.16
3	2021132003	刘潮	男	必修	91	87.5	83.6	77.8	82	421.9	84.38
4	2021132004	田薇薇	女	必修	98.6	94	66	69.6	88.5	416.7	83.34
5	2021132005	邱萱	女	必修	87	78	64	79.3	86.5	394.8	78.96
6	2021132006	董敏	女	必修	45.5	62.5	73.5	60.6	81	323.1	64.62
7	2021132007	李静	男	必修	63	67.5	66.2	76	79	351.7	70.34
8	2021132008	王小川	男	必修	78.6	87	83.6	77.3	88.5	415	83
9	2021132009	王强	男	必修	62.5	69	69.6	80.3	82	363.4	72.68
10	2021132010	张成	男	必修	71	78.5	84.2	80.6	63	377.3	75.46
11	2021132011	彭程宇	男	必修	89.3	50.5	76	81.3	68.5	365.6	73.12
12	2021132012	皮海玉	男	必修	97.9	85.5	50.8	83.6	91	408.8	81.76
13	2021132013	宋娜	女	必修	75.9	68.5	77.7	86.4	75	383.5	76.7
14	2021132014	杨伟	男	必修	39.2	72	72.3	77.8	82	343.3	68.66
15	2021132015	尹小定	男	必修	73.6	55.5	73.9	72.4	66.5	341.9	68.38
16	2021132016	郑彦军	男	必修	81.5	69	73.8	71.1	76.5	371.9	74.38
17	2021132017	钟志华	男	必修	82.9	70	77.1	56	66	352	70.4
18	2021132018	蓝福明	男	必修	85.5	79.5	69.6	62.1	66.5	363.2	72.64
19	2021132019	刘刚	男	必修	75.1	74	56	59.8	75	339.9	67.98
20	2021132020	刘云帆	男	必修	70	73.5	55.3	61.8	71.5	332.1	66.42

图 4-44　成绩汇总登记表平均分录入完成

5. 计算名次字段

（1）选择M4单元格，单击“公式”选项卡中的“其他函数”按钮，在弹出的菜单中选择“统计” | “RANK.EQ”命令，如图4-45所示。

（2）在打开的“函数参数”对话框中的“Number”数值框中输入“K4”，“Ref”数值框中输入“K4:K23”（绝对引用行），单击“确定”按钮，如图4-46所示。此时M5单元格显示为“2”，编辑栏中显示为“=RANK.EQ(K4，K$4:K$23)”。

（3）选择M4单元格，利用复制柄向下复制到M23单元格。

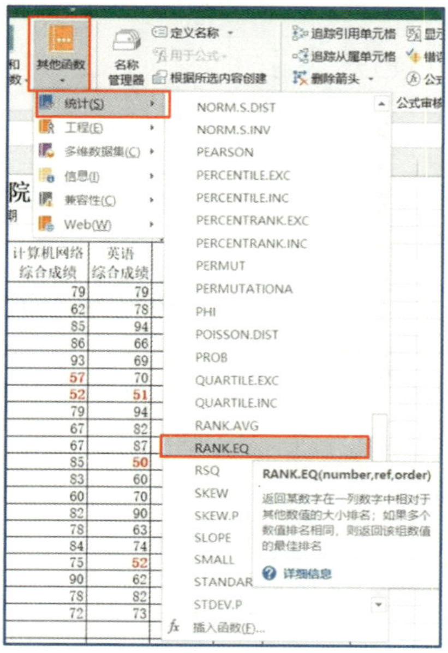

图 4-45 RANK.EQ 函数的选择位置

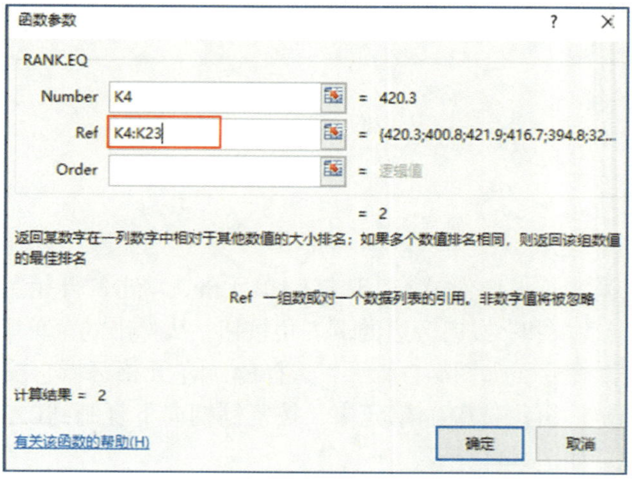

图 4-46 RANK.EQ“函数参数”对话框

6. 计算奖学金字段

（1）在奖学金字段中输入一个“一等奖学金”，二个“二等奖学金”，四个“三等奖学金”按成绩排名。

（2）选择N4单元格，输入“，=IF(M4<2，"一等奖学金"，IF(M4<4，"二等奖学金"，IF(M4<8，"三等奖学金"，"")))”，此时N4单元格将显示为“二等奖学金”。

（3）复制N4单元格到N23单元格，其中L6单元格显示为空……。如果在操作过程中发现列宽不够，那么可以选择那一列，单击“开始”选项卡中的“格式”按钮，在弹出的下拉菜单中选择“自动调整列宽”命令。

结果如图4-47所示。

应用技术职业学院2021-2022-1学期成绩登记表

院（系）/部：信息工程学院　行政班：21软件　学生人数：20

序号	学号	姓名	性别	修读性质	C语言程序设计	计算机应用与人工智能基础	高等数学	大学生英语	思想道德与法治	总分	平均分	名次	奖学金等级
1	2021132001	王小倩	女	必修	88	83.5	73.2	83.1	92.5	420.3	84.06	2	二等奖学金
2	2021132002	许富强	男	必修	87	64	91.5	83.3	75	400.8	80.16	6	三等奖学金
3	2021132003	刘潮	男	必修	91	87.5	83.6	77.8	82	421.9	84.38	1	一等奖学金
4	2021132004	田薇薇	女	必修	98.6	94	66	69.6	88.5	416.7	83.34	3	二等奖学金
5	2021132005	邱蕾	女	必修	87	78	64	79.3	86.5	394.8	78.96	7	三等奖学金
6	2021132006	董敏	女	必修	45.5	62.5	73.5	60.6	81	323.1	64.62	20	
7	2021132007	李静	男	必修	63	67.5	66.2	76	79	351.7	70.34	15	
8	2021132008	王小川	男	必修	78.6	87	83.6	77.3	88.5	415	83	4	三等奖学金
9	2021132009	王强	男	必修	62.5	69	69.6	80.3	82	363.4	72.68	12	
10	2021132010	张成	男	必修	71	78.5	84.2	80.6	63	377.3	75.46	9	
11	2021132011	彭程宇	男	必修	89.3	50.5	76	81.3	68.5	365.6	73.12	11	
12	2021132012	皮海玉	男	必修	97.9	85.5	50.8	83.6	91	408.8	81.76	5	三等奖学金
13	2021132013	宋娜	女	必修	75.9	68.5	77.7	86.4	75	383.5	76.7	8	
14	2021132014	杨伟	男	必修	39.2	72	72.3	77.8	82	343.3	68.66	16	
15	2021132015	尹小定	男	必修	73.6	55.5	73.9	72.4	66.5	341.9	68.38	17	
16	2021132016	郑彦军	男	必修	81.5	69	73.8	71.1	76.5	371.9	74.38	10	
17	2021132017	钟志华	男	必修	82.9	70	77.1	56	66	352	70.4	14	
18	2021132018	蓝福明	男	必修	85.5	79.5	69.6	62.1	66.5	363.2	72.64	13	
19	2021132019	刘刚	男	必修	75.1	74	56	59.8	75	339.9	67.98	18	
20	2021132020	刘云帆	男	必修	70	73.5	55.3	61.8	71.5	332.1	66.42	19	

图 4-47　奖学金字段计算后结果

7　计算优秀人数，不及格成绩人数字段

（1）输入优秀人数字段：在F29单元格中输入公式“=COUNTIF(F4:F23，">=90")”，按“Enter”键确认，然后向右复制公式至J29单元格完成计算，结果如图4-48所示。

应用技术职业学院2021-2022-1学期成绩登记表

院（系）/部：信息工程学院　行政班：21软件　学生人数：20

序号	学号	姓名	性别	修读性质	C语言程序设计	计算机应用与人工智能基础	高等数学	大学生英语	思想道德与法治	总分	平均分	名次	奖学金等级
1	2021132001	王小倩	女	必修	88	83.5	73.2	83.1	92.5	420.3	84.06	2	二等奖学金
2	2021132002	许富强	男	必修	87	64	91.5	83.3	75	400.8	80.16	6	三等奖学金
3	2021132003	刘潮	男	必修	91	87.5	83.6	77.8	82	421.9	84.38	1	一等奖学金
4	2021132004	田薇薇	女	必修	98.6	94	66	69.6	88.5	416.7	83.34	3	二等奖学金
5	2021132005	邱蕾	女	必修	87	78	64	79.3	86.5	394.8	78.96	7	三等奖学金
6	2021132006	董敏	女	必修	45.5	62.5	73.5	60.6	81	323.1	64.62	20	
7	2021132007	李静	男	必修	63	67.5	66.2	76	79	351.7	70.34	15	
8	2021132008	王小川	男	必修	78.6	87	83.6	77.3	88.5	415	83	4	三等奖学金
9	2021132009	王强	男	必修	62.5	69	69.6	80.3	82	363.4	72.68	12	
10	2021132010	张成	男	必修	71	78.5	84.2	80.6	63	377.3	75.46	9	
11	2021132011	彭程宇	男	必修	89.3	50.5	76	81.3	68.5	365.6	73.12	11	
12	2021132012	皮海玉	男	必修	97.9	85.5	50.8	83.6	91	408.8	81.76	5	三等奖学金
13	2021132013	宋娜	女	必修	75.9	68.5	77.7	86.4	75	383.5	76.7	8	
14	2021132014	杨伟	男	必修	39.2	72	72.3	77.8	82	343.3	68.66	16	
15	2021132015	尹小定	男	必修	73.6	55.5	73.9	72.4	66.5	341.9	68.38	17	
16	2021132016	郑彦军	男	必修	81.5	69	73.8	71.1	76.5	371.9	74.38	10	
17	2021132017	钟志华	男	必修	82.9	70	77.1	56	66	352	70.4	14	
18	2021132018	蓝福明	男	必修	85.5	79.5	69.6	62.1	66.5	363.2	72.64	13	
19	2021132019	刘刚	男	必修	75.1	74	56	59.8	75	339.9	67.98	18	
20	2021132020	刘云帆	男	必修	70	73.5	55.3	61.8	71.5	332.1	66.42	19	

成绩分析

科目	C语言成绩分析	计算机成绩分析	高数成绩分析	英语成绩分析	思修成绩分析
分数为优秀人数（90分及其以上）	3	1	1	0	2
分数为良好人数（80－90分含80）					
分数为中等人数（70－80分含70）					
分数为及格人数（60-70分含60）					
分数为不及格人数（60分以下）					
优秀率					
不及格率					

图 4-48　优秀人数计算后结果

（2）输入不及格成绩人数字段：在F33单元格中输入公式“=COUNTIF(F4:F23，"<60")”，按“Enter”键确认，并将此公式复制至J29单元格，按照上述方式完成计算，结果如图4-49所示。

应用技术职业学院2021-2022-1学期成绩登记表

院（系）/部：信息工程学院　　行政班：21软件　　学生人数：20

序号	学号	姓名	性别	修读性质	C语言程序设计	计算机应用与人工智能基础	高等数学	大学生英语	思想道德与法治	总分	平均分	名次	奖学金等级
1	2021132001	王小倩	女	必修	88	83.5	73.2	83.1	92.5	420.3	84.06	2	二等奖学金
2	2021132002	许富强	男	必修	87	64	91.5	83.3	75	400.8	80.16	6	三等奖学金
3	2021132003	刘潮	男	必修	91	87.5	83.6	77.8	82	421.9	84.38	1	一等奖学金
4	2021132004	田薇薇	女	必修	95.6	94	66	69.6	88.5	416.7	83.34	3	二等奖学金
5	2021132005	邱蕾	女	必修	87	78	64	79.3	86.5	394.8	78.96	7	三等奖学金
6	2021132006	董敏	女	必修	45.5	62.5	73.5	60.6	81	323.1	64.62	20	
7	2021132007	李静	男	必修	63	67.5	66.2	76	79	351.7	70.34	15	
8	2021132008	王小川	男	必修	78.6	87	83.6	77.3	88.5	415	83	4	三等奖学金
9	2021132009	王强	男	必修	62.5	69	69.6	80.3	82	363.4	72.68	12	
10	2021132010	张成	男	必修	71	78.5	84.2	80.6	63	377.3	75.46	9	
11	2021132011	彭程宇	男	必修	89.3	50.5	76	81.3	68.5	365.6	73.12	11	
12	2021132012	皮海玉	男	必修	97.9	85.5	50.8	83.6	91	408.8	81.76	5	三等奖学金
13	2021132013	宋娜	女	必修	75.9	68.5	77.7	86.4	75	383.5	76.7	8	
14	2021132014	杨伟	男	必修	39.2	72	72.3	77.8	82	343.3	68.66	16	
15	2021132015	尹小定	男	必修	73.6	55.5	73.9	72.4	66.5	341.9	68.38	17	
16	2021132016	郑彦军	男	必修	81.5	69	73.8	71.1	76.5	371.9	74.38	10	
17	2021132017	钟志华	男	必修	82.9	70	77.1	56	66	352	70.4	14	
18	2021132018	蓝福明	男	必修	85.5	79.5	69.6	62.1	66.5	363.2	72.64	13	
19	2021132019	刘刚	男	必修	75.1	74	56	59.8	75	339.9	67.98	18	
20	2021132020	刘云帆	男	必修	70	73.5	55.3	61.8	71.5	332.1	66.42	19	

成绩分析

科目	C语言成绩分析	计算机成绩分析	高数成绩分析	英语成绩分析	思修成绩分析
分数为优秀人数（90分及其以上）	3	1	1	0	2
分数为良好人数（80—90分含80）					
分数为中等人数（70—80分含70）					
分数为及格人数（60-70分含60）					
分数为不及格人数（60分以下）	2	2	3	2	0
优秀率					
不及格率					

图 4-49　不及格成绩人数计算后结果

8. 计算良好人数字段

在F30单元格中输入公式“=COUNTIF(F4:F23，">=80")-COUNTIF(F4:F23，">=90")”，按“Enter”键确认，向右复制公式至J30单元格，完成良好人数平均分计算，如图4-50所示。

成绩分析

科目	C语言成绩分析	计算机成绩分析	高数成绩分析	英语成绩分析	思修成绩分析
分数为优秀人数（90分及其以上）	3	1	1	0	2
分数为良好人数（80—90分含80）	7	4	3	7	7
分数为中等人数（70—80分含70）					
分数为及格人数（60-70分含60）					
分数为不及格人数（60分以下）	2	2	3	2	0
优秀率					
不及格率					

图 4-50　良好人数计算后结果

9. 计算中等人数和及格成绩人数字段

（1）单击F31单元格，输入公式“=COUNTIFS(F4:F23，"<80"，F4:F23，">=70")”，按“Enter”键确认，复制公式到J31单元格位置。

（2）单击F32单元格，输入公式“=COUNTIFS(F4:F23，"<70"，F4:F23，">=60")”，按“Enter”键确认，复制公式到J32单元格位置。

结果如图4-51所示。

成绩分析

科目	C语言成绩分析	计算机成绩分析	高数成绩分析	英语成绩分析	思修成绩分析
分数为优秀人数（90分及其以上）	3	1	1	0	2
分数为良好人数（80—90分含80）	7	4	3	7	7
分数为中等人数（70—80分含70）	6	7	8	7	6
分数为及格人数（60-70分含60）	2	6	5	4	5
分数为不及格人数（60分以下）	2	2	3	2	0
优秀率					
不及格率					

图 4-51　中等人数和及格成绩人数计算后结果

10. 计算优秀率和不及格率

（1）单击F34单元格，输入公式“=F29/COUNT(F4:F23)”，按“Enter”键确认，并设置单元格式中数字类型为百分比，复制公式到J34单元格位置。

（2）单击F35单元格，输入公式“=F33/COUNT(F4:F23)”，按“Enter”键确认，并设置单元格式中数字类型为百分比，复制公式到J35单元格位置。

（3）选择C28:J35单元格，设置外部框线为双线恢复表格因复制被破坏的外部框线。

结果如图4-52所示。

成绩分析

科目	C语言成绩分析	计算机成绩分析	高数成绩分析	英语成绩分析	思修成绩分析
分数为优秀人数（90分及其以上）	3	1	1	0	2
分数为良好人数（80—90分含80）	7	4	3	7	7
分数为中等人数（70—80分含70）	6	7	8	7	6
分数为及格人数（60-70分含60）	2	6	5	4	5
分数为不及格人数（60分以下）	2	2	3	2	0
优秀率	15.00%	5.00%	5.00%	0.00%	10.00%
不及格率	10.00%	10.00%	15.00%	10.00%	0.00%

图 4-52　“21 软件学生成绩分析表”完成后结果

4.3.4 知识链接

1. Excel 2016公式简介

在Excel公式中，可以使用运算符、单元格引用、值或常量、函数等几种元素。运算符是对公式中的元素进行特定类型的计算，一个运算符就是一个符号，如“+、–、*、/”等。在单元格中输入“=”表示进入公式编辑状态。

（1）常数类型。

① 数值型，直接输入数字。如=29。

② 字符型，加引号表示字符型数据。如=“abc”表示字符abc，如果不加引号，则被认为是变量abc。

③ 逻辑型，逻辑型常数只有两个，分别为逻辑真和逻辑假，表示为True和False。

（2）运算符和运算符优先级。

① 算术运算符，用来进行基本的数学运算，如“+、–、*、/、-、%”等。

② 比较运算符，比较运算符一般用在条件运算中，用于对两个数值进行比较，其计算结果为逻辑值，当结果为真时返回True，否则返回False。运算符号包括“=、>、>=、<、<=、<>”。

③ 连接运算符，使用连接符号“&”连接一个或多个文本字符串形成一串文本。例如，需要将“FBHSJD”和“销售明细表”两个文本连接在一起，那么输入公式应为“=FBHSJD&销售明细表”。

④ 引用运算符，引用运算符用来表示单元格在工作表中位置的坐标集，为计算公式指明引用的位置，包括“:”“,”“ ”。

运算符的优先级见表4-2。

表 4-2 运算符的优先级

优先级	运算符号	运算符名称	优先级	运算符号	运算符名称
1	:	冒号	6	+和–	加号和减号
1		单个空格	7	&	连接符号
1	,	逗号	8	=	等于
2	-	负号	8	< 和 >	小于和大于
3	%	百分比	8	<>	不等于
4	^	乘幂	8	<=	小于或等于
5	*和/	乘号和除号	8	>=	大于或等于

（3）输入公式。

在Excel工作表中输入的公式都以“=”开始，然后再输入单元格地址和运算符。输入公式的方法与输入数据的方法一样，可以在单元格中直接输入，也可以在编辑栏中进行编辑。

2. 单元格的引用方式

在Excel中，引用的关键在于标识单元格或单元格区域，Excel中的引用包括相对引用、绝对引用、混合引用类型。

（1）相对引用。

相对引用是指在目标单元格与被引用的单元格之间建立了相对的关系，当公式所在的单元格位置发生变化时，其引用的行与列也相对自动地发生了变化。前面成绩单里对成绩求及和求平均数就属于相对引用。

（2）绝对引用。

绝对引用是指目标单元格与被引用的单元格之间没有相对的关系，无论公式所在的单元格位置是否发生了改变，绝对引用的地址不变。要建立绝对引用，则需要在单元格的行和列上添加绝对符号“$”。

例如，在某个单元格中输入“=B3*G3”，表示该单元格结果等于B3单元格中的数据乘以G3单元格的数据，与相对引用不同的是，这里的G3即表示绝对引用了G3单元格。

在公式中选择了单元格的引用地址时，按“F4”键，即可快速在绝对引用、相对列绝对行、绝对列相对行、相对引用中进行切换，也可以在输入公式时直接输入绝对符号“$”。

（3）混合引用。

在工作表中计算数据时，并不限于相对引用或绝对引用，还可能会使用混合引用。混合引用是指公式中即有相对引用又有绝对引用，即可以选择对行或列进行引用。例如，$A2，表示绝对引用A列，相对引用第2行。

3. 引用工作表外部的单元格

公式也可以引用其他工作表中的单元格，甚至这些工作表可以不在同一个工作簿中。

（1）引用其他工作表中的单元格。

要引用同一个工作簿中不同工作表中的单元格，请使用以下格式：

```
=工作表名称！单元格地址
```

提示：如果引用中的工作表名称含有一个或多个空格，则必须用单引号将它们括起来（如果在创建公式时使用“指向并单击”方法，则Excel会自动进行此工作）。例如，下面的公式引用了工作表All Depts中的一个单元格：

```
=A1*'All Depts'! A1
```

（2）引用其他工作簿的单元格。

要引用其他工作簿中的单元格，请使用下面的格式：

```
=[工作簿名称]工作表名称！单元格地址
```

如果此引用中的工作簿名称中有一个或多个空格，则必须要用单引号将它（和工作表名称）括起来。例如，下面的公式引用了工作簿All Depts3.的工作表Sheetl中的一个单元格：

```
=A1*' [All Depts.xlsx]Sheet1'! A1
```

当公式引用另一个工作簿中的单元格时，被引用的那一个工作簿并不需要打开。但是，如果此工作簿是关闭的，则必须在引用中加上完整的路径以便使Excel能找到它。下面是一个示例：

```
=A1*'C:\MyDocuments\[All Depts3.xlsx] Sheet1'! A1
```

4. Excel 函数应用基础

（1）函数的类型与结构。

按使用函数计算应用的方面不同，Excel将函数分为统计函数、财务函数、逻辑函数等11种类型。函数与公式一样，是以“=”开始的，其结构为“=函数名称（参数1，参数2，参数3……）”。

其中，函数名为需要执行运算函数的名称。参数为函数使用的单元格或者数值，它可以是数字、文本、数组、单元格区域的引用等。函数的参数中还可以包括其他函数，即函数的嵌套使用。

（2）插入函数。

要想使用函数来计算数据，首先需要在结果单元格中插入函数，并设置其参数。

方法一：通过对话框插入函数。

在“公式”选项卡中的“函数库”组中单击“fx插入函数”按钮，打开如图4-53所示的“插入函数”对话框。

图 4-53 “插入函数”对话框

单击“或选择类别”列表框右侧的下三角按钮，在展开的列表中选择所需要的类别，如选择“COUNT”选项。

在“选择函数”列表框中选择需要插入的函数，如SUM函数，再单击“确定”按钮，打开“函数参数”对话框，在Number1文本框中显示了设置的参数，如输入B4:E4，即表示对B4:E4单元格区域进行求和。

单击“确定”按钮返回工作表，可看到目标单元格中显示了计算的结果，编辑栏中显示计算的公式。

方法二：直接输入函数。

如果用户对需要使用的函数比较熟悉，那么也可以直接输入函数，用户可以直接在单元格中输入，也可以在编辑栏中输入。

方法三：通过“自动求和”按钮插入函数。

在“公式”选项卡中可以直接选择“求和”“平均值”“计数”“最大值”“最小值”命令，以及“其他函数”命令，如图4-54所示。

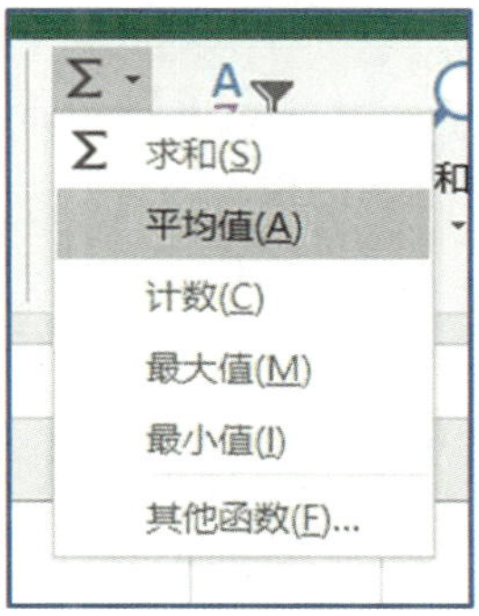

图 4-54　使用平均值函数

（三）复制函数。

复制函数与复制数据的方法相同，可以通过快捷菜单中的命令进行复制操作，也可以使用填充柄来复制。

5. 修改与删除函数

插入函数计算数据后，如果发现使用的函数不正确或者参数存在问题，那么也可对其进行修改；如果不再需要某函数，则还可以将其删除。

（1）修改函数。

① 在单元格中修改：单击需要修改函数的单元格，如将average函数改为max函数，直接输入“=max（nmu1，num2，…）”。

② 在编辑栏中对函数进行修改，如将average函数修改为sum函数，单击单元格，在编辑栏中可看到当前应用的函数，将其中的“average”直接替换为“sum”即可。

（2）删除函数。

如果输入的函数不正确，或者不再需要某个函数，则可以直接将函数进行删除。

方法一：通过快捷菜单删除函数。

选择需要删除函数结果的单元格并单击鼠标右键，在弹出的快捷菜单中选择“清除内容”命令。

方法二：使用功能区的“清除”功能。

选择需要删除函数结果的单元格，在“开始”选项卡中单击“清除”按钮，然后在展开的下拉列表中选择“清除内容”命令。

方法三：通过键盘删除函数。

选择需要删除函数结果的单元格，按“Delete”键或“Backspace”键可以删除函数。

6. 函数的参数和嵌套（以IF函数为例）

（1）确定函数参数。

IF函数功能是根据对指定的条件计算结果为True或False，来返回不同的结果，可用于对数值和公式执行条件的检测。

语法如下：IF（Logical_test，Value_if_True，Value_if_False）

其中，Logical_test参数表示计算结果为True或False的任意值或条件表达式；Value_if_True参数是Logical_test为True时返回的值；Value_if_False参数是Logical_test为False时返回的值。

条件表达式是把两个表达式用关系运算符（=，<>，>，<，>=，<=）连接起来构成的。

例1：判断A1单元格中成绩如果大于60分，则在B2单元格内显示“及格”，否则为“不及格”。

在B2中输入公式：“=IF(A1>=60，"及格"，"不及格")”。

（2）函数嵌套。

例2：Excel中如果A1=B1=C1，则在D1显示1；如果不相等，则显示0。

分析：条件为A1=B1=C1，不可能用一个表达式表达出来。引入AND（ ）——与函数则可以将条件写为AND(A1=B1，A1=C1)，则在D1中输入如下函数“=IF(AND(A1=B1，A1=C1)，1，0)”。

在例2中，AND函数作为IF函数的条件参数嵌套进了IF函数。

同时，此公式也可以改为“=IF(A1<>B1，0，IF(A1<>C1，0，1))”，在这个公式中IF(A1<>C1，0，1)作为错误的返回值参数嵌套进了IF函数中。

7．公式的错误提示

有时候，当输入一个公式时，Excel会显示一个以#号开头的数值。这表示公式返回了错误的数值。在这种情况下，就必须对公式进行更正（或者更正公式所引用的单元格），以消除错误显示。

表4-3列出了含有公式的单元格中可能出现的错误类型。如果公式引用的单元格含有错误的数值，则公式就可能会返回错误的值，这称为连锁反应——一个错误会导致其他许多含有相关公式的单元格发生错误。

表 4-3　Excel 公式的错误提示

错误值	说明
#DIV/0!	该公式试图执行除以零的计算。当公式试图执行除以空单元格的计算时，也会发生此情况
#NAME?	该公式使用了 Excel 不能识别的名称。如果删除了在公式中所使用的名称，或者在使用文本时输入了不匹配的引号，则会发生此情况
#N/A	该公式引用了（直接或间接）使用 NA 函数的单元格，而此函数用于指明数据不可用。某些函数（例如，VLOOKUP）也可以返回#N/A
#NULL!	该公式使用了两个不相交区域的交叉部分
#NUM!	数值存在问题。例如，在应该使用正数的位置指定了一个负数
#REF!	该公式引用的单元格无效。如果单元格已经从工作表中删除，则会发生此情况
#VALUE!	该公式包含错误类型的参数或运算符（运算符是公式用于计算结果的值或单元格引用）

4.3.5 技能训练

练习：制作职工档案表（效果如图4-55所示）

1．新建一个名为“职工档案表.xlsx”的工作表，效果如图4-55所示。

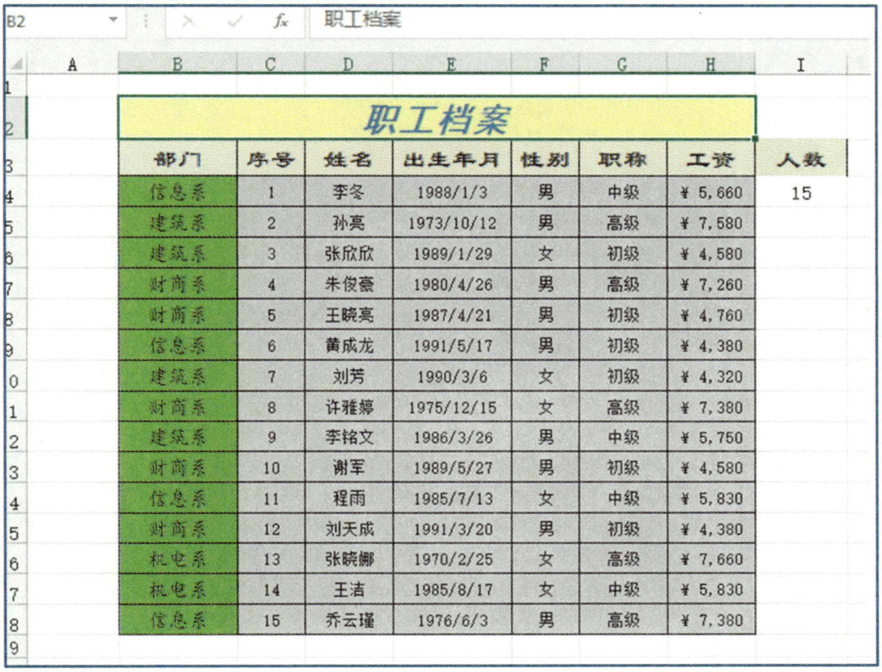

B2 职工档案

部门	序号	姓名	出生年月	性别	职称	工资	人数
信息系	1	李冬	1988/1/3	男	中级	¥ 5,660	15
建筑系	2	孙亮	1973/10/12	男	高级	¥ 7,580	
建筑系	3	张欣欣	1989/1/29	女	初级	¥ 4,580	
财商系	4	朱俊豪	1980/4/26	男	高级	¥ 7,260	
财商系	5	王晓亮	1987/4/21	男	初级	¥ 4,760	
信息系	6	黄成龙	1991/5/17	男	初级	¥ 4,380	
建筑系	7	刘芳	1990/3/6	女	初级	¥ 4,320	
财商系	8	许雅婷	1975/12/15	女	高级	¥ 7,380	
建筑系	9	李铭文	1986/3/26	男	中级	¥ 5,750	
财商系	10	谢军	1989/5/27	男	初级	¥ 4,580	
信息系	11	程雨	1985/7/13	女	中级	¥ 5,830	
财商系	12	刘天成	1991/3/20	男	初级	¥ 4,380	
机电系	13	张晓娜	1970/2/25	女	高级	¥ 7,660	
机电系	14	王洁	1985/8/17	女	中级	¥ 5,830	
信息系	15	乔云瑾	1976/6/3	男	高级	¥ 7,380	

图4-55 “职工档案表”工作表最终效果

2．文本、数据、边框格式设置。

标题：字体为黑体，字号为20，加粗、倾斜，字体颜色为蓝色，底纹填充“浅黄色”，跨列居中（对齐方式中的跨越对齐）。

表头：字体为隶书，字号为14，底纹填充茶色，水平居中。

第1列：字体为楷体，字号为12，底纹填充浅绿色，水平居中。

数据区域：水平居中，填充灰色25%，工资列的数字格式设为会计专用，小数点位数为0，使用货币符号。

3．行高、列宽设置。

第2行行高设为25；第3行为22；其余为20；

B列、E列为11；C列、F列为6；其余均为8。

4．公式计算。

在I3单元格中输入“人数”，并在I3单元格中利用统计函数统计出职工档案人数，以及在H19单元格中计算出当月需要发出的工资金额。

任务4.4 学生成绩表的统计分析

4.4.1 任务要点

- 筛选。
- 排序。
- 分类汇总。
- 图表。
- 数据透视表。

4.4.2 任务要求

1. 筛选数据。
2. 数据排序。
3. 数据分类汇总。
4. 生成图表。
5. 制作数据透视表。

4.4.3 实施过程

数据筛选

1. 筛选出不及格学生成绩

（1）打开“21软件学生成绩登记册.xlsx”工作簿，进入C语言程序设计成绩登记表，选择A5:K25单元格，单击“开始”选项卡中的“排序和筛选”按钮，在弹出的下拉菜单中选择“筛选”命令，在列标题右侧显示下三角按钮，如图4-56所示。

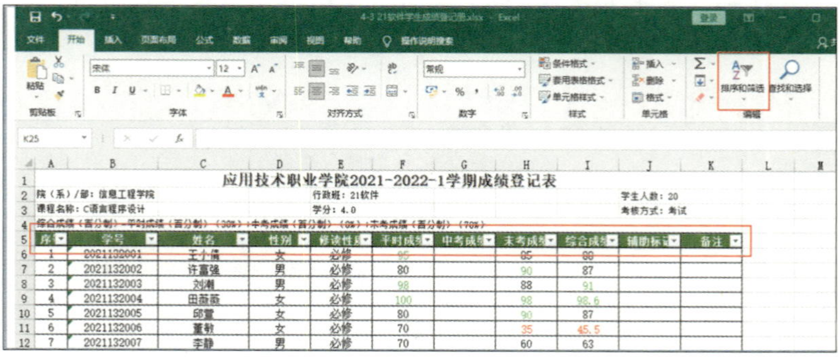

图4-56 “应用技术职业学院2021-2022-1学期成绩登记表”工作表最终效果

（2）单击“综合成绩”I5单元格中的下三角按钮，在弹出的菜单中选择“数字筛选”|“小于”命令，如图4-57所示。

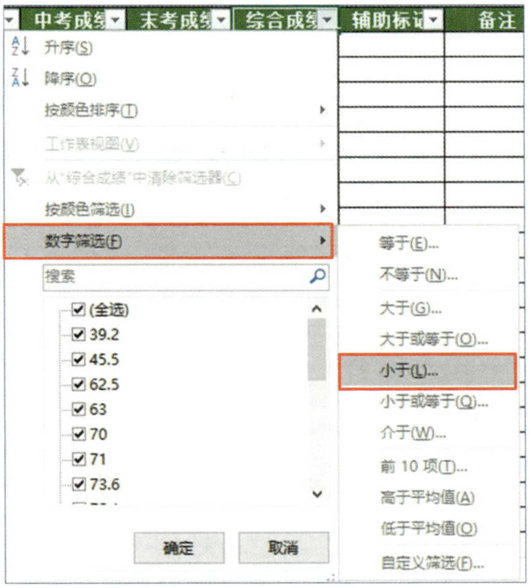

图 4-57　“数字筛选”菜单栏

（3）在打开的“自定义自动筛选方式”对话框的“显示行”选项组的“综合 成绩”中选择“小于”值为“60”，如图4-58所示。

图 4-58　“自定义自动筛选方式”对话框

（4）单击“确定”按钮，结果如图4-59所示。

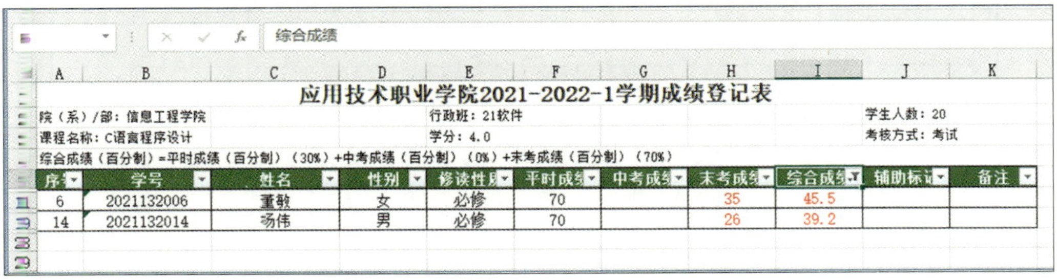

图 4-59　筛选结果

（5）按此方法将其余成绩登记表均按照“综合 成绩”小于60进行筛选。

2. 生成21软件2021-2022-1学期补考名单

（1）新建一个名为“21软件2021-2022-1学期补考名单”的工作表，内容如图4-60所示。

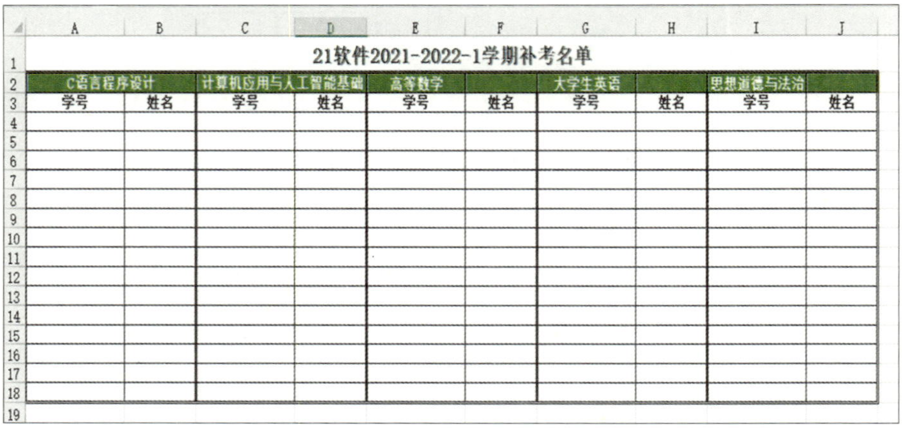

	A	B	C	D	E	F	G	H	I	J
1	21软件2021-2022-1学期补考名单									
2	C语言程序设计		计算机应用与人工智能基础		高等数学		大学生英语		思想道德与法治	
3	学号	姓名	学号	姓名	学号	姓名	学号	姓名	学号	姓名
4										
5										
6										
7										
8										
9										
10										
11										
12										
13										
14										
15										
16										
17										
18										
19										

图 4-60 “21 软件 2021-2022-1 学期补考名单”的工作表

（2）选择“C语言程序设计成绩登记表”工作表中的B11:C11单元格区域和B14:C14单元格区域，右键单击，从弹出的快捷菜单中选择“复制”命令，然后进入“21软件2021-2022-1学期补考名单”工作表，选择A4单元格，右键单击，在弹出的快捷菜单中选择“粘贴”命令。

（3）用同样的方法将补考名单完善好，完成后如图4-61所示。

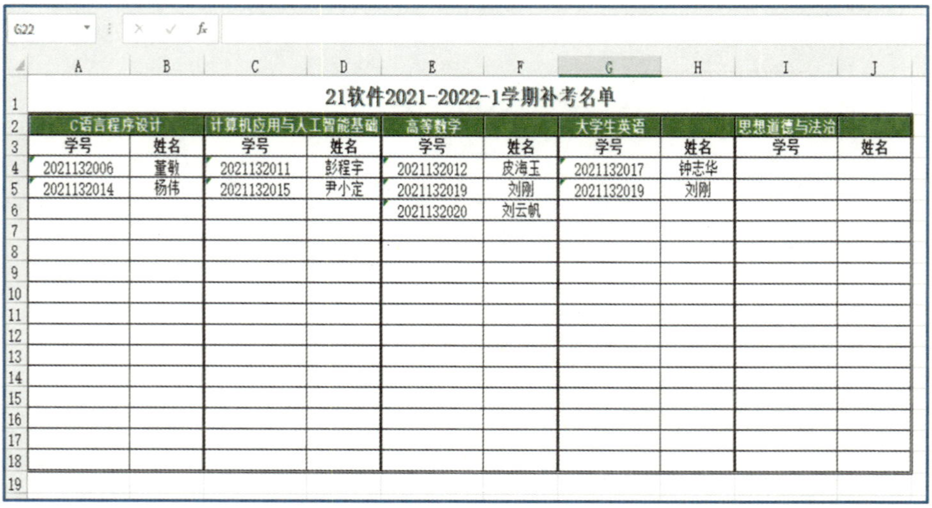

G22

	A	B	C	D	E	F	G	H	I	J
1	21软件2021-2022-1学期补考名单									
2	C语言程序设计		计算机应用与人工智能基础		高等数学		大学生英语		思想道德与法治	
3	学号	姓名	学号	姓名	学号	姓名	学号	姓名	学号	姓名
4	2021132006	董敏	2021132011	彭程宇	2021132012	皮海玉	2021132017	钟志华		
5	2021132014	杨伟	2021132015	尹小定	2021132019	刘刚	2021132019	刘刚		
6					2021132020	刘云帆				
7										
8										
9										
10										
11										
12										
13										
14										
15										
16										
17										
18										
19										

图 4-61 21 软件补考名单完成结果

注：关于复制功能，另一种操作方法如下：直接选择“C语言程序设计成绩登记表”中筛选出的不及格学生名单（如图4-59所示的前两列B列和C列四个单元格），然后单击“开始”选项卡中的“查找和选择”按钮，从弹出的菜单中选择“定位条件”命令，如图4-62所示。

在打开的对话框中选择“可见单元格”，然后复制、粘贴到指定位置即可。

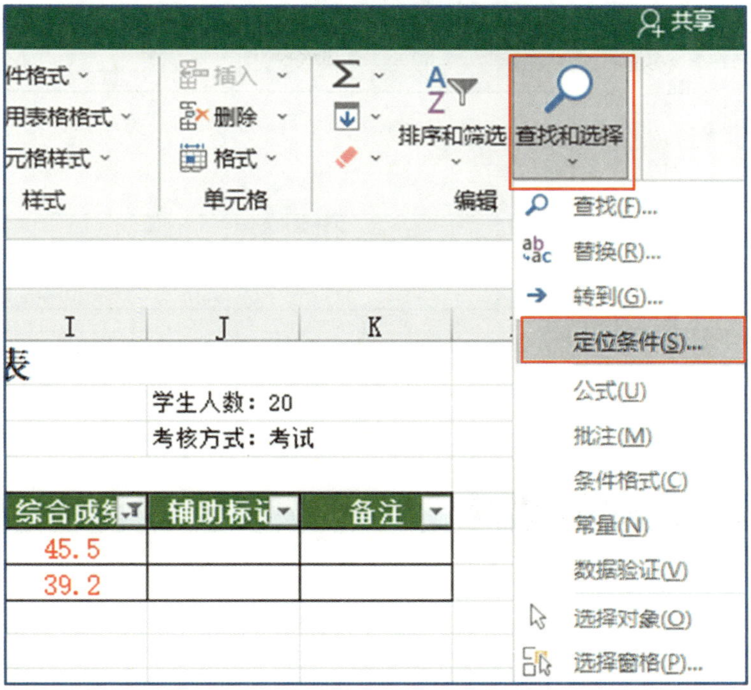

图 4-62　选择“定位条件”命令

3. 利用高级筛选生成优秀学生名单

（1）复制“21软件成绩汇总登记表”，将新表重命名为“21软件优秀学生名单”，并在该工作表的空白区域中建立“21软件学生评优对照表”表格，其内容如图4-63所示。

C语言程序设计	计算机应用与人工智能基础	高等数学	大学生英语	思想道德与法治
>=70	>=70	>=70	>=70	>=70

图 4-63　“21 软件学生评优对照表”表格

（2）在“21软件优秀学生名单”工作表中选择A3:N23单元格区域，单击“数据”选项卡中的“排序和筛选”|“高级”按钮，打开“高级筛选”对话框，如图4-64所示。

（3）单击“条件区域”右侧的按钮，进入选择状态，选择“21软件学生评优对照表”，即C29:G30单元格区域，如图4-65所示，按“Enter”键确认。

（4）单击“高级筛选”对话框中的“确定”按钮，完成对“21软件优秀学生名单”工作表的高级筛选，如图4-66所示。

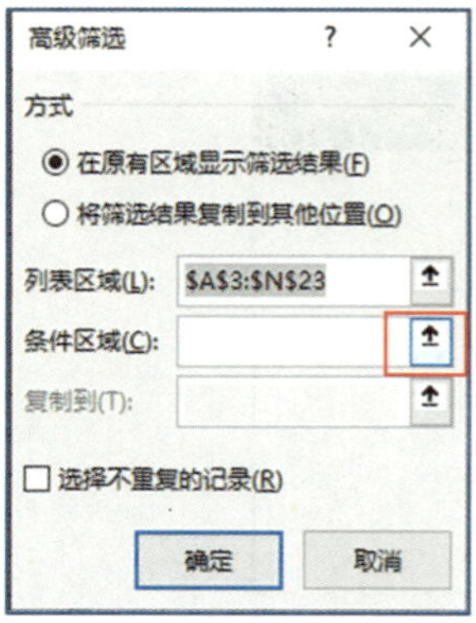

图 4-64　“高级筛选”对话框

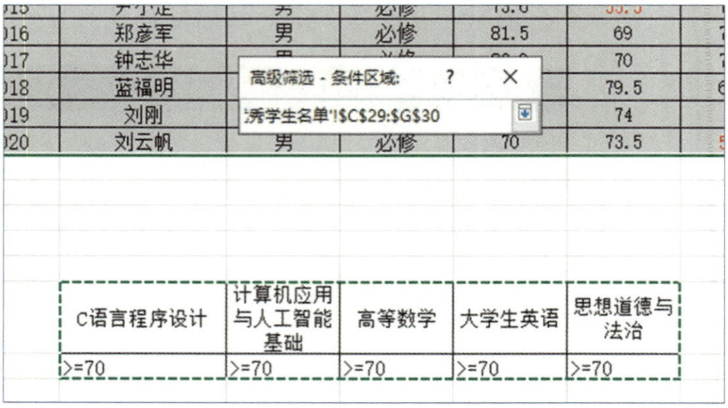

图 4-65　条件区域选择

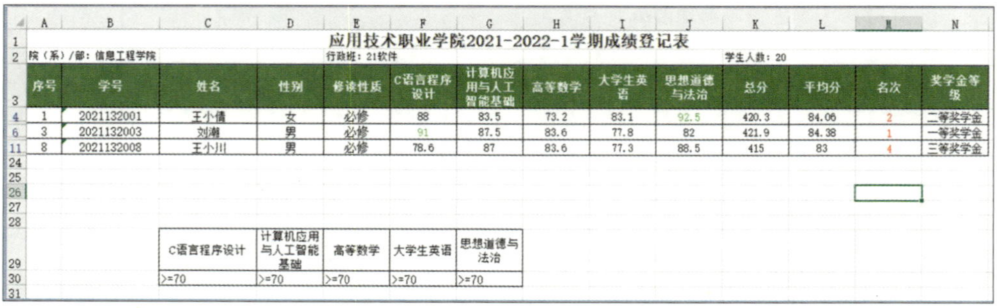

图 4-66　“21 软件优秀学生名单”工作表高级筛选结果

4. 数据排序

（1）进入“21软件成绩汇总登记表”工作表，选中A3:N23单元格，单击“开始”选项卡中的“排序和筛选”|“排序”按钮，打开“排序”对话框，如图4-67所示。

排序与分类汇总

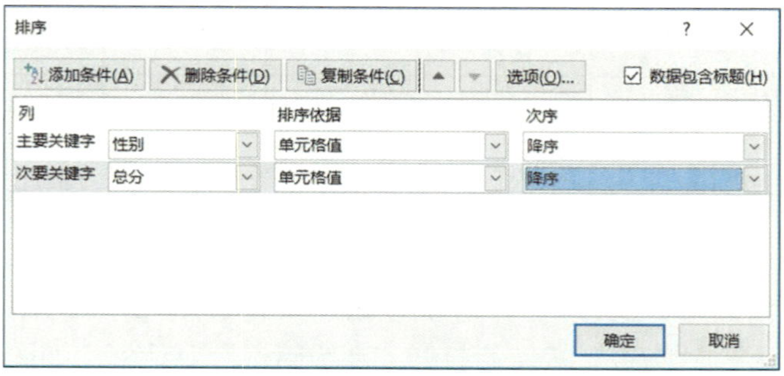

图 4-67　“排序”对话框

（2）在“主要关键字”下拉列表中选择“性别”，“次序”为“降序”。

（3）单击“添加条件”按钮，在出现的“次要关键字”下拉列表中选择“总分”，“次序”为“降序”。

（4）单击“确定”按钮完成排序，如图4-68所示。

应用技术职业学院2021-2022-1学期成绩登记表

院（系）/部：信息工程学院　　行政班：21软件　　学生人数：20

序号	学号	姓名	性别	修读性质	C语言程序设计	计算机应用与人工智能基础	高等数学	大学生英语	思想道德与法治	总分	平均分	名次	奖学金等级
1	2021132001	王小倩	女	必修	88	83.5	73.2	83.1	92.5	420.3	84.06	2	二等奖学金
4	2021132004	田薇薇	女	必修	98.6	94	66	69.6	88.5	416.7	83.34	3	二等奖学金
5	2021132005	邱萱	女	必修	87	78	64	79.3	86.5	394.8	78.96	7	三等奖学金
13	2021132013	宋娜	女	必修	75.9	68.5	77.7	86.4	75	383.5	76.7	8	
6	2021132006	董敦	女	必修	45.5	62.5	73.5	60.6	81	323.1	64.62	20	
3	2021132003	刘翰	男	必修	91	87.5	83.6	77.8	82	421.9	84.38	1	一等奖学金
8	2021132008	王小川	男	必修	78.6	87	83.6	77.3	88.5	415	83	4	三等奖学金
12	2021132012	皮海玉	男	必修	97.9	85.5	50.8	83.6	91	408.8	81.76	5	三等奖学金
2	2021132002	许富强	男	必修	87	64	91.5	83.3	75	400.8	80.16	6	三等奖学金
10	2021132010	张成	男	必修	71	78.5	84.2	80.6	63	377.3	75.46	9	
16	2021132016	郑彦军	男	必修	81.5	69	73.8	71.1	76.5	371.9	74.38	10	
11	2021132011	彭程宇	男	必修	89.3	50.5	76	81.3	68.5	365.6	73.12	11	
9	2021132009	王强	男	必修	62.5	69	69.6	80.3	82	363.4	72.68	12	
18	2021132018	蓝福明	男	必修	85.5	79.5	69.6	62.1	66.5	363.2	72.64	13	
17	2021132017	钟志华	男	必修	82.9	70	77.1	56	66	352	70.4	14	
7	2021132007	李静	男	必修	63	67.5	66.2	76	79	351.7	70.34	15	
14	2021132014	杨伟	男	必修	39.2	72	72.3	77.8	82	343.3	68.66	16	
15	2021132015	尹小定	男	必修	73.6	55.5	73.9	72.4	66.5	341.9	68.38	17	
19	2021132019	刘刚	男	必修	75.1	74	56	59.8	75	339.9	67.98	18	
20	2021132020	刘云帆	男	必修	70	73.5	55.3	61.8	71.5	332.1	66.42	19	

图 4-68　完成排序

5. 分类汇总数据

（1）进入“21软件成绩汇总登记表”工作表，选中A3:N23单元格，单击“数据”选项卡中的“分类汇总”按钮，如图4-69所示。

（2）在打开的“分类汇总”对话框中设置“分类字段”为“性别”，“汇总方式”为“平均值”，勾选“选定汇总项”中的复选框为“C语言程序设计”“计算机应用与人工智能基础”“高等数学”“大学生英语”“思想道德与法治”，如图4-70所示。

（3）单击“确定”按钮完成分类汇总，如图4-71所示。

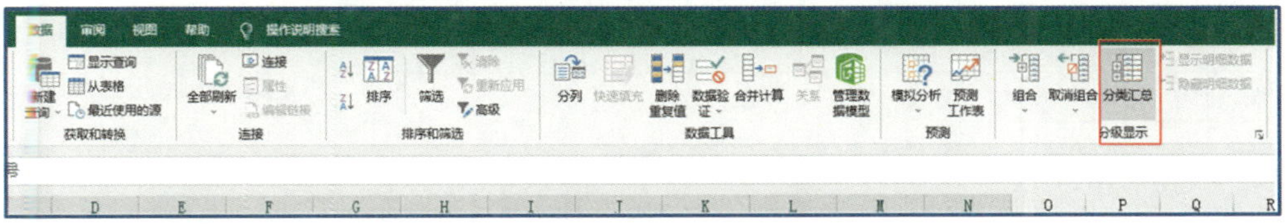

图 4-69　“分类汇总”工具

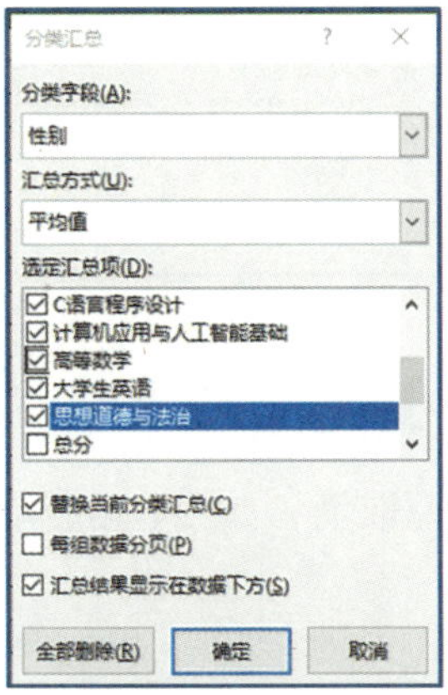

图 4-70　设置“分类汇总”对话框

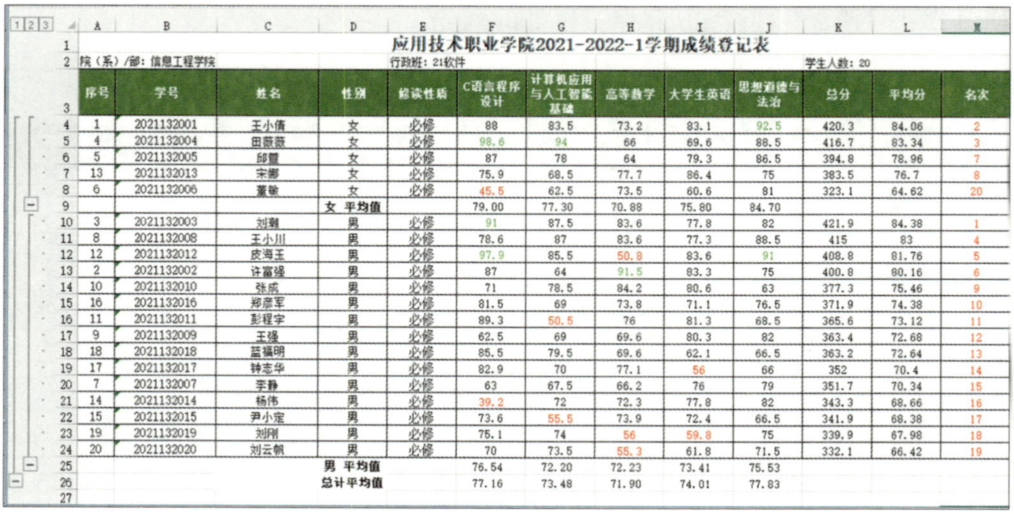

应用技术职业学院2021-2022-1学期成绩登记表												
院（系）/部：信息工程学院				行政班：21软件						学生人数：20		
序号	学号	姓名	性别	修读性质	C语言程序设计	计算机应用与人工智能基础	高等数学	大学生英语	思想道德与法治	总分	平均分	名次
1	2021132001	王小倩	女	必修	88	83.5	73.2	83.1	92.5	420.3	84.06	2
4	2021132004	田薇薇	女	必修	98.6	94	66	69.6	88.5	416.7	83.34	3
5	2021132005	邱蕾	女	必修	87	78	64	79.3	86.5	394.8	78.96	7
13	2021132013	宋娜	女	必修	75.9	68.5	77.7	86.4	75	383.5	76.7	8
6	2021132006	董敏	女	必修	45.5	62.5	73.5	60.6	81	323.1	64.62	20
			女 平均值		79.00	77.30	70.88	75.80	84.70			
3	2021132003	刘潮	男	必修	91	87.5	83.6	77.8	82	421.9	84.38	1
8	2021132008	王小川	男	必修	78.6	87	83.6	77.3	88.5	415	83	4
12	2021132012	皮海玉	男	必修	97.9	85.5	50.8	83.6	91	408.8	81.76	5
2	2021132002	许富强	男	必修	87	64	91.5	83.3	75	400.8	80.16	6
10	2021132010	张成	男	必修	71	78.5	84.2	80.6	63	377.3	75.46	9
16	2021132016	郑彦军	男	必修	81.5	69	73.8	71.1	76.5	371.9	74.38	10
11	2021132011	彭程宇	男	必修	89.3	50.5	76	81.3	68.5	365.6	73.12	11
9	2021132009	王强	男	必修	62.5	69	69.6	80.3	82	363.4	72.68	12
18	2021132018	蓝福明	男	必修	85.5	79.5	69.6	62.1	66.5	363.2	72.64	13
17	2021132017	钟志华	男	必修	82.9	70	77.1	56	66	352	70.4	14
7	2021132007	李静	男	必修	63	67.5	66.2	76	79	351.7	70.34	15
14	2021132014	杨伟	男	必修	39.2	72	72.3	77.8	82	343.3	68.66	16
15	2021132015	尹小定	男	必修	73.6	55.5	73.9	72.4	66.5	341.9	68.38	17
19	2021132019	刘刚	男	必修	75.1	74	56	59.8	75	339.9	67.98	18
20	2021132020	刘云帆	男	必修	70	73.5	55.3	61.8	71.5	332.1	66.42	19
			男 平均值		76.54	72.20	72.23	73.41	75.53			
			总计平均值		77.16	73.48	71.90	74.01	77.83			

图 4-71　分类汇总结果

6. 图表分析

（1）进入“21软件成绩汇总登记表”工作表，选择C31:J36单元格区域，单击“插入”选项卡中的“柱形图”按钮，从打开的面板中选择“簇状柱形图”图标，生成图表如图4-72所示。

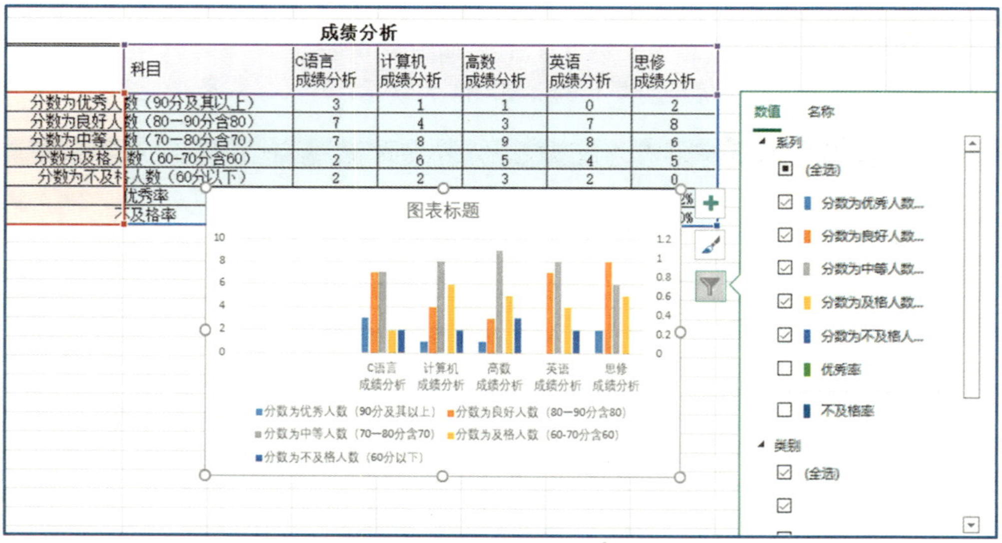

图 4-72　簇状柱形图

（2）单击“设计”选项卡中的“选择数据”按钮，打开“选择数据源”对话框，将“水平（分类）轴标签”下的两个复选框取消，如图4-73所示。单击“确定”按钮，完成数据源修改。

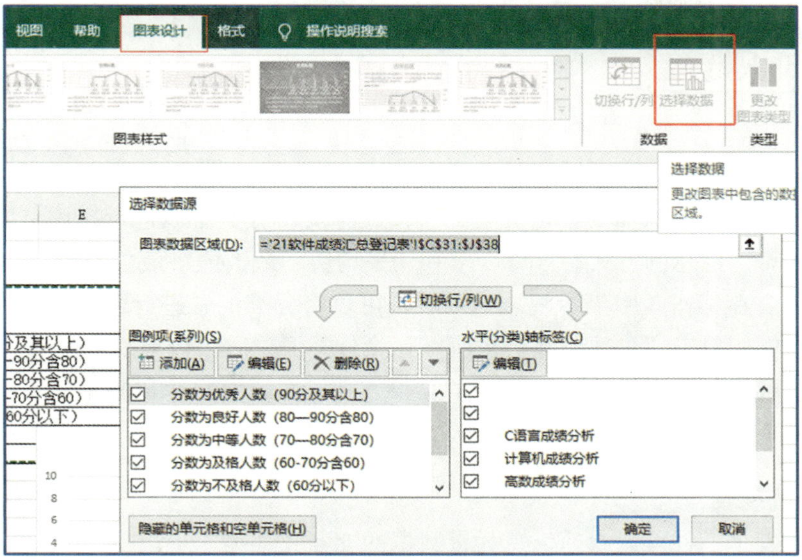

图 4-73　“选择数据源”对话框

（5）选择图表中的“图表标题”，修改为“成绩分析”，并将其设置为黑体，18号字，加粗。适当调整图表大小，在图表下方插入文本框，内容为“成绩分析：根据图表分析C语言高分偏多，计算机和高数高分偏少，各科低分成绩比较均衡。”并将其字号设置为14，如图4-74所示。

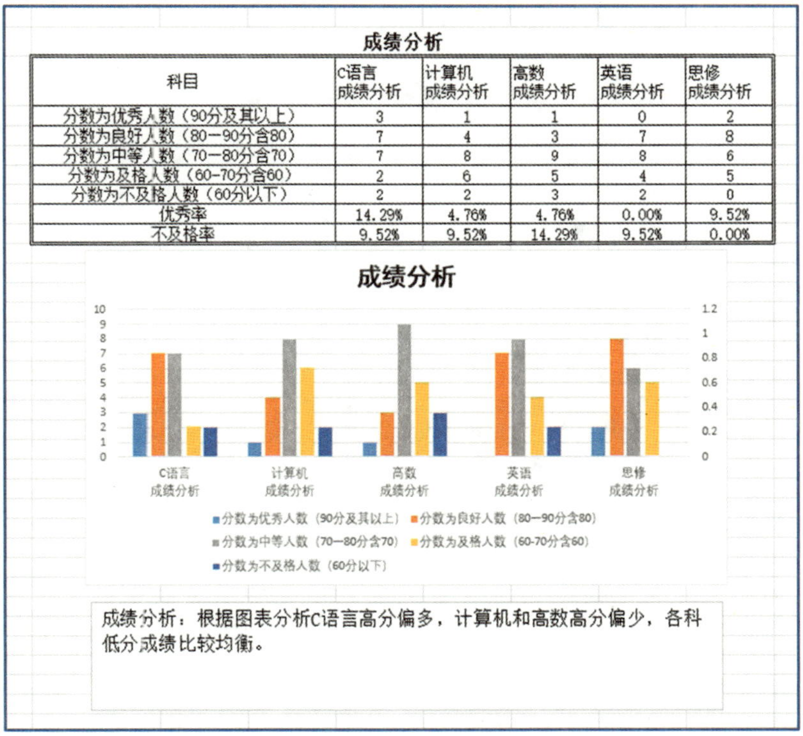

图 4-74　成绩分析图表完成情况

4.4.4 知识链接

1. 数据分类汇总

在创建分类汇总前，需要确定分类的字段，并要将分类字段进行排序，以便对各类数据进行汇总计算。汇总的方式有计算、求和、平均值、最大值、最小值等。

当不再需要在工作表中显示汇总结果时，可以将分类汇总进行删除。方法是打开“分类汇总”对话框，单击“全部删除”按钮。删除分类汇总后，数据以常规的状态显示。

若要汇总或报告多个单独工作表中的结果，那么可以将每个单独工作表中的数据合并计算到一个主工作表中。

职称结构统计图制作

2. 数据透视表

数据透视表是一种可以快速汇总大量数据的交互式表格。可以重新排列数据信息，当原数据发生更改时，只需要单击“刷新数据”按钮，即可更新报表中的数据。其操作步骤如下。

（1）在“插入”选项卡中单击“表” | “数据透视图”按钮，打开“创建数据透视图”对话框，如图4-75所示。（以“21软件成绩汇总登记表”为例）

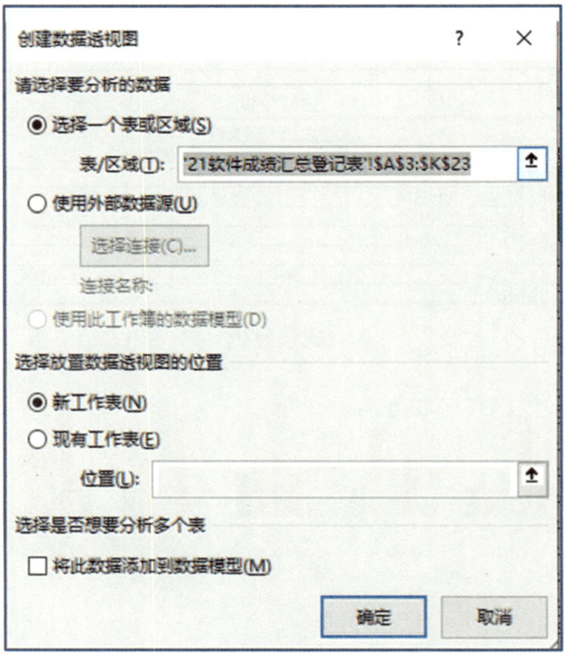

图 4-75 “创建数据透视图”对话框

（2）在“表/区域”文本框中选中A3:K23单元格区域，再选中“新工作表”单选按钮，单击“确定”按钮，此时打开如图4-76所示的新工作表，显示了创建的空数据透视表以及“数据透视图字段”任务窗格。

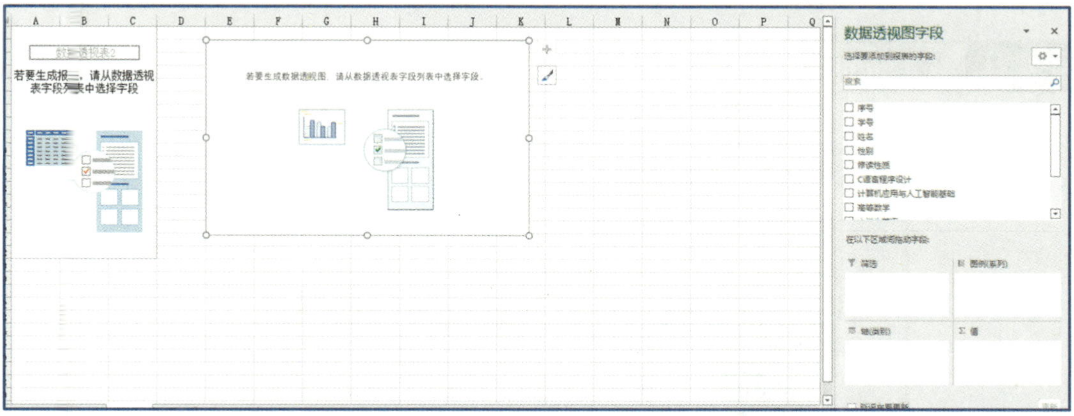

图 4-76　创建数据透视图

（3）在“数据透视图字段”任务窗格中选中所有必要字段，如“姓名”“性别”“C语言程序设计”“计算机应用与人工智能基础”“高等数学”“大学生英语”“思想道德与法治”。结果如图4-77所示，创建的数据透视表包含了原表格中的所有数据（在实际应用中可以根据实际需要，选择需要选择的字段，直接用鼠标拖动到相应的位置上，即可得到需要的图表）。

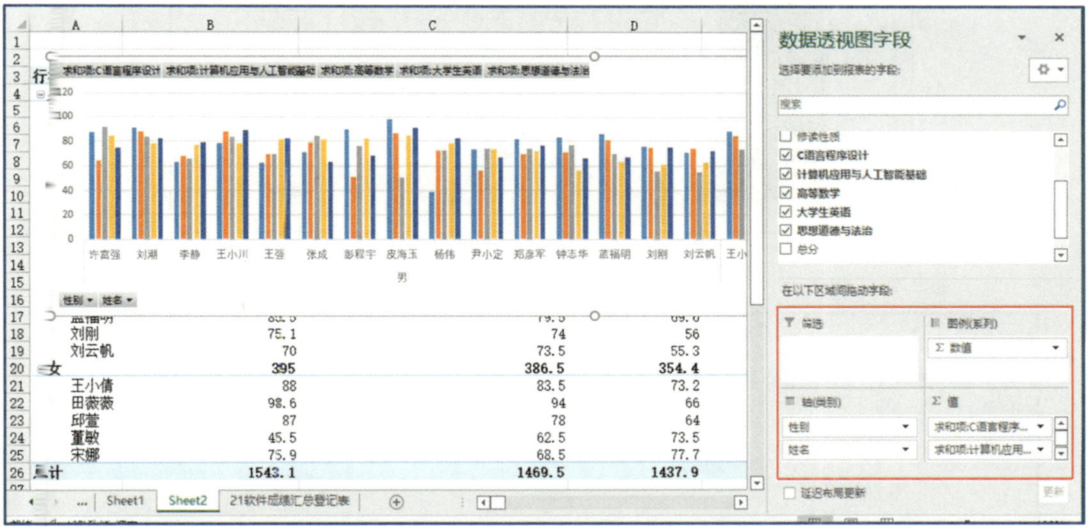

图 4-77　创建的数据透视图

3. 应用数据透视表样式

（1）单击“数据透视表”数据区任一单元格，标题栏中显示“数据透视表工具”图标，切换至“数据透视表工具”|“设计”选项卡中，单击“数据透视表样式”组中的“快翻”按钮 ，在展开的库中选择所需要的样式。

（2）在“数据透视表样式”选项组中，可设置数据透视表样式选项，如勾选“镶边列”复选框。

4.4.5 技能训练

练习：制作职工档案表（效果如图4-78、图4-79）

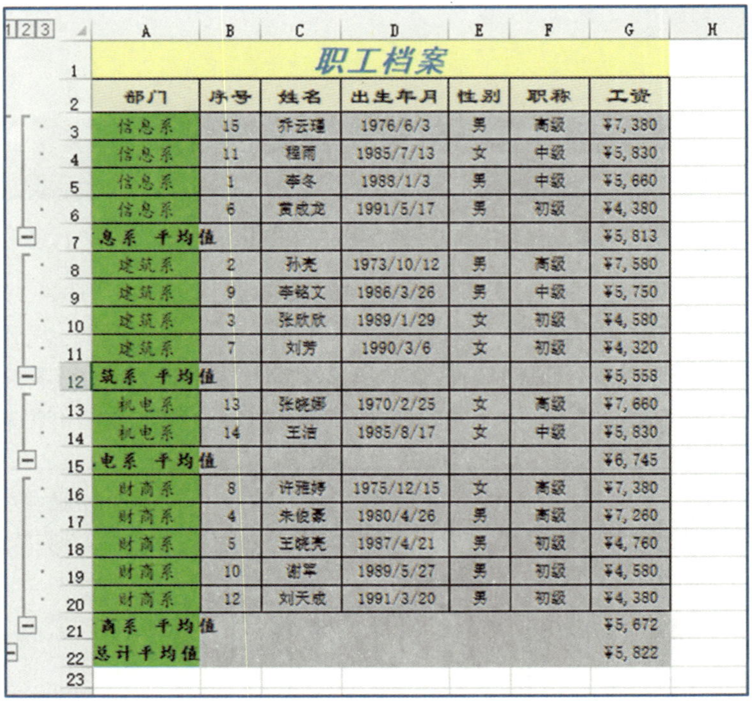

部门	序号	姓名	出生年月	性别	职称	工资
职工档案						
信息系	15	乔云瑾	1976/6/3	男	高级	¥7, 380
信息系	11	程雨	1985/7/13	女	中级	¥5, 830
信息系	1	李冬	1988/1/3	男	中级	¥5, 660
信息系	6	黄成龙	1991/5/17	男	初级	¥4, 380
息系 平均值						¥5, 813
建筑系	2	孙亮	1973/10/12	男	高级	¥7, 580
建筑系	9	李铭文	1986/3/26	男	中级	¥5, 750
建筑系	3	张欣欣	1989/1/29	女	初级	¥4, 580
建筑系	7	刘芳	1990/3/6	女	初级	¥4, 320
筑系 平均值						¥5, 558
机电系	13	张晓娜	1970/2/25	女	高级	¥7, 660
机电系	14	王洁	1985/8/17	女	中级	¥5, 830
电系 平均值						¥6, 745
财商系	8	许雅婷	1975/12/15	女	高级	¥7, 380
财商系	4	朱俊豪	1980/4/26	男	高级	¥7, 260
财商系	5	王晓亮	1987/4/21	男	初级	¥4, 760
财商系	10	谢军	1989/5/27	男	初级	¥4, 580
财商系	12	刘天成	1991/3/20	男	初级	¥4, 380
商系 平均值						¥5, 672
总计平均值						¥5, 822

图 4-78　制作职工档案表最终效果 1

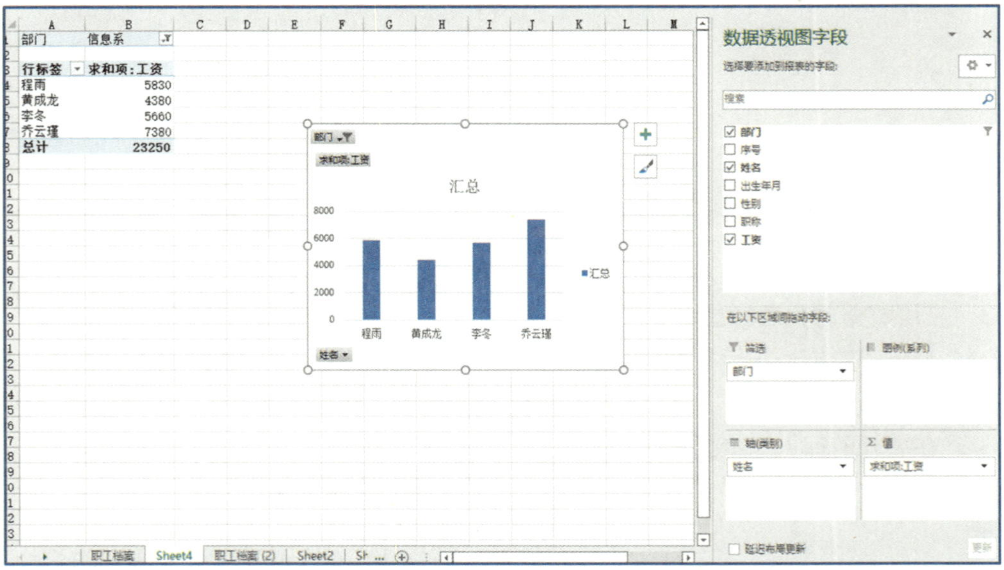

图 4-79　制作职工档案表最终效果 2

1．打开4.3.5的练习。

2．数据排序：以“部门”为关键字，“工资”为次要关键字，均按照降序排列。

3．分类汇总：以“部门”为分类字段，将“工资”进行“均值”分类汇总。

4．建立数据透视表：以“职称”为分类页，以“姓名”为列字段，以“工资”为均值项，建立数据透视表，并筛选出“信息系”的数据。（提示：重新复制一份工作表，删除分类汇总数据）

任务 4.5　学生成绩表的在线创建

4.5.1 任务要点

- 创建。
- 排序。
- 分类汇总。
- 图表。
- 数据透视表。

4.5.2 任务要求

1．创建在线表格。
2．创建在线表单。
3．在线分享数据。
4．生成 Excel 表格。

4.5.3 实施过程

1. 创建在线表格收集学生成绩

方法一：打开微信，在右上角单击搜索，输入“腾讯文档”进行搜索，然后单击“腾讯文档”小程序，如图4-80所示。单击最下面的“＋”号按钮，在打开的对话框中，选择“在线表格”，如图4-81所示。然后按照提示选择已有模板或创建空白表格，进行编辑（其编辑方法和前面所讲的Excel软件的方法相同）。

方法二：若在计算机端创建在线表格，则可以在网页上的打开金山文档等其他在线编辑Office软件网站，单击“个人使用”按钮，如图4-82所示。单击“立即使用”按钮，选择登录方式后，勾选“已阅读并同意隐私协议和在线服务系列协议”复选框，即可开始使用。

图 4-80 “腾讯文档”小程序

图 4-81 新建“在线表格”

图 4-82 金山在线文档

单击左上角的“新建”按钮，如图4-83所示。在打开的对话框中选择“表格”文档类型。选择已有模板或者新建空白表格，然后按照Excel软件的操作步骤来修改表格，如果需要对表格重命名，则可以在名称（左上角）处双击即可。

图 4-83　新建在线表格

方法三：对于已经制作好的表格，如果想要在线分享给多人，则可以按照方法二，单击“新建”按钮，单击“上传”按钮，即可将制作好的表格上传，如图4-84所示。

建立好表格后就可以参考前面小节讲述的内容，完成对21软件学生成绩登记表的编辑。

2. 创建在线表单收集学生对教师授课的评价

与创建在线表格一样，用手机端或计算机端，打开金山在线编辑文档后，单击“新建”按钮，选择“表单”，如图4-85所示。

图 4-84　上传已制作好的表格

图 4-85　新建在线表单

完成后，界面如图4-86所示。

图 4-86　选择在线表单模板

根据实际需求从模板中选择，或者新建一个空白的表单，新建表单后的界面如图4-87所示。

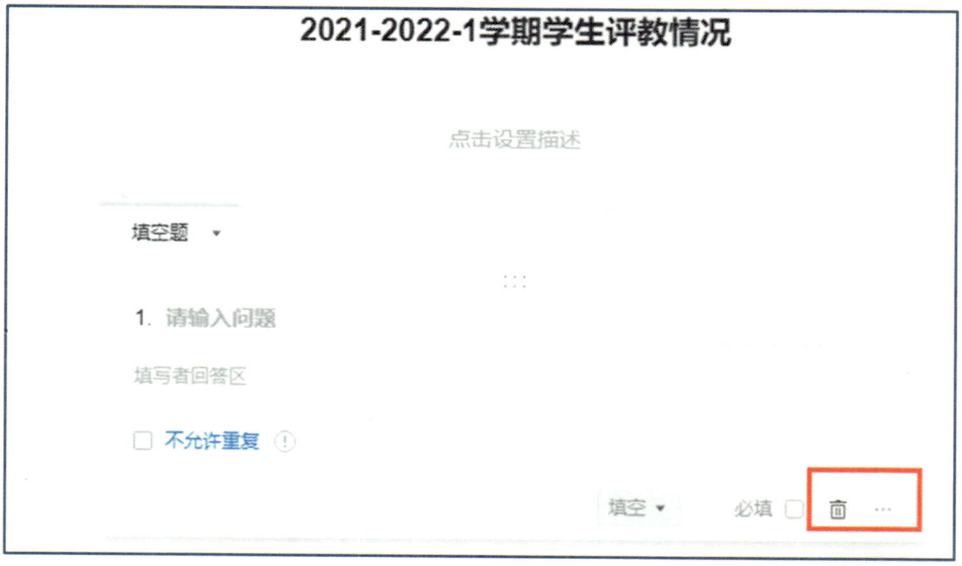

图 4-87　新建空白表单

从左侧选择要添加的题目类型，并在设置区编辑表单标题与题目，完成后效果如图4-88所示。（如有添加错误的题目，还可以删除，如图4-87标记出的位置）

图 4-88　“2021-2022-1 学期学生评教情况”表单完成效果

完成全部设置后，单击右侧的“完成创建”按钮，即可完成在线表单的创建。

3. 在线分享表格或表单

（1）在线表格分享：完成表格创建后，单击右上角的“分享”按钮，根据需要选择所需命令，如图4-89所示，即可将产生的二维码或链接分享给需要填表的用户。

图 4-89　分享在线表格

（2）在线表单分享：完成表单创建后，出现如图4-90所示的界面，将产生的二维码或链接分享给需要填表的用户即可。

图 4-90　分享在线表单

4. 将统计好的在线数据形成表格下载

（1）在线表格下载：在线表格的填写是多人均可见，可编辑，最终完成填报之后，可以单击左上角的下拉菜单，选择“导出为”命令，如图4-91所示，即可将在线表格导出为“.xlsx”文件。

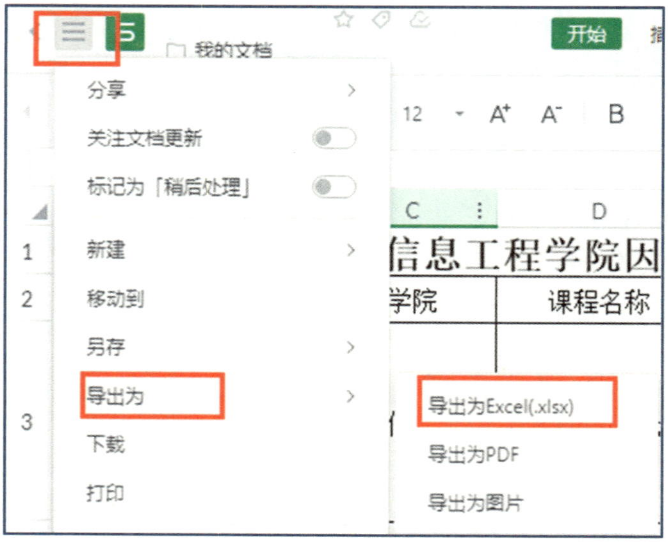

图 4-91　导出在线表格

（2）在线表单下载：表单的填写是仅创建者与填表人可见，具有一定的保密性，当创建者统计好数据后，打开创建的表单，可以看到数据的填写、统计情况。若要下载填写好的数据，只需单击右上角的“查看数据汇总表”按钮，如图4-92所示。然后按照导出在线表单的步骤，将表单导出为“.xlsx”文件即可。

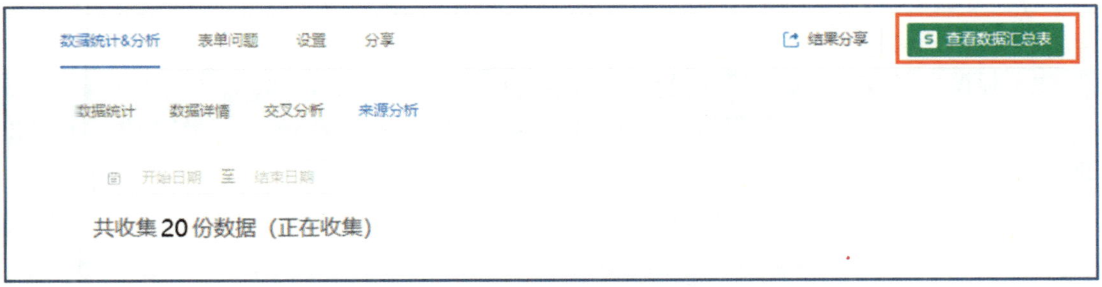

图 4-92　导出在线表单

4.5.4 技能训练

练习：

将前面制作的“21软件学生成绩登记表”转换为在线表格，分享给他人填写，统计完成后导出“.xlsx”文件。

项目小结

本项目主要介绍了Excel 2016的基本操作和使用方法，包括创建和保存工作簿、工作表基本操作、输入和编辑数据、设置工作表及其元素格式、公式和函数计算、数据排序和筛选、制作图表、分类汇总、制作数据透视表等。

通过对本项目的学习，学生能够制作电子表格并对数据进行简单处理，如对学生成绩进行计算、统计、筛选、比较、分类汇总等，并在制作过程中掌握其方法和技巧。Excel是大数据时代进行数据处理的重要利器，只有熟练掌握Excel 2016的基本操作方法，日后在工作生活中才能高效地处理问题。

项目测评

任务 1：编辑项目练习工作簿

打开员工工资表.xlsx工作簿。

打开Sheet1工作表，重命名为“员工情况表”，并完成以下操作：

1. 在表中添加图表标题，设置相应的格式。
2. 调整表内字体和大小，绘制表格框线，使整个图表美观。
3. 设置行高、列宽，为标题及内容设置不同的底纹。
4. 插入行和列，分别填写员工所属部门及性别。

任务2：函数应用

打开Sheet2工作表，重命名为“工资统计表”，并完成以下操作：

1．使用公式，根据扣税原则和比例计算员工应扣税款。

2．根据员工应发工资和应扣税款及其他项目，计算员工实发工资。

3．使用分类汇总统计各部门的平均工资；各部门之间横向比较，分别统计男、女员工的平均工资。

4．使用函数，分别统计未扣税款及扣税在100元以上的员工个数，并突出显示。

任务3：透视图的制作

打开Sheet3工作表，重命名为“工资分析表”，并完成以下操作：

1．使用函数，填充姓名、性别和部门三列数据，数据来源为“员工情况表”。实发工资来源于“工资统计表”。

2．将各个部门的员工工资制成统计图、饼图和柱形图均可，选择合适的图表布局使之美观。

3．根据各部门员工工资，制作数据透视表，并更改字段布局。

项目5

PowerPoint 2016 演示文档制作与展示

思政课堂

“求木之长者，必固其根本；欲流之远者，必浚其泉源。”中华优秀传统文化是中华民族的精神命脉，是涵养社会主义核心价值观的重要源泉，也是我们在世界文化激荡中站稳脚跟的坚实根基。文化自信需要青年一代的大学生弘扬中华优秀传统文化，充分发挥当代大学生创新、创意、创造的专业实践能力，助力文化传承。当代大学生应提高对民族文化价值的认知，增强文化自信心，能够借鉴外来文化。

学习导航

知识目标

- 了解 PowerPoint 2016 的工作界面、视图方式，以及演示文稿和幻灯片的常规操作；
- 熟悉添加和编辑文本、艺术字、表格、图表、SmartArt 图形、图片，以及多媒体文件的操作方法；
- 掌握幻灯片的动画设计方法、幻灯片播放前的一系列操作，以及演示文稿的打包和发送操作。

技能目标

- 能够熟练地在 PowerPoint 2016 中添加和编辑文本、艺术字、表格、图表、SmartArt 图形、图片及多媒体文件；
- 能够熟练完成幻灯片放映及打印操作。

素养目标

- 通过演示文稿的制作，提升对传统文化的认同，增强文化自信心，能够将所学知识运用到实际生活中。

任务 5.1　创建和编辑演示文稿

5.1.1 任务要点

- 启动、创建与保存。
- 编辑演示文稿。
- 文本的输入与编辑。
- 各种对象的插入与编辑。
- 设计幻灯片主题。

5.1.2 任务要求

本节中我们利用PowerPoint演示文稿（俗称PPT），制作一份“公司年会流程”幻灯片，通过建立一个完整的文稿来学习演示文稿的启动、浏览、新建、编辑、新建幻灯片的插入和在幻灯片中插入文本等操作。完成后的效果如图5-1所示。

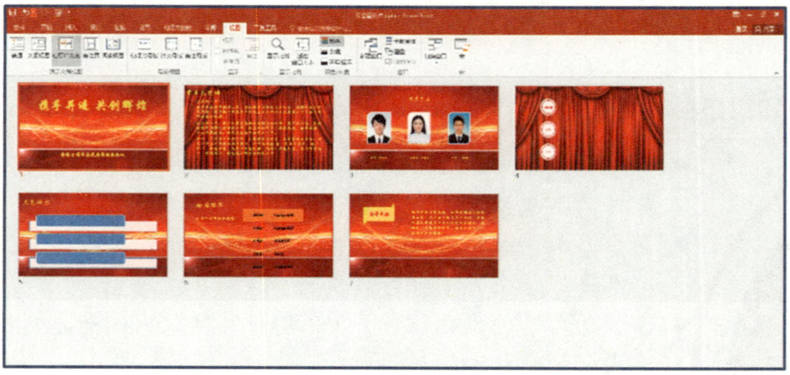

图5-1　“公司年会流程”效果图

5.1.3 实施过程

1. 启动PowerPoint 2016

常规启动是在Windows操作系统中最常用的启动方式，即通过“开始”菜单启动。单击“开始”按钮，在弹出的菜单中选择“PowerPoint 2016”命令，即可启动PowerPoint 2016，进入“开始”页面，如图5-2所示。

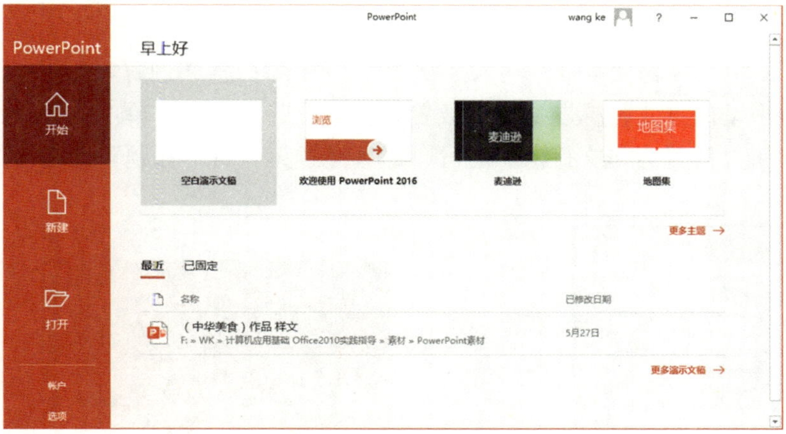

图 5-2 PowerPoint 2016 启动界面

2. 新建演示文稿

在“开始”页面中单击“空白演示文稿”图标，创建一个默认包含一张标题版式幻灯片的演示文稿，如图5-3所示。

PowerPoint 新建演示文稿

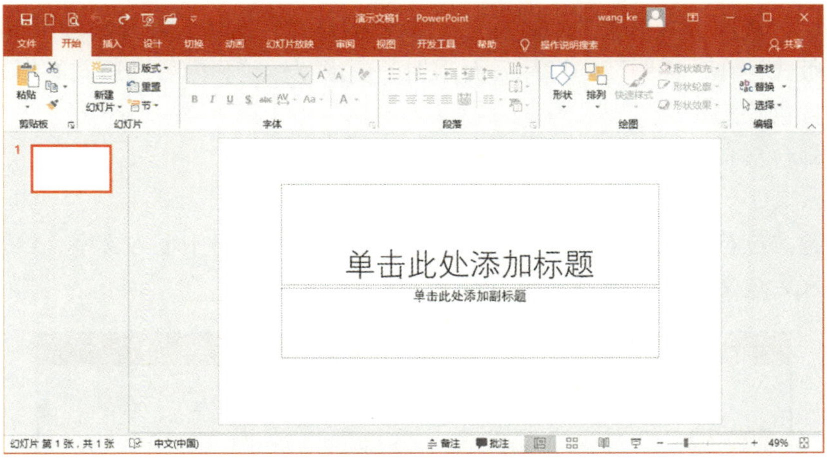

图 5-3 新空白演示文稿

3. 设置“公司年会流程”的背景

（1）在“设计”选项卡中单击“自定义”|“设置背景格式”按钮，在程序窗口右侧显示“设置背景格式”窗格，选中“图片或纹理填充”单选按钮，如图5-4所示。

（2）在“图片源”选项组中单击“插入”按钮，从打开的对话框中选择“年会背景.jpg”图片。

（3）设置后，单击“设置背景格式”窗格底部的“应用到全部”按钮，为所有幻灯片应用所选背景。

PowerPoint 设置幻灯片背景图案

4. 制作“公司年会流程”标题页

输入文字：单击标题文本框，输入标题文字“携手并进 共创辉煌”，设置为华文行楷、88号，并通过拖动的方式将标题文本框放置到合适位置；单击“单击此处添加副标题”文本框，输入文字并设置为华文行楷、32号，即可完成第一页“标题”幻灯片的制作，如图5-5所示。

图 5-4　设置幻灯片背景图片

图 5-5　编辑幻灯片标题页

5. 制作第二页“董事长致辞”

（1）新建一页幻灯片。

在“开始”选项卡中单击“幻灯片”|“新建幻灯片”按钮，在弹出的菜单中选择“标题和内容”版式，在“标题”幻灯片后面添加了一张“标题和内容”版式的新幻灯片。

（2）设置背景图片。

设置“舞台幕布”为本页背景。

（3）输入文字。

单击标题占位符，输入标题“董事长致辞”，在文本占位符中输入文字，然后按“Enter”键换行，输入后续文本，完成效果如图5-6所示。

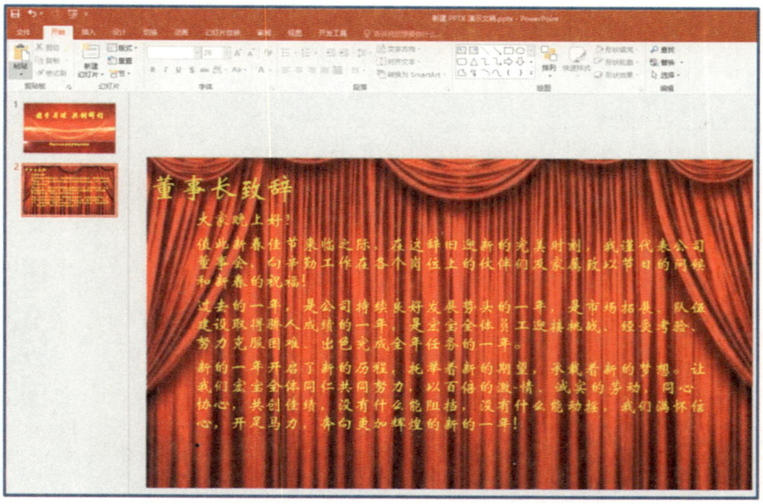

图 5-6　“董事长致辞”页效果图

6. 制作其他幻灯片

参照第二页幻灯片的插入方法插入第三～七页幻灯片，然后按下列方法进行制作。

（1）第三页：选择“内容与标题”版式，输入效果图中的文字，分别插入图片“员工1”～“员工3”，设置合适大小并设置图片样式为“圆形对角，白色”，完成后的效果如图5-7所示。

（2）第四页：修改版式，添加文字与图片，完成后的效果如图5-8所示。

图 5-7　“优秀员工”效果图

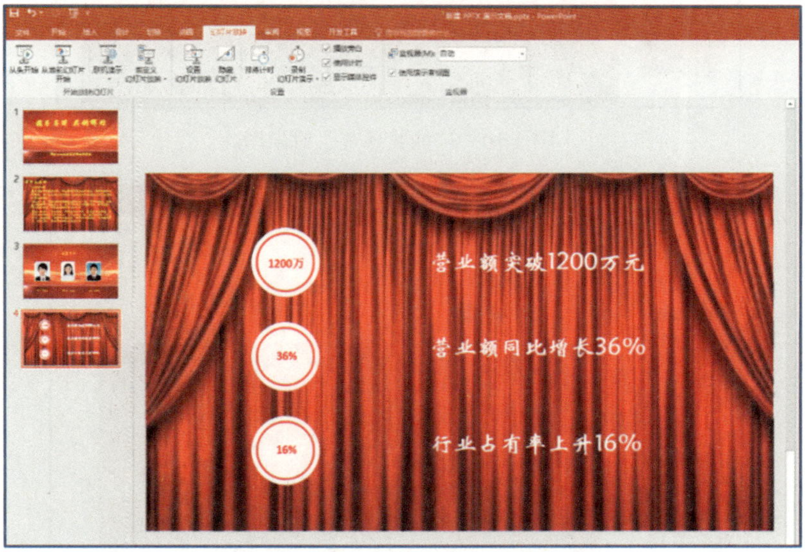

图 5-8　“回首 2022”效果图

（3）第五页：插入SmartArt图形制作节目单，完成后的效果如图5-9所示。

（4）第六页：插入表格，制作抽奖环节奖励说明，完成后的效果如图5-10所示。

（5）第七页：插入自选图形并编辑文字，完成后的效果如图5-11所示。

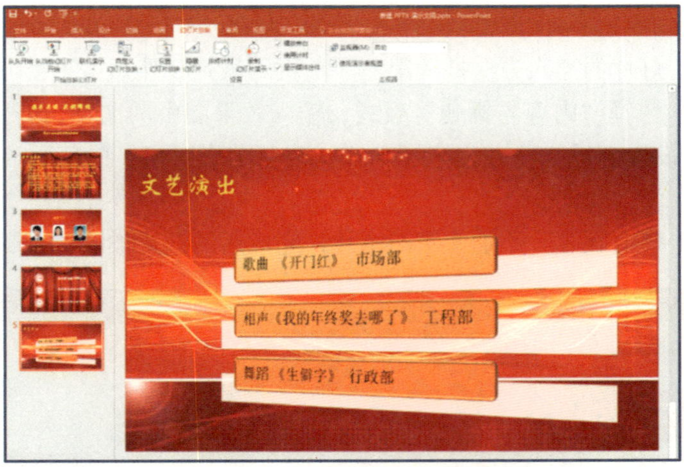

图 5-9 “文艺演出”效果图

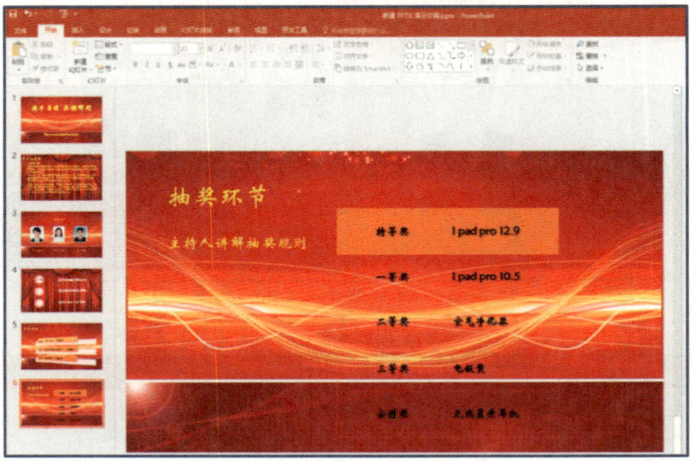

图 5-10 “抽奖环节”效果图

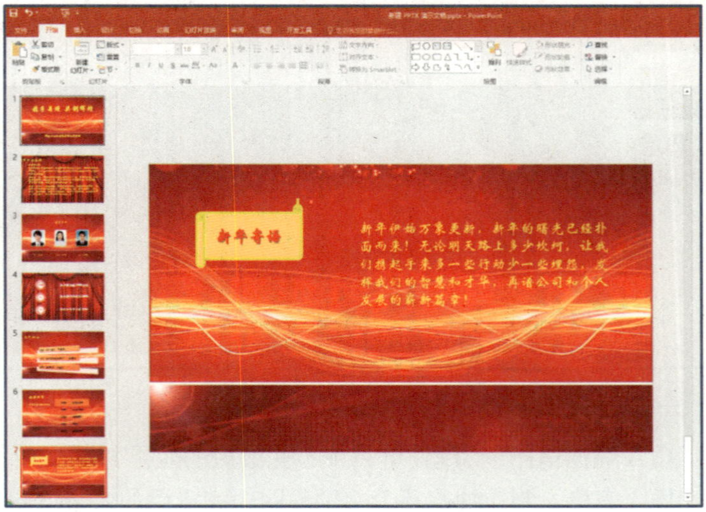

图 5-11 “新年寄语”效果图

7. 添加设计主题

在“设计”选项卡中展开“主题”列表框，选择合适的模板。如为第二页幻灯片选择“波形”选项，如图5-12所示。

图 5-12　设计主题列表

8. 保存和退出

（1）选择“文件”|“保存”命令，切换到“另存为”窗口。单击“浏览”按钮，打开“另存为”对话框，保存位置默认为“库”|“文档”中，如图5-13所示。

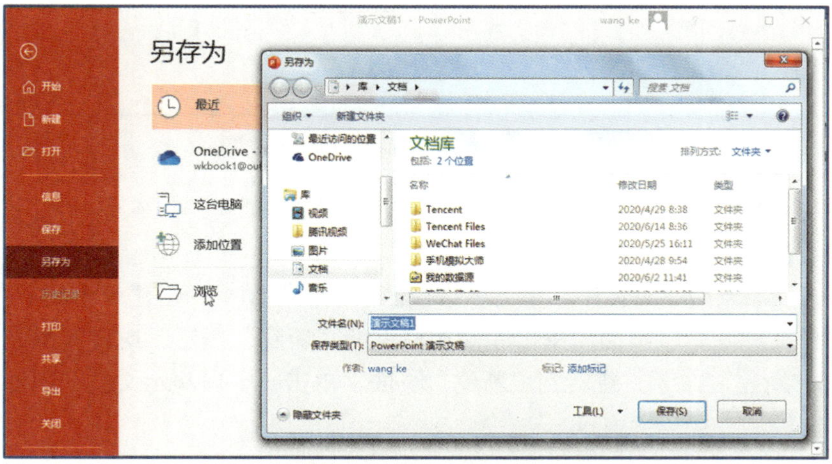

图 5-13　“另存为”对话框

（2）在“文件名”列表框中输入“公司年会流程”，单击“保存”按钮。

（3）选择“文件”|“关闭”命令，关闭演示文稿。

5.1.4 知识链接

1. PowerPoint 2016简介

PowerPoint 2016采用了全新的开始界面，启动应用程序后不是直接进入空白文档，而是先进入开始页面，让用户选择从哪里开始，当选择了开始方式后，才正式进入工作界面（参见图5-2和图5-3）。PowerPoint 2016的工作界面与其他Office程序一样有着一些共同元素，如标题栏、菜单栏、功能区、工作区、状态栏等。与其他程序不同的是，PowerPoint 2016的工作区由幻灯片窗格和编辑区两个部分组成，幻灯片窗格中显示幻灯片缩略图，可以进行幻灯片的切换和编辑（如删除、复制、移动等），编辑区中则可以对当前幻灯片进行内容编辑，如图5-14所示。

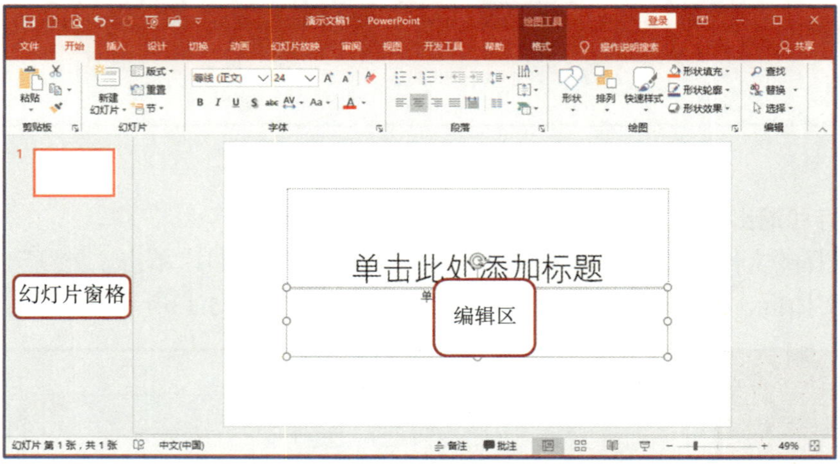

图 5-14　PowerPoint 2016 窗口界面

2. 创建和保存演示文稿

（1）创建演示文稿。

方法一：在“开始”页面中，单击“空白演示文稿”图标，创建一个新空白演示文稿。

方法二：在“开始”页面中单击左侧边栏中的“新建”按钮，或者在程序主窗口中选择“文件”|“新建”命令，跳转到“新建”页面，单击“空白演示文稿”图标，创建一个新空白演示文稿。

方法三：在快速访问工具栏中单击“新建”按钮，创建一个新空白演示文稿。

方法四：按下“Ctrl+N”组合键，创建一个新空白演示文稿。

方法五：在“开始”页面中单击“更多主题”超链接文本，或者在程序主界面中选择“文件”|“新建”命令，跳转到“新建”页面，向下拖动滚动条，选择并单击系统提供的模板图标，基于模板创建一个具有一定格式和内容的演示文稿。

（2）保存演示文稿。

方法一：选择“文件”|“保存”命令。

方法二：使用“Ctrl+S”组合键。

方法三：直接单击“保存”按钮。

方法四：选择“文件”|“另存为”命令。

使用前三种方法保存演示文稿时，如果是第一次保存，则系统会打开“另存为”对话框，即可对演示文稿进行命名。使用第四种方法时可以对当前演示文稿保存副本，或变更成另外一个文件名进行保存。

3. 编辑演示文稿

（1）插入幻灯片。

在“开始”选项卡中单击“幻灯片”|“新建幻灯片”按钮，默认会插入一张“标题与内容”版式的幻灯片，如果想要插入其他版式的幻灯片，则可单击“新建幻灯片”按钮下方的下拉按钮，在打开的面板中选择幻灯片的版式。

（2）复制幻灯片。

在幻灯片窗格中选中需要复制的幻灯片，右键单击，在弹出的快捷菜单中选择“复制幻灯片”命令，即可在所选择的幻灯片下方复制一个与其相同的幻灯片，同时幻灯片窗格中幻灯片的序号也随之发生了变化。

（3）删除幻灯片。

在幻灯片窗格中选中要删除的幻灯片，按下“Delete”键，或者右键单击所选幻灯片，在弹出的快捷菜单中选择“删除幻灯片”命令，即可将选中的幻灯片删除，同时幻灯片窗格中幻灯片的序号也随之发生了变化。

PowerPoint 编辑文本、创建形状图形

4. 输入文本

（1）在文本占位符中添加文本。

大部分幻灯片版式中都包含文本占位符，有些文本占位符中只能输入文本，而有些文本占位符中既可以输入文本，也可以插入其他对象，如图5-15所示。

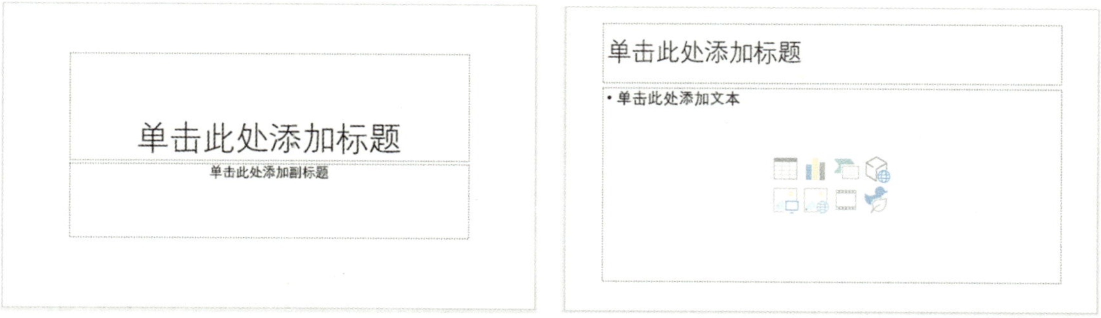

图 5-15 幻灯片中的文本占位符

按照文本占位符中的文字提示单击鼠标，即可使文本占位符进入编辑状态，直接键入或粘贴文本即可。占位符的大小通常是固定的，如果输入的文本内容超过了占位符的大小，PowerPoint则会在键入文本时以递减方式减小文字大小和行间距，使文本适应占位符的大小。

（2）在文本框中添加文本。

在“插入”选项卡中单击“文本”|“文本框”按钮，即可在幻灯片中插入一个文本框，单击“文本框”按钮下方的下拉按钮，还可在弹出的下拉菜单中选择是插入横排文本框还是竖排文本框。插入文本框后，在文本框中单击，即可输入或粘贴文本。

PowerPoint 创建图片对象

5. 图片的插入与编辑

在“插入”选项卡中单击“插图”|“图片”按钮，打开“插入图片”对话框，在“查找范围”下拉列表中选择所需图片，然后单击“插入”按钮，选中的图片就会被插入到幻灯片中。插入图片后，可以调整其大小和位置。

（1）设置图片的大小。

单击需要调整的图片，在图片的周围即会出现8个控点，如图5-16所示。此时，将鼠标放在任何一个控点上，拖动鼠标，即会改变图片的大小。

图 5-16　改变图片的大小

（2）移动图片。

选定需要移动的图片，将鼠标放在控点以外的边框上，鼠标会变成十字形，此时拖动鼠标，即可移动图片。

6. 插入表格

如果幻灯片中有对象占位符，直接在对象占位符中单击“插入表格”图标，打开“插入表格”对话框，输入列数和行数，单击“确定”按钮即可插入表格。例如，指定列数为2，行数为5，插入的表格如图5-17所示。

图 5-17　建立表格

如果要在没有占位符的幻灯片中插入表格，则可以直接在“插入”选项卡中单击“表格”|“表格”按钮，在弹出的下拉列表框中选择“插入表格”命令，打开“插入表格”对话框，设置要插入表格的列数和行数，单击“确定”按钮，即可在幻灯片中直接插入表格。

插入表格后，即可在其中输入内容，并对表格中的文字进行格式化，格式化方式与Word表格的编辑方式相同。此外，还可以使用表格工具的“设计”选项卡中的工具为表格应用表格样式、边框样式、填充样式等。

PowerPoint 创建 SmartArt 图形

7. 插入SmartArt图形

在幻灯片的内容占位符中单击“插入SmartArt图形”图标，或者在“插入”选项卡中单击“插图”|“SmartArt”按钮，打开如图5-18所示的“选择SmartArt图形”对话框。在其中选择所需的图形样式，单击“确定”按钮，即会在幻灯片中插入相应的图形。

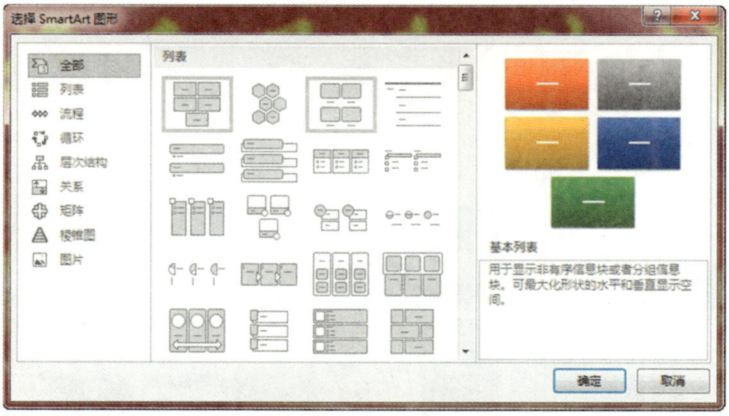

图 5-18　“选择 SmartArt 图形”对话框

在SmartArt图形自带的文本框中输入所需内容，再设置合适样式，即完成插入SmartArt图形的操作。

8. 插入自选图形

在“插入”选项卡中单击“插图”|“形状”按钮，在弹出的下拉列表框中选择要插入的图形样式，如“圆形”，然后在幻灯片中单击或拖动，即可插入相应的图形。插入图形的形状可以更改大小、位置、轮廓颜色和样式、填充颜色或图案等，此外还可以在图形形状中添加文字。方法是右键单击图形，在弹出的快捷菜单中选择“编辑文字”命令，使图形进入文字编辑状态，然后直接键入或粘贴文本即可。如图5-19所示，即是将一个圆形图形设置为无轮廓，填充白色后，复制这个圆形图形并适当缩小，再设置轮廓为红色加粗，并在图形中输入相应的内容，然后将这两个圆形图形重叠在一起组成了图中所示的图形。

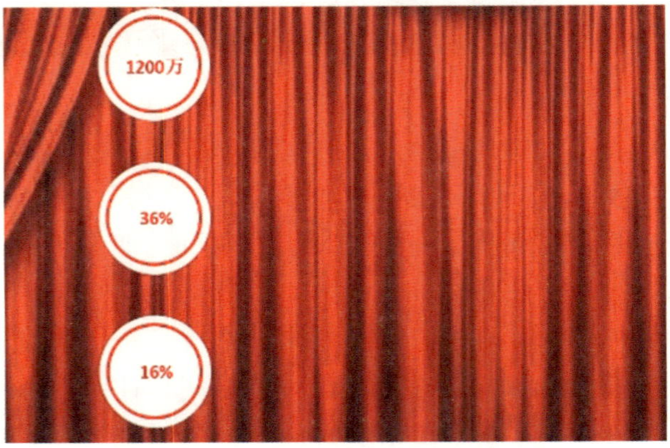

图 5-19　编辑形状

9. 主题的概念与应用

主题是一组格式选项，包括一组主题颜色、一组主题字体和一组主题效果。通过应用主题可以快速而轻松地设置文本内容的格式，设计出专业和时尚的外观。

要设置幻灯片主题，只需在“设计”选项卡中展开“主题”组的样式列表，从中选择一种合适的主题样式即可，如图5-20所示。

图 5-20　“主题”样式列表

5.1.5 技能训练

练习：

1．新建一个空白演示文稿，以“公司简介”为主题设计一个由5张幻灯片组成的幻灯片文件，完成后保存到桌面上，文件名为：“公司简介.pptx”。

2．在第一页幻灯片中制作标题：公司简介。

3．在第二页幻灯片中添加表格，输入公司各部门信息。

4．在第三、四页幻灯片中添加各部门图片，并结合文字说明。

5．在第五页幻灯片中添加公司的联系方式。

任务 5.2　演示文稿的设计、播放和输出

5.2.1 任务要点

- 制作母版。
- 设置幻灯片背景。
- 自定义动画。
- 幻灯片切换。
- 放映演示文稿。
- 打印演示文稿。
- 演示文稿的打包。

5.2.2 任务要求

完善“公司年会流程.pptx”演示文稿的制作，为其应用动画效果添加多媒体元素，并完成演示文稿的放映、打包和输出。

1．打开“公司年会流程.pptx”文档。

2．对每页幻灯片添加切换效果。

3．对第一页文本框添加淡入淡出动画效果；对第四页图片添加进入动画效果；对第六页表格添加浮入进入动画效果；对第七页图表添加擦除进入动画效果；对第八页自选图形添加擦除进入动画效果。

4．在第一页文本框中插入背景音乐，设置声音播放的文档最后一页。

5．在演示文稿的最后新建一页，插入影片文件。

6．播放“公司年会流程.pptx”演示文稿。

7．设置幻灯片的放映方式及顺序。

8．添加墨迹注释。

9．在第一页制作礼花绽放特效；在第七页制作话筒飞入特效；在第六页制作金元宝下落动画特效。

10．设计幻灯片母版。

（1）设置文本字体：在右侧工作区中将“单击此处编辑母版标题样式”及下面的“第二级，第三级……”字符设置字体为华文新魏。

（2）设置文本段落：选中“第二级，第三级……”等字符，将段落中段前、段后均设置为 6 磅，首行缩写 2 厘米，1.5 倍行距。

（3）设置项目符号：选中“第二级，第三级……”等字符，设置菱形项目符号样式。

（4）选择“插入”|“页眉和页脚”命令，打开“页眉和页脚”对话框，切换到“幻灯片”选项卡，对“日期和时间”选项组、页眉页脚区、数字区的文本进行格式化设置。

（5）将准备好的公司 logo 图片插入母版，使 logo 图片显示在每一页幻灯片中，并且显示在相同位置上。

11．打印第六页幻灯片，黑白色打印。

12．将制作好的演示文稿保存成视频文件。

5.2.3 实施过程

1. 打开演示文稿

打开“公司年会流程.pptx”演示文稿，如图5-21所示。

图 5-21　“公司年会流程”演示文稿

2. 添加幻灯片切换效果

（1）使用“切换”选项卡中的工具，分别为第一～七页幻灯片添加“分割，悬挂，推进，框，翻转，溶解，摩天轮”等切换效果。

（2）在“动画”选项卡中单击“动画”|“效果选项”按钮，使用其中的命令将第一页“分割”动画效果调整为“中央向上下展开”，设置后将“持续时间”调整为“02.75”，如图5-22所示。

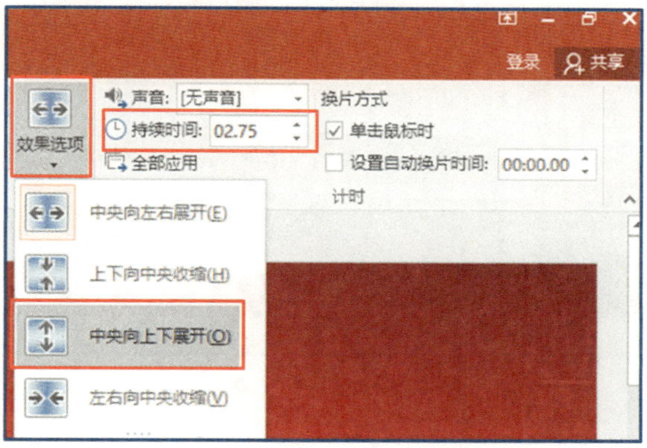

图 5-22 设置动画的效果和持续时间

（3）设置自动换片时间为3秒钟，单击“全部应用”按钮。

PowerPoint 对象动画效果的设置

3. 添加动画效果

（1）选择第一页“携手并进 共创辉煌”文本框，使用“动画”选项卡中的工具将其进入效果设置为“缩放”，效果选项设置为“对象中心”；播放顺序设置为与“上一动画同时”，“持续时间”调整为“01.00”，如图5-23所示。

（2）选择副标题“金隆公司年会盛典暨颁奖典礼”，添加“翻转式由远及近”的进入效果，效果选项为“整批发送”，播放顺序为“上一动画之后”，“持续时间”调整为“01.00”。

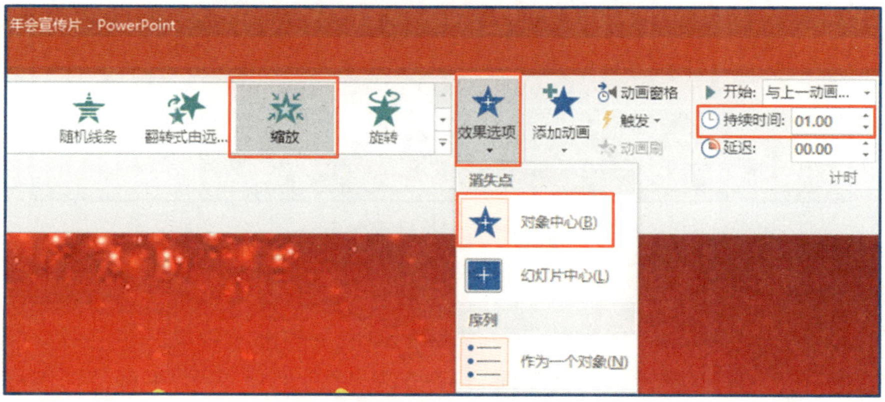

图 5-23 设置文本框的进入效果和持续时间

（3）选择第四页的自选图形，分别添加“形状”的进入效果，“持续时间”调整为“01.00”。

（4）选择第五页的SmartArt图形，添加“螺旋飞入”的进入效果，修改效果选项为“逐个级别”，动画播放顺序为与上一动画同时，如图5-24所示。

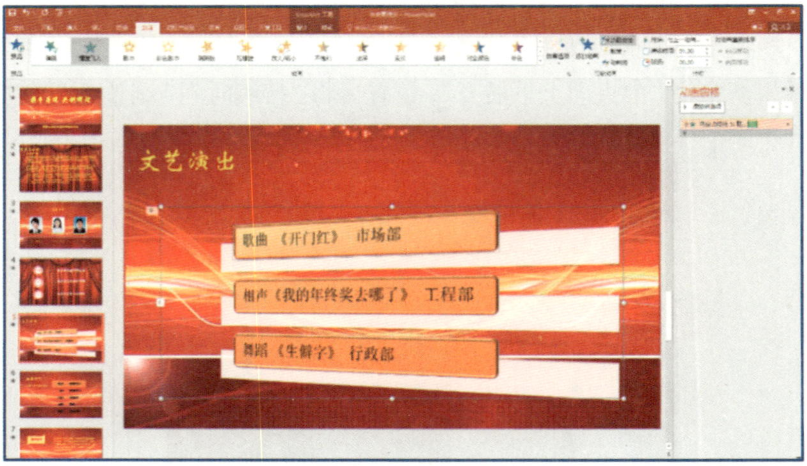

图 5-24　设置 SmartArt 动画效果

（5）选择第六页的文本框，添加“缩放”的进入效果；选择表格，添加“擦除”的进入效果，修改效果选项为“自左侧”，开始为“上一动画之后”，“持续时间”调整为“01.50”，如图5-25所示。

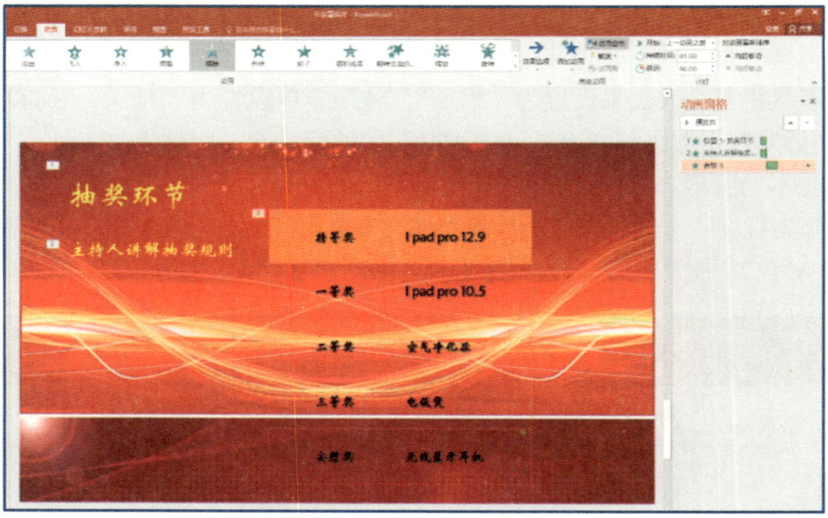

图 5-25　表格动画效果

4. 动画窗格效果

（1）选择第三页文本框“优秀员工”，添加“伸展”的进入效果，与上一动画同时；将图片1、“赵旭 市场部”、图片2、“孙潇潇 行政部”、图片3、“李强 工程部”都设置为“擦除”的进入效果，三张图片的播放顺序都设置为“上一动画之后”，三个文本框的播放顺序都设置为“与上一动画同时”。

（2）选择第四页图片，在“动画”选项卡中单击“高级动画”|“动画效果”按钮，显

示动画窗格，分别将代表三名员工部门、姓名的对话框动画移动到本人图片动画的下面，如图5-26所示。

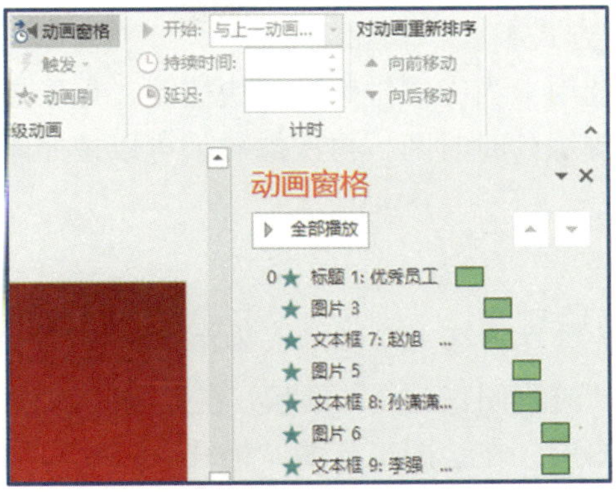

图 5-26　设置动画顺序

5. 插入声音

（1）打开幻灯片第一页，在“插入”选项卡中单击“媒体”|“音频”按钮，在弹出的菜单中选择“PC上的音频”命令，从打开的对话框中找到“庆典音乐.MP3”文件，将其插入到幻灯片中。

（2）选中刚才插入的喇叭图标，在功能区中会出现音频工具，其中包含“格式”和“播放”两个选项卡，在“播放”选项卡的“编辑”组中设置“淡出”时间为“01.50”；在“音频选项”组中设置开始为自动播放，并勾选“跨幻灯片播放”和“循环播放，直到停止”两个复选框，如图5-27所示。

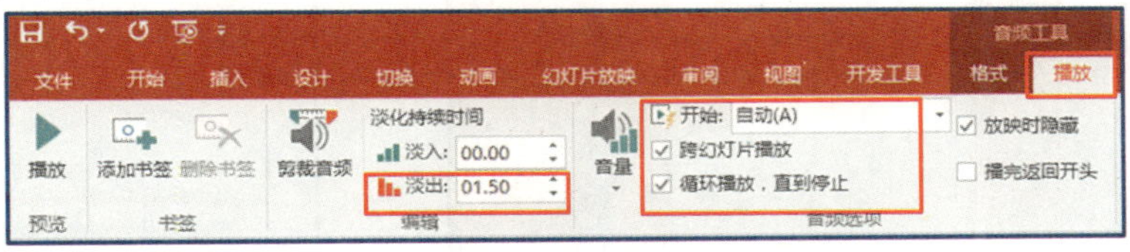

图 5-27　音频效果选项

（3）在动画窗格中将此声音移动到最前面。

6. 插入视频

（1）在幻灯片第七页中插入视频，在“插入”选项卡中单击“媒体”|“视频”按钮，在弹出的菜单中选择“PC上的视频”命令，在打开的对话框中找到“领导讲话.MP4”文件，将其插入到幻灯片中。

（2）在视频工具中调整视频样式。

（3）在动画窗格中调整视频播放效果。

PowerPoint 设置放映参数及放映控制

7. 从头开始播放

（1）在“幻灯片放映”选项卡中单击“开始放映幻灯片”|“从头开始”按钮，从演示文稿的第一页幻灯片开始放映演示文稿。

（2）演示文稿放映时，可以利用鼠标来控制幻灯片的播放时间，单击一次鼠标左键，即可播放下一页幻灯片。

8. 设置排练计时播放方式

打开“幻灯片放映”选项卡当中的排练计时快捷键，重新播放幻灯片，用鼠标调节播放速度，播放结束后记住排练计时时间，再次播放就可以按照刚才排练计时调整的速度自动播放。

9. 制作礼花绽放特效

（1）打开第一页幻灯片，在“插入”选项卡中单击“插图”|“形状”按钮，在弹出的菜单中选择流程图栏中的“流程图：对照”形状，在空白处画出对照图形，如图5-28所示。

（2）选择插入的对照图形，在绘图工具的“格式”选项卡中将其设置为无形状轮廓，再右键单击该形状，在弹出的快捷菜单中选择“设置形状格式”命令，显示“设置形状格式”窗格，选中“渐变填充”单选按钮，再单击渐变光圈下面的“停止点”，选择浅绿色，如图5-29所示。

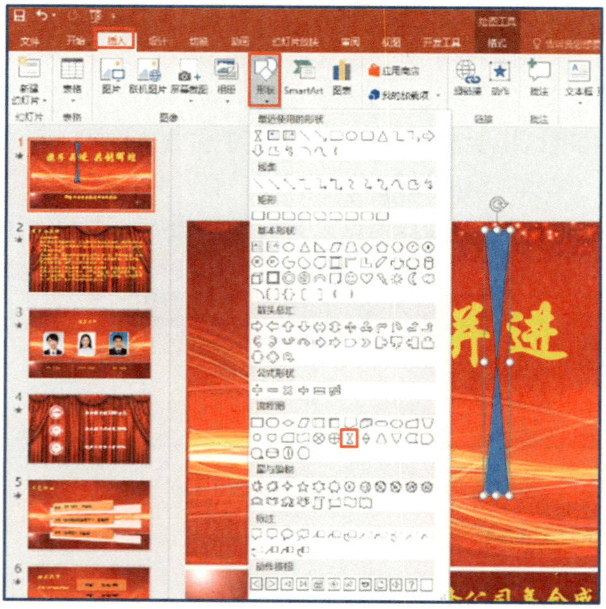

图 5-28 插入对照图形

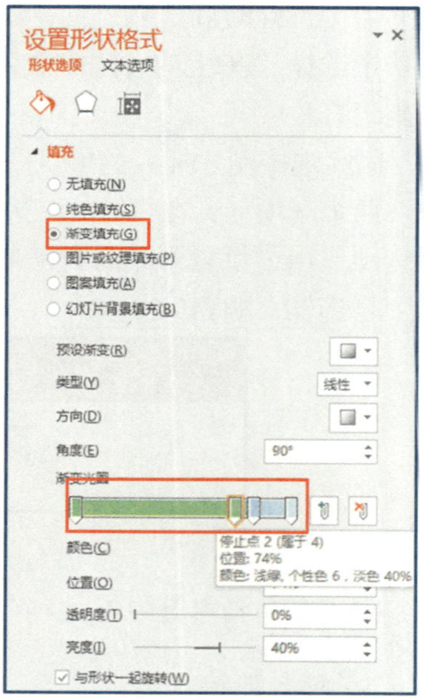

图 5-29 设置渐变填充

（3）选择对照图形，复制出同样的三个图形，通过拖动图形上方的旋转控点和调整位置使之中心重合，然后全选四个图形，复制同样的一组图形，并在“设置形状格式”窗格中为其设置从浅蓝到深蓝的渐变填充，从而得到两组不同颜色的图形。

（4）全选左边的绿色图形，右键单击，在弹出的快捷菜单中选择“大小和位置”命令，使“设置形状格式”窗格中显示“大小和位置”选项，将图形宽度设置为0.1厘米。使用同样的方法将右边的蓝色图形宽度也改为0.1厘米。改变线条宽度后，再次微调每根线条的位置，使中心点重合，然后分别选中所有绿色图形和所有蓝色图形，右键单击，在弹出的快捷菜单中选择“组合”命令，将绿色图形和蓝色图形分别组合在一起，如图5-30所示。

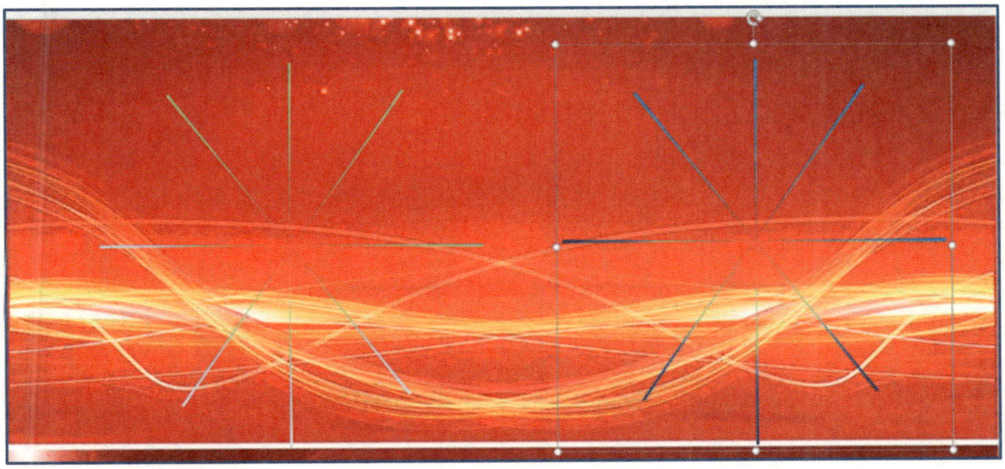

图 5-30　组合图形

（5）选中蓝色的组合图形，复制一个同样的图形出来，在“设置形状格式”窗格中将其颜色设置为紫色到粉色的渐变填充。

（6）通过拖动图形上方的旋转控件将三个图形分别旋转合适的角度，通过鼠标拖动的方式分别设置不同的大小，以使之呈现出层次感。再调整中心点的位置使之重合，这样一个烟花就做出来了，如图5-31所示。

图 5-31　烟花效果图形

（7）选中图形，在“动画”选项卡中单击“高级动画”|“添加动画”按钮，为图形分别添加“缩放”的进入效果和“向外溶解”的退出效果。

（8）选中已经设置好动画的图形，复制同样的三个图形出来，分别设置不同的渐变颜色，微调大小和旋转方向，放在页面的不同位置，这样我们就有了四个烟花图形，都自带进入、退出的动画效果。

（9）打开动画窗格，单击第一个组合，之后按住“Shift”键单击最后一个组合，全部选中刚才设置的图形动画，将所有组合图形动画移动到庆典音乐动画下面；然后将所有组合进入动画开始设置为“与上一动画同时”，“持续时间”调整为“02.00”；退出动画设置，“持续时间”调整为“01.00”，“延迟”调整为“01.75”。目的是当缩放的进入效果没有播放完毕，就开始播放向外溶解的退出效果，看上去更自然。之后通过直接拖动动画窗格中的时间条的方法，将其余三个图形组合都设置为进入动画时间对齐上一动画消失时间，所有的退出动画都在本图形进入动画即将播放完毕时开始播放，如图5-32所示。到这里礼花绽放特效就制作完成了。

10. 制作话筒飞入特效

（1）插入图片素材“金色话筒”。

（2）选中图片，在图片工具的“格式”选项卡中单击“调整”|“颜色”按钮，在弹出的菜单中选择“设置透明色”命令，此时鼠标指针上会有一个画笔图案，单击图片中的白

色部分，即可去掉金色话筒图片的背景颜色。

（3）选择话筒图片，调整至合适大小，移动到页面外的左侧方向，可以通过按住Ctrl+鼠标滚轮的方式调整页面大小，方便调整话筒位置。

（4）选择话筒图片，在“动画”选项卡中单击“高级动画”|“添加动画”按钮，在弹出的面板中选择“动作路径”栏的“直线”图标，系统默认绘制向下的直线路径。将路径的结束点移动到合适位置，如图5-33所示。

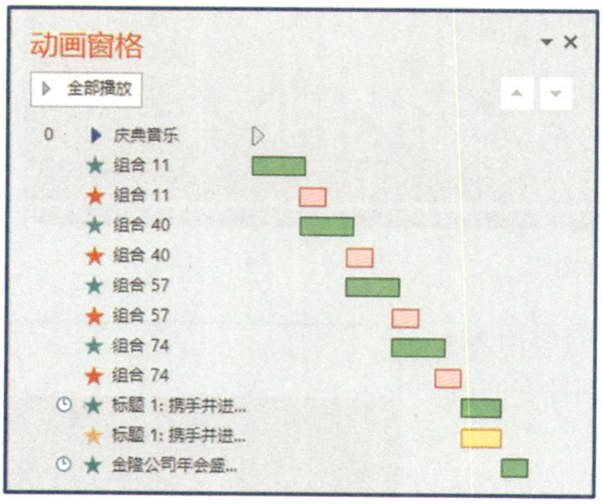

图 5-32　设置动画窗格

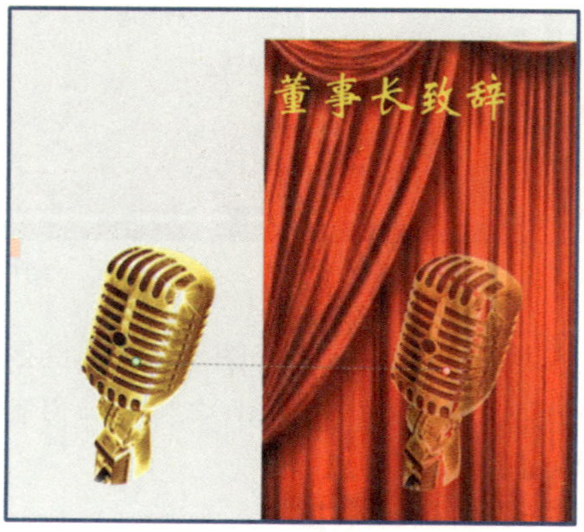

图 5-33　设置动作路径

（5）将该页标题“董事长致辞”文本框的内容和文本框都设置为擦除的进入效果，效果选项分别为“自左侧”和“自顶部”，然后在动画窗格中将话筒的动画移动到两个文本之间；将“董事长致辞”文本框的开始动作设置为“与上一动画同时”；将图片和内容文本框开始动作都设置为“上一动画之后”，使它们依次播放，“持续时间”调整为“01.00”“02.00”“03.00”，如图5-34所示。

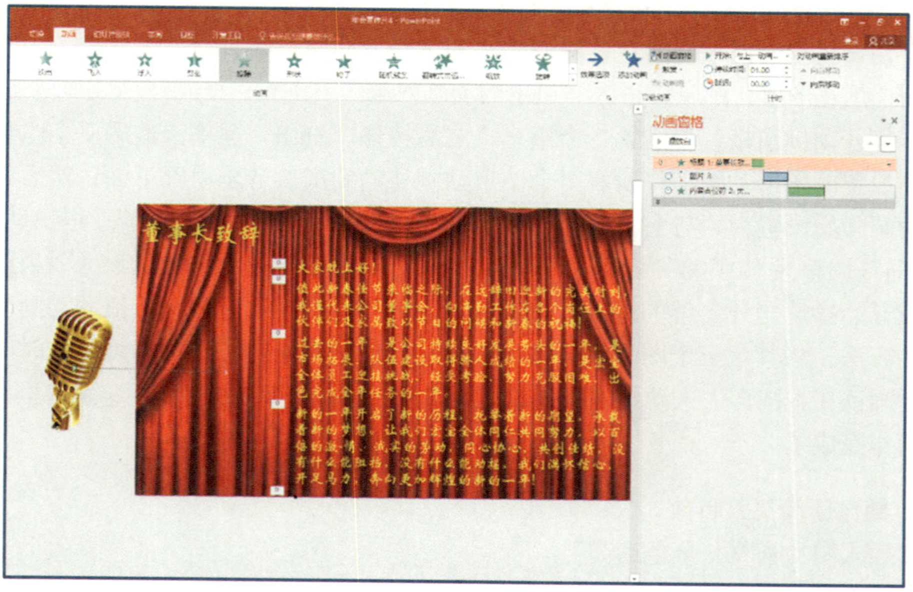

图 5-34　设置动画窗格

11. 制作金元宝下落特效

（1）插入图片素材“金元宝”。

（2）选中图片，设置透明色，完成无背景的金元宝图片。

（3）选择话筒图片，调整至合适大小，移动到页面外的上方，可以通过按住Ctrl+鼠标滚轮的方式调整页面大小，方便调整金元宝位置；选中金元宝，在“动画”选项卡中单击“添加动画”按钮，在弹出的面板中选择“动作路径”栏的“直线”图标设置动作路径，并将路径结束点向下拉到合适位置，如图5-35所示。

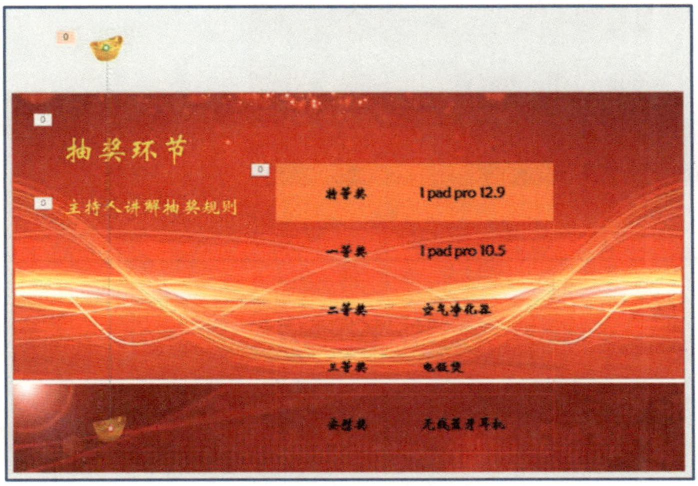

图 5-35　添加直线动作路径

（4）打开动画窗格，将金元宝的动画移动至最前面，设置“开始”时间为“与上一动画同时”；“持续时间”调整为“01.50”；右键单击，在弹出的快捷菜单中选择“效果选项”命令，如图5-36所示，打开“效果选项”对话框，取消平滑结束，将“平滑开始”调整为“01.50”，“重复”设置为直到幻灯片末尾。

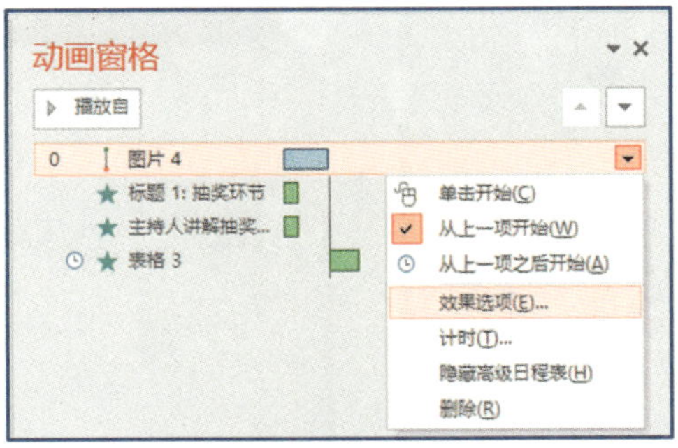

图 5-36　选择“效果选项”命令

（5）选中金元宝图片，复制5个金元宝，分别移动到合适的位置，在“动画”窗格里将“持续时间”分别调整为“01.80”“02.30”“01.70”“01.90”“02.20”；“延迟”设置为“0.2～0.3”；改变动作直线的长度，并将结束点都移动到页面以外，使6个金元宝下落的时间速度不一样。

（6）在动画窗格中将所有金元宝图片动画都设置到最前面，完成金元宝动作特效，如图5-37所示。

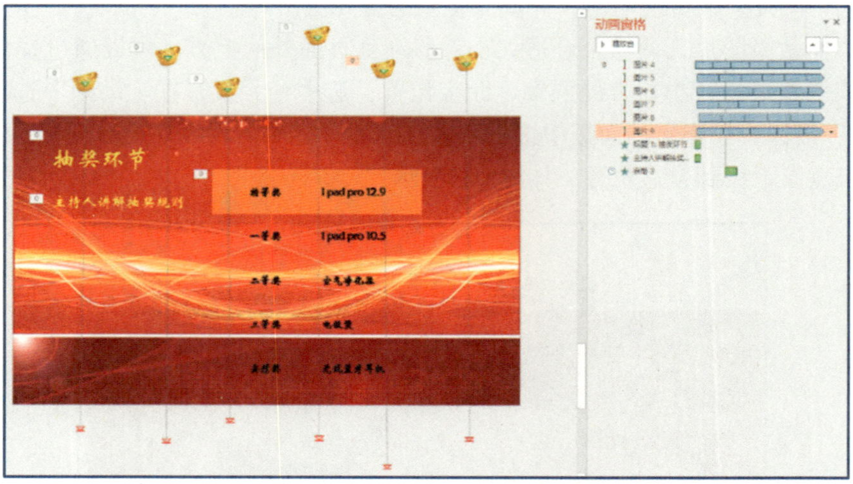

图 5-37　设置播放顺序

12. 母版设计

（1）设置母版字体：在“视图”选项卡中单击“母版视图”|“幻灯片母版”按钮，进入幻灯片母版视图，选中页面上的文字“第二级，第三级……”，设置其字体为“华文新魏”，如图5-38所示。

（2）设置文本段落：选中“第二级，第三级……”等字符，右键单击，在弹出的快捷菜单中选择“段落”命令，打开“段落”对话框，设置“段前”“段后”均为“6磅”，“度量值”为“2厘米”，“行距”为“1.5倍行距”，如图5-39所示。

PowerPoint 修改幻灯片母版

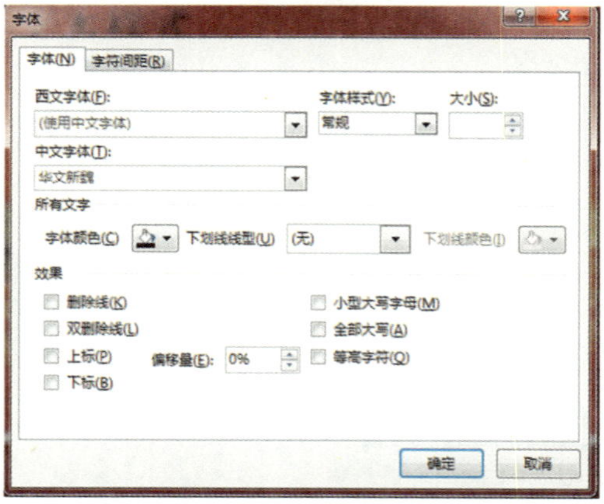

图 5-38　母版字体设计

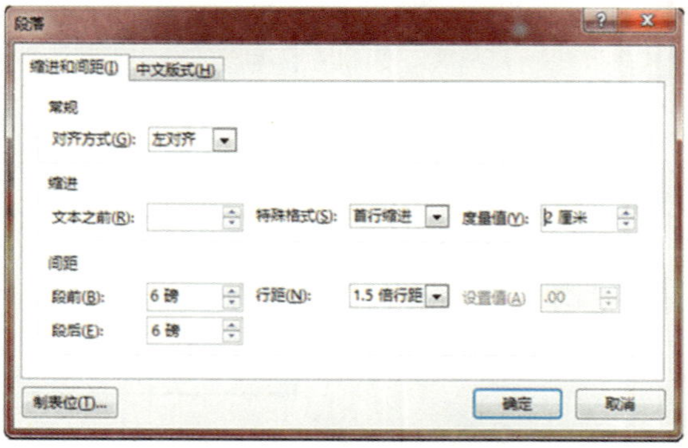

图 5-39　母版段落设计

（3）设置项目符号：选中“第二级，第三级……”等字符，右键单击，在弹出的快捷菜单中选择“项目符号”子菜单中的菱形项目符号样式。

（4）设置页眉与页脚：在“插入”选项卡中单击“文本”|“页眉和页脚”按钮，打开

“页眉和页脚”对话框，将“幻灯片”选项卡中的“日期和时间”选项组的时间设置为“2019/12/25”；勾选“幻灯片编号”和“页脚”复选框，并设置页脚为“预祝庆典圆满成功!”，如图5-40所示。

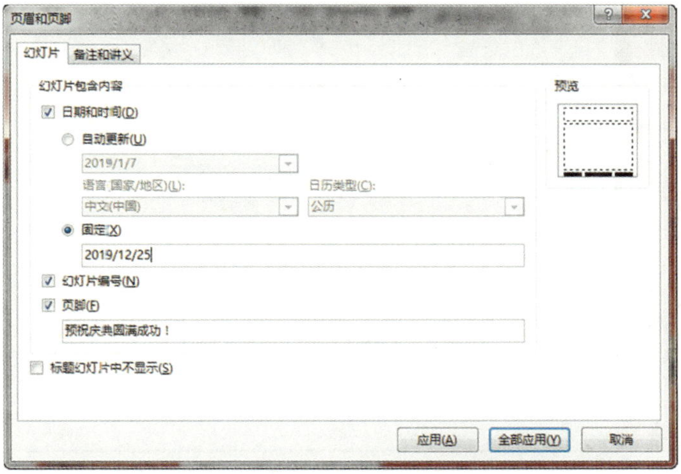

图 5-40　设置页眉和页脚

（5）设置公司logo：在母版第一页上插入“公司logo.jpg”图片，在图片工具的“格式”选项卡中单击“调整”|“删除背景”按钮，将其背景删除，然后将“图片格式”设置为“矩形投影”，调整到合适大小并移动到页面右下角。在“幻灯片母版”选项卡中单击“关闭”|“关闭母版视图”按钮，回到“常规”页面视图。

13. 演示文稿的打印

（1）选择“文件”|“打印”命令，切换到“打印”界面，如图5-41所示。

（2）在“打印”设置选项中，选择“自定义范围”选项，在“幻灯片”文本框中输入“6”，在“颜色”下拉列表框中选择“纯黑白”命令。

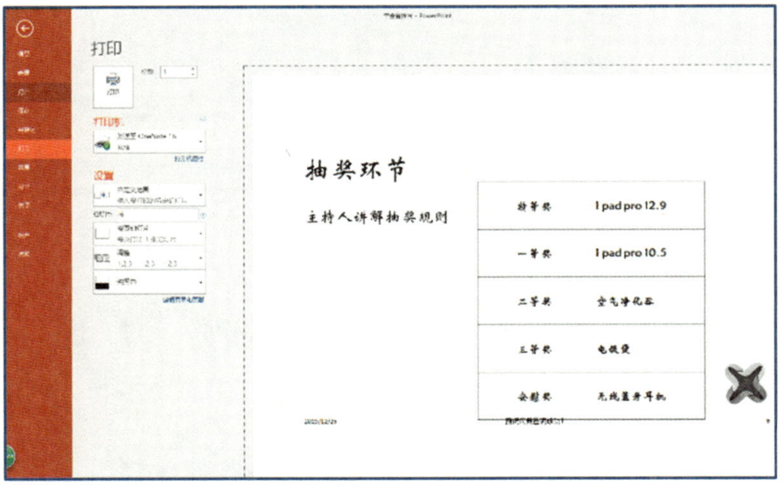

图 5-41　“打印”界面

14. 保存演示文稿

（1）选择“文件”|“导出”命令，切换到“导出”界面，选择“创建视频”选项，在右侧下拉列表框中选择视频质量为“低质量”，使用录制的计时和旁白，如图5-42所示。

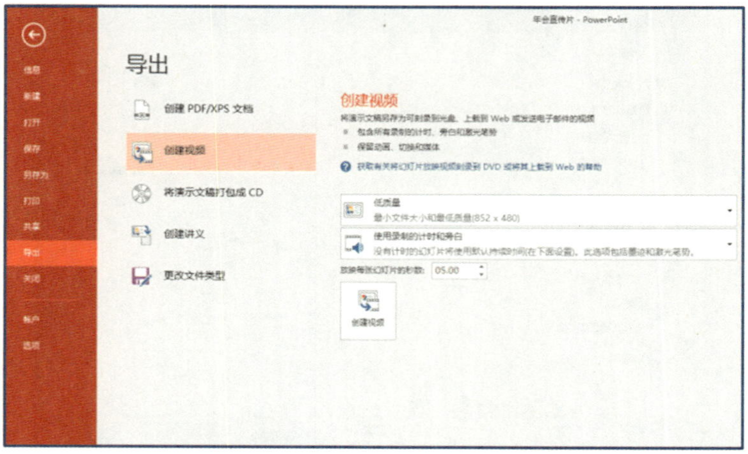

图 5-42 “创建视频”界面

（2）单击“创建视频”按钮，打开“另存为”对话框，将文件名改为“年会宣传片视频”，“保存类型”设置为“MPEG-4视频”，然后单击“保存”按钮，将演示文稿制作成视频文件，如图5-43所示。

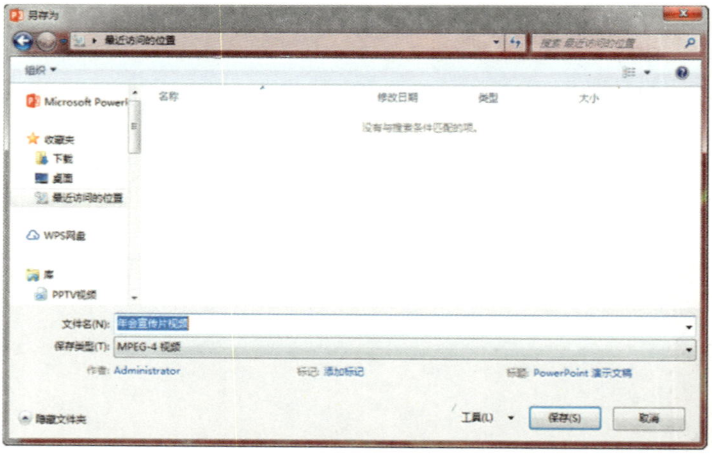

图 5-43 保存为 MPEG-4 视频文件

15. 播放演示文稿

在保存文件的目录下找到保存的“公司宣传片视频.MP4”文件，执行该文件即可放映演示文稿。

5.2.4 知识链接

1. PowerPoint中的动画效果

PowerPoint中的动画效果可分为自定义动画和切换效果动画两种，前者是指为幻灯片中的文本和对象设置的动画效果，后者则是指幻灯片在放映过程中后一张幻灯片替换前一张幻灯片时所展现的动画效果。

自定义动画是指将PowerPoint演示文稿中的文本、图片、形状、表格、SmartArt图形和其他对象制作成动画，赋予它们进入、退出、大小或颜色变化甚至移动等视觉效果。具体有以下四种自定义动画效果。

图 5-44　“添加进入效果”对话框

① “进入”效果。在“动画”选项卡中单击“高级动画”|“添加动画”按钮，在弹出的菜单中选择“进入”栏中的效果图标，或者选择“更多进入效果”命令，打开如图5-44所示的“添加进入效果”对话框，都可以为所选对象添加进入动画效果，这些动作是动画窗格中自定义对象的出现动画形式，比如可以使对象逐渐淡入焦点、从边缘飞入幻灯片或者跳入视图中等。

② “强调”效果。在“动画”选项卡中单击“高级动画”|“添加动画”按钮，在弹出的菜单中选择“强调”栏中的效果图标，或者选择“更多强调效果”命令，可以打开“添加强调效果”对话框，其中包含“基本型”“细微型”“温和型”及“华丽型”四种特色动画效果，这些效果的示例包括使对象缩小或放大、更改颜色或沿着其中心旋转。

③ “退出”效果。在“动画”选项卡中单击“高级动画”|“添加动画”按钮，在弹出的菜单中选择“退出”栏中的效果图标，或者选择“更多退出效果”命令，可以打开“添加退出效果”对话框。“退出”效果与“进入”效果动作类似但作用相反，它是自定义对象退出时所表现的动画形式，如让对象飞出幻灯片或者从视图中消失。

④ “动作路径”效果。在“动画”选项卡中单击“高级动画”|“添加动画”按钮，在弹出的菜单中选择“动作路径”栏中的效果图标，或者选择“其他动作路径”命令，可以打开“添加动作路径”对话框。这一个动画效果是根据形状或者直线、曲线的路径来展示对象游走的路径，使用这些效果可以使对象上下移动、左右移动或者沿着星形或圆形图案移动（与其他效果一起）。

以上四种动画效果可以单独使用，也可以将多种效果组合在一起。例如，可以对一行文本应用“缩放”进入效果及“陀螺旋”强调效果，使它旋转起来。也可以对动画窗格设置出现的顺序及开始时间、延时时间或者持续动画时间等。

2. 放映幻灯片

制作幻灯片的目的是向观众播放最终的作品，在不同的场合、不同的观众的条件下，必须根据实际情况来选择具体的播放方式。

（1）一般放映。

① 从头开始放映：打开需要放映的文件后，在“幻灯片放映”选项卡中单击“开始放映幻灯片”|“从头开始”按钮，或者按“F5”快捷键，系统就会开始从头放映演示文稿。单击鼠标即可切换到下一张幻灯片的放映。

② 从当前幻灯片开始放映：如果不想从头开始放映演示文稿，比如从第三张幻灯片开始放映，则选中第三张幻灯片，然后在“幻灯片放映”选项卡中单击“开始放映幻灯片”|“从当前幻灯片开始”按钮，或者按“Shift+F5”组合键，系统即会从第三张幻灯片开始放映演示文稿。放映完成后，系统会提示用户放映结束，单击鼠标即可退出放映。

（2）自定义放映。

用户还可以根据实际情况进行自定义放映设置。下面通过自定义放映设置来放映演示文稿中的第一张、第三张和第五张幻灯片。

打开需要放映的文件，在“幻灯片放映”选项卡中单击“开始放映幻灯片”|“自定义幻灯片放映”按钮，打开“自定义放映”对话框。由于用户还没有创建自定义放映，所以此对话框是空的，因此需要单击“新建”按钮，新建幻灯片放映方式。

此时会打开“定义自定义放映”对话框，在“幻灯片放映名称”文本框中输入放映名称，这里输入名称“领导讲话”，在“在演示文稿中的幻灯片”列表框中选中幻灯片2“董事长致辞”后，单击“添加”按钮。此幻灯片即被添加到“在自定义放映中的幻灯片”列表框中，如图5-45所示。依照这种方法可依次添加需要放映的所有幻灯片。

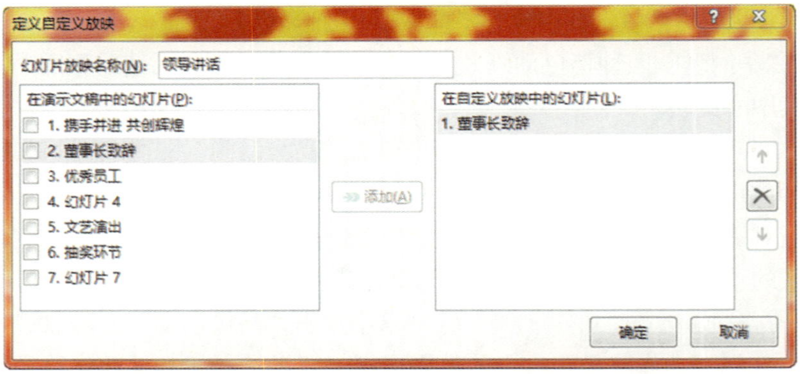

图 5-45　在“定义自定义放映”对话框中添加幻灯片

添加完要自定义放映的幻灯片后，单击“确定”按钮，返回“自定义放映”对话框，此时在“自定义放映”对话框中出现了用户自定义的放映名称“领导讲话”，如图5-46所示。单击“放映”按钮，即开始按照用户自定义的幻灯片内容及顺序放映演示文稿。

图 5-46　放映自定义幻灯片

3. 设置幻灯片放映方式

在PowerPoint 2016中，为满足不同放映场合的需要，为用户设置了三种浏览方式，包括演讲者放映、观众自行浏览和在展台浏览。

（1）演讲者放映。

该放映方式是在全屏幕上实现的，在放映过程中允许激活控制菜单，进行勾画、漫游等操作，是一种便于演讲者自行浏览或在展台浏览的放映方式。

（2）观众自行浏览。

该放映方式是提供观众使用窗口自行观看幻灯片进行放映的，只能自动放映或利用滚动条进行放映。

（3）在展台浏览。

该放映方式在放映时除了保留鼠标光标用于选择屏幕对象进行放映外，其他功能将全部失效，终止放映时只能按下“Esc”键。

幻灯片放映方式的设置方法：打开需要放映的文件，在“幻灯片放映”选项卡中单击“设置”|“设置幻灯片放映”按钮，打开如图5-47所示的“设置放映方式”对话框，在“放映类型”选项组中列出了三种放映方式，用户可根据自己的需要设置放映方式。单击“确定”按钮返回演示文稿中，即可完成放映方式的设置。

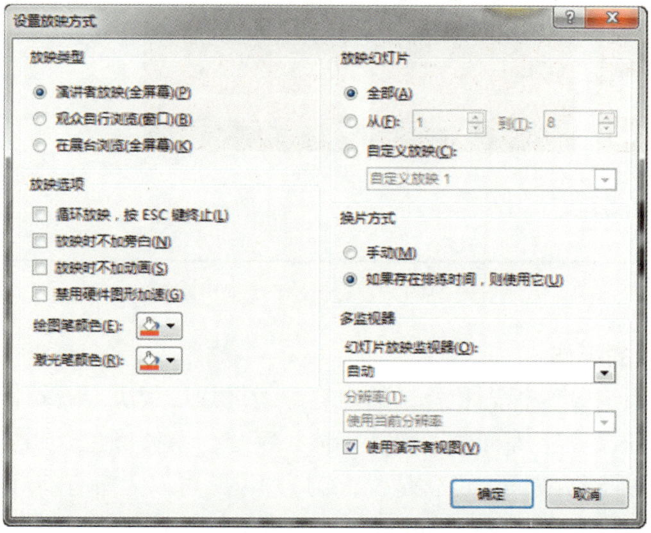

图 5-47　“设置放映方式”对话框

4. 排练计时放映方式

一般情况下，在放映幻灯片的过程中，用户都需要手动操作来切换幻灯片，如果为第一页幻灯片定义具体的时间，则可让幻灯片在不需要人工操作的情况下自动进行播放。

操作方法：打开需要放映的文件，在“幻灯片放映”选项卡中单击“设置”|“排练计时”按钮，演示文稿会自动进入放映状态，同时显示如图5-48所示的“录制”浮动工具栏，当第一页幻灯片排练结束后，单击“下一项”按钮➔，即可进行下一页的排练。

图 5-48　“录制”浮动工具栏

按照相同的方法设置其他幻灯片的播放时间。若要根据实际需要自行设置放映时间，则可在“录制”工具栏的“幻灯片放映时间”文本框中输入一个合适的时间，如“0:00:06”，然后即会按此时间放映幻灯片。

所有的幻灯片都设置后，会打开一个提示对话框，询问用户是否保留排练时间，单击“是”按钮即可。

设置了排练计时选项后，演示文稿会自动切换到“幻灯片浏览”视图状态下，在此可查看已排练的放映时间，今后放映演示文稿时就会按照此时间来放映各个幻灯片，如图5-49所示。

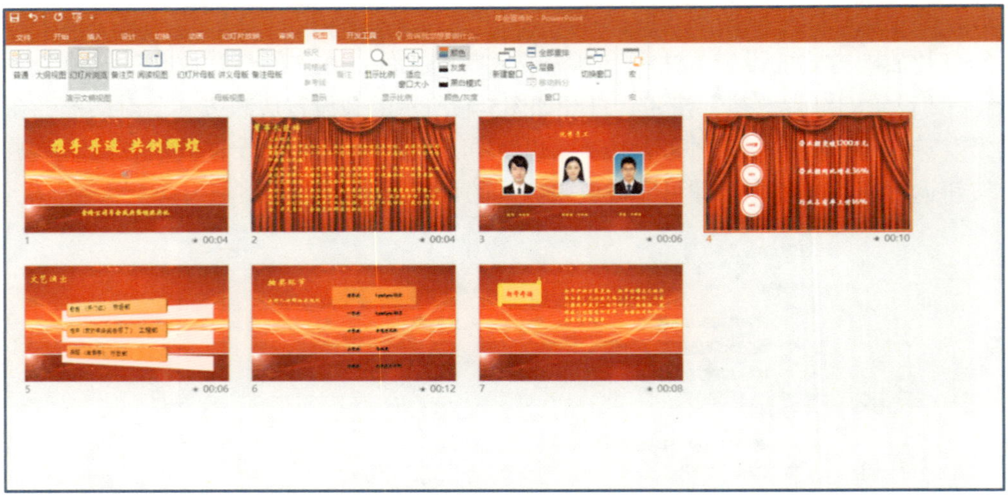
图 5-49　查看排练的放映时间

5. 幻灯片母版的制作

母版用于制作具有统一标志和背景的内容，幻灯片母版决定着幻灯片的外观，用于设置幻灯片的标题、正文文字等样式，包括字体、字号、字体颜色、阴影等效果。也可以设置幻灯片的背景、页眉、页脚等。也就是说，幻灯片母版可以为所有幻灯片设置默认的版式。

在PowerPoint 2016中有三种类型的母版，分别是幻灯片母版、讲义母版和备注母版。

（1）幻灯片母版。

幻灯片母版是存储模板信息的设计模板的一个元素。幻灯片母版中的信息包括字形、占位符大小和位置、背景设计和配色方案。用户通过更改这些信息，就可以更改整个演示文稿中幻灯片的外观。

例如，要想在演示文稿中每张幻灯片的同一个位置都插入图片，只需要在“视图”选项卡中单击“母版视图”|“幻灯片母版”按钮，切换到“幻灯片母版”视图，在首页幻灯片插入所需图片，即可在每页幻灯片的同一位置都插入这个图片，如图5-50所示。

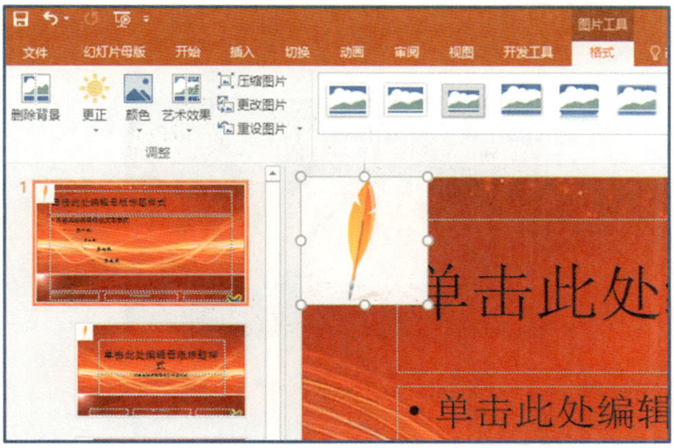

图 5-50　在“幻灯片母版”中插入图片

（2）讲义母版。

讲义母版是为制作讲义而准备的，通常需要打印输出，因此讲义母版的设置大多和打印页面有关。它允许设置一页讲义中包含几张幻灯片，设置页眉、页脚、页码等基本信息。在讲义母版中插入新的对象或者更改版式时，新的页面效果不会反映在其他母版视图中。

在“视图”选项卡中单击“母版视图”|“讲义母版”按钮，切换到“讲义母版”视图，在此可以更改讲义的方向、每个页面中所包含的幻灯片张数，还可以设置页眉、日期、页脚和页码等，如图5-51所示。

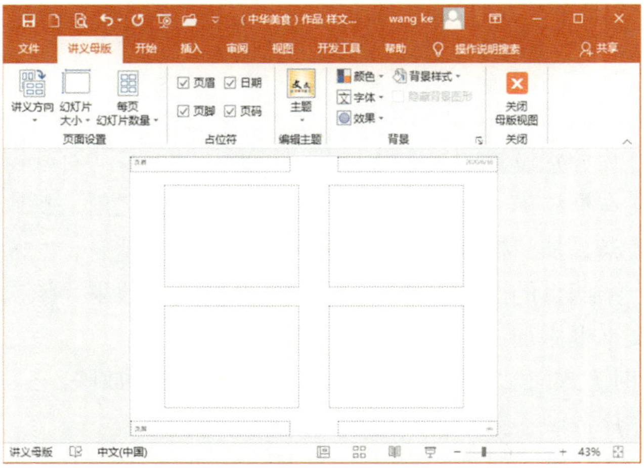

图 5-51　编辑讲义母版

（3）备注母版。

备注母版主要用来设置幻灯片的备注格式，一般也是用来打印输出的，所以备注母版的设置大多也和打印页面有关。

单击“视图”选项卡中的“母版视图”|“备注母版”按钮，切换到“备注母版”视图，在“备注母版”选项卡中可以对备注页进行设置。例如，清除“页脚”复选框后可以清除页脚；在页眉的位置输入“宣传稿”，并选中备注文本框中的提示文本“第一级，第二级……”，将其设置为华文楷体、20号，结果如图5-52所示。

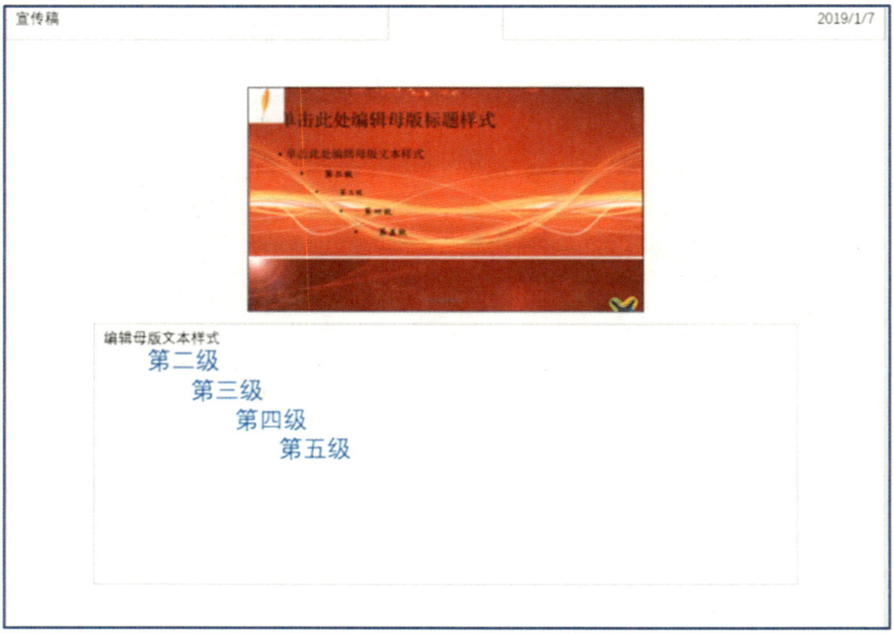

图 5-52　编辑备注母版

5.2.5 技能训练

练习：

1．对“公司简介.pptx”添加动画效果。

（1）为五页幻灯片分别设置“风”“闪耀”“梳理”“窗口”“百叶窗”的切换效果。

（2）对第一页文本框添加“十字星扩展”的动画效果，之前、2秒。

（3）对第二页表格添加“擦除”的进入动画效果，自左至右，2.25秒。

（4）对第三页、第四页的图片添加“向内溶解”的动画效果，依次出现。

（5）对第五页文本框添加“陀螺旋”的强调动画效果。

2．使用排练计时方式对“公司简介.pptx”演示文稿进行放映。

（1）放映使用顺序放映，并结合鼠标调整播放速度。

（2）再次放映使用排练计时功能，对“公司简介.pptx”演示文稿进行自动放映的编辑。

3. 打开素材“公司宣传片”演示文稿，完成以下操作：

（1）设置幻灯片母版，将图片素材“金元宝”插入到每一页幻灯片的左下角，图片要求删除背景，设置图片格式为“居中矩形阴影”。

（2）设置讲义母版，讲义方向为横向，每页3张幻灯片，页眉为“宣传稿讲义”，日期为“2022/12/25”，幻灯片的大小设置为4∶3比例。

（3）将幻灯片保存为“MPEG-4”视频文件，保存并发送给老师。

项目小结

本项目主要介绍了PowerPoint 2016的基本操作和使用方法，包括创建和保存演示文稿、设计演示文稿风格、制作和添加幻灯片、在幻灯片中插入对象、设置幻灯片的动画效果、播放演示文稿等。

通过本项目的学习，学生能够制作一些简单的演示文稿，如项目演示、课程介绍、广告宣传等，并在制作过程中掌握其方法和技巧。演示文稿是一种常用的推广手段，在熟练掌握PowerPoint 2016的基本编辑方法后，才能对PowerPoint 2016的高级操作快速领悟，从而制作出更为精美的演示文稿。

项目测评

制作“公司文化宣传片”演示文稿。小李作为公司策划部门的负责人，需要为即将到来的北方企业峰会做一个公司文化的宣传片，小李接受任务，首先整理本公司的相关资料，然后开始演示文稿的设计，相关素材及文本都在“项目5素材”里面。

任务1：设计幻灯片版式

启动PowerPoint 2016，创建新文件，选择一个新的主题，先计划素材应用方法，然后将素材分成多个幻灯片，用户可能至少需要：

一张主标题幻灯片。

一张介绍性幻灯片，列出演示文稿中的主要内容。

一张适用于在介绍性幻灯片上列出的内容的表格或图表。

一张总结幻灯片，重复演示文稿中的主要内容。

任务2：设计幻灯片内容

1. 根据内容新建幻灯片，调整幻灯片版式，确定幻灯片布局。

2. 在幻灯片中添加内容，并且进行格式排版。

（1）设置幻灯片文本格式。PowerPoint 2016对幻灯片中文字的要求是美观、醒目且具有吸引力，因此，制作幻灯片的一项重要任务就是对文本格式的设置，尽量选择一些中远距离也能看清楚的醒目字体字形，一般字号不能小于30，并且使用项目符号、编号或者下画线等使文字简洁清楚。

（2）设置幻灯片段落，PowerPoint 2016对幻灯片中段落的要求是层次分明、清晰明确，因此，段落设计尽量选择一些一倍以上的行间距，并且保持所有段落对齐方式的一致。

（3）设置图片、表格与图表，诸如此类的工具，能够更好、更直观地反映出幻灯片的内容，使幻灯片更加生动富有说服力，因此制作这些内容一般应简单明了，样式美观。

3．动画设计，在幻灯片中加入动画能够使幻灯片更加生动，吸引人的眼球，但是要注意动作不要过于烦琐，播放时间也不要过长。

任务3：放映和保存演示文稿

可以根据具体要求采用排练计时和自动放映两种方式进行幻灯片的放映，要注意放映时间，每页的内容至少要让用户清楚地看完，但也不能停滞时间过长，以免给用户带来不良体验。

一般计算机都兼容PowerPoint 2016演示文稿（.pptx）的文件格式，我们直接保存成此格式即可，也可以根据具体情况保存成视频等其他文件格式。

项目 6

新一代信息技术

思政课堂

爱因斯坦说过：“想象力比知识更重要，因为知识是有限的，而想象力概括着世界上的一切，推动着进步，并且是知识进步的源泉。”这句话很好地诠释了创新的重要性，科学离不开创新，而创新最需要科学思想的指引。科技创新固然需要学习和积累知识，但更为重要的是让思想能在天上自由飞翔。想象力比知识更重要，想象力越丰富，便越能把有限的知识和经验充分调动起来并加以利用，从而获得他人得不到的东西和摸索到他人难以进入的领域。现如今，新一代信息技术正在改变人们的生活，人工智能更加人性化、智能化，我国正在互联网行业的道路上努力前行。

学习导航

知识目标

- 了解人工智能的基本概念；
- 认识人工智能的应用场景；
- 了解大数据的基本概念；
- 认识大数据的主要应用场景；
- 了解物联网技术的起源与发展；
- 熟识物联网技术的主要应用场景。

技能目标

- 多方位了解下一代信息技术的发展趋势；
- 能够说明人工智能和大数据技术在日常生活中的应用。

素养目标

- 提高学生的前瞻能力；
- 引导学生用开放的心态积极进取、拥抱未来。

任务6.1 初识人工智能

6.1.1 任务要点

- 概念。
- 起源与发展。
- 应用场景。
- 发展趋势。

6.1.2 任务要求

自从2016年AlphaGo战胜围棋世界冠军李世石后，人工智能技术的热度达到了空前的高度，人们关于人工智能的讨论持续升温，从协助人类完成家务，到替代人类从事的职业，而且越来越多的人参与到这个技术中来。有人说人工智能将来可以代替人类做任何事情，会使大批的人失业，很多传统行业都不再需要人类参与，人工智能可以取而代之，甚至于它在未来具有了自己的思维能力，人类将失去对机器的控制，最终机器要毁灭人类，让人类变成机器的奴隶……人工智能到底是人类的帮手还是毁灭人类的杀手，这个问题的答案只靠猜是不行的，需要我们去持续地研究和探讨，因此学习和了解人工智能的发展历史，从而掌控和预判人工智能的发展趋势是很有必要的。

6.1.3 知识储备

1. 什么是人工智能

人工智能（Artificial Intelligence），英文缩写为AI。它是计算机科学的一个分支，是研究、开发用于模拟、延伸和扩展人的智能的理论、方法、技术及应用系统的一门新的技术科学。

人工智能企图了解智能的实质，并生产出一种新的能与人类智能相似的方式做出反应的智能机器，该领域的研究包括机器人、语言识别、图像识别、自然语言处理和专家系统等。人工智能从诞生以来，理论和技术日益成熟，目前应用领域也不断扩大，可以设想，未来人工智能带来的科技产品，将会是人类智慧的“容器”。

2. 人类智能和人工智能的学习区别

从学习的主体来讲可分为动物学习、人类学习和机器学习。人类学习中学习者主动地获取知识并通过把新获得的知识和已有的认知结构联系起来，积极地构建其知识体系，学习包括获得、转化和评价等过程。人类学习是有目的的，期望获得，即人类学习是一种有目的的、自觉的、积极主动的过程。人有主观能动性，可以积极主动地构建自己的知识结构，这是人类学习与动物学习区别的主要标志。人类学习是由学习、实践、再学习、再实践四个基本训练的过程组成的，这四个过程可分为动机阶段、了解阶段、获得阶段、保持阶段、回忆阶段、概括阶段、操作阶段和反馈阶段这八个阶段。机器学习是模拟人的思维模式，分为数据收集、数据预处理、模型构建、模型调优、模型验证和模型使用六个过程，这六个过程实际上可分为训练、测试和应用三个阶段。机器学习主要分为监督学习、强化学习和无监督学习三大类。由此可见，人类学习与机器学习的目标都是一样的，都是为了正确地预测。有了正确的预测，就能做出正确的行动，就能得到想要的结果。不同的是，一个使用人脑神经网络实现，另一个使用计算机算法实现。也就是说，机器学习的本质就是建立相应的模型，并获取到适当的参数，使之能对未来的样本做出正确的预测。

6.1.4 知识链接

1. 人工智能的起源

早在1950年，艾伦·麦席森·图灵在进行数理逻辑方面的理论研究中提出了著名的“图灵测试”及关于机器思维的问题，同年10月，图灵发表了《机器能思考吗》论文。这一划时代作品，使图灵赢得了“人工智能之父”的桂冠。

1956年8月，在美国汉诺斯小镇宁静的达特茅斯学院中，由麦卡赛、明斯基、罗切斯特和申农等为首的一批具有长远眼光的科学家正聚在一起，讨论着一个全新的主题——用机器模仿人类学习及其他方面的智能。达特茅斯会议足足开了两个月的时间，虽然没有达成普遍的共识，但却为会议讨论的内容起了一个名字：“人工智能”，因此，1956年也就成为了人工智能元年。

2. 人工智能的发展

人工智能概念提出后，在1956年至20世纪60年代期间，人工智能相继取得了一些令人瞩目的研究成果，如机器定理证明、跳棋程序等，掀起人工智能发展的第一个高潮。

例如，1952年，IBM的亚瑟·塞缪尔（Arthur Samuel，被誉为“机器学习之父”）设计了一款可以学习的西洋跳棋程序。它能够通过观察棋子的走位来构建新的模型，用来提高自己的下棋技巧。塞缪尔和这个程序进行多场对弈后发现，随着时间的推移，程序的棋艺变得越来越好。塞缪尔用这个程序推翻了以往“机器无法超越人类，不能像人一样写代码和学习”这一传统认识。并在 1956年正式提出了“机器学习”这一概念。亚瑟·塞缪尔认为，“机器学习是在不直接针对问题进行编程的情况下，赋予计算机学习能力的一个研究领域”。

在20世纪70年代初，人工智能遭遇了瓶颈。随着人工智能发展初期的良好进展，极大地提升了人们对人工智能的期望，人们开始尝试更具挑战性的任务，并提出了一些不切实际的研发目标。然而，当时的计算机有限的内存和处理速度不足以解决任何实际的人工智能问题。研究者们很快发现这个要求太高了：1970年没人能够做出如此巨大的数据库，也没人知道一个程序要怎样才能获得丰富的数据。由于进展缓慢，甚至毫无进展，因此，一些机构停止了对无方向的人工智能研究的资助。

随着人工智能应用规模的不断扩大，专家系统存在的应用领域狭窄、缺乏常识性知识、知识获取困难、推理方法单一、缺乏分布式功能、难以与现有数据库兼容等问题逐渐暴露出来。20世纪80年代末至90年代初期，进入人工智能的冬天。美国国防部高级研究计划局（DARPA）的新任领导认为人工智能并非“下一个浪潮”，拨款将倾向于那些看起来更容易出成果的项目。

20世纪90年代中期，由于互联网技术的发展，加速了人工智能的创新研究，促使人工智能技术进一步走向实用化，迎来了人工智能的春天。1997年5月11日，IBM公司的计算机“深蓝”战胜国际象棋世界冠军卡斯帕罗夫，成为首个在标准比赛时限内击败国际象棋世界冠军的电脑系统。在此之后，2008年IBM提出“智慧地球”的概念。

随着大数据、云计算、互联网、物联网等信息技术的发展，泛在感知数据和图形处理器等计算平台推动以深度神经网络为代表的人工智能技术飞速发展，大幅跨越了科学与应用之间的“技术鸿沟”，诸如图像分类、语音识别、知识问答、人机对弈、无人驾驶等人工智能技术实现了从“不能用、不好用”到“可以用”的技术突破，迎来爆发式增长的新高潮。

从2011年至现在正是人工智能蓬勃发展时期。2011年，Watson（沃森）作为IBM公司开发的使用自然语言回答问题的人工智能程序参加美国智力问答节目，打败两位人类冠军，赢得了100万美元的奖金。2012年，加拿大神经学家团队创造了一个具备简单认知能力、有250万个模拟“神经元”的虚拟大脑，命名为“Spaun”，并通过了最基本的智商测试。

人工智能自1956年诞生并得到一个完美的展现后，得到了长足的发展，发展成为一门交叉科学，并且融入各个领域，涉及各行各业，悄然改变着我们的生活方式和我们的生活习惯。我们今天的生活便利，如果你深入了解过，那么就会发现这些改变均离不开人工智能。

3. 人工智能应用场景

人工智能已经逐渐走进我们的生活，并应用于各个领域，它不仅给许多行业带来了巨大的经济效益，也为我们的生活带来了许多改变和便利。下面，我们将分别介绍人工智能的一些主要应用场景。

（1）人脸识别。

人脸识别也称人像识别、面部识别，是基于人的脸部特征信息进行身份识别的一种生物识别技术。人脸识别涉及的技术主要包括计算机视觉、图像处理等。

人脸识别系统的研究始于20世纪60年代，之后，随着计算机技术和光学成像技术的发展，人脸识别技术水平在20世纪80年代得到不断提高。在20世纪90年代后期，人脸识别技术进入初级应用阶段。目前，人脸识别技术已广泛应用于多个领域，如金融、司法、公安、边检、航天、电力、教育、医疗等。比如，“刷脸”进出、“刷脸”支付、“刷脸”打卡等，如图6-1所示。

（2）语音识别。

通过声音的数字化，计算机能“感知到”声音，语音识别实施下的人机交互是把人说的话转化为文字或机器可以理解的指令，从而实现人与机器的语音交流。语音识别在生活中有很多的实际应用场景，如科大讯飞语音输入法、百度旗下的人工智能助手“小度”、阿里巴巴的“天猫精灵”、家政机器人等。

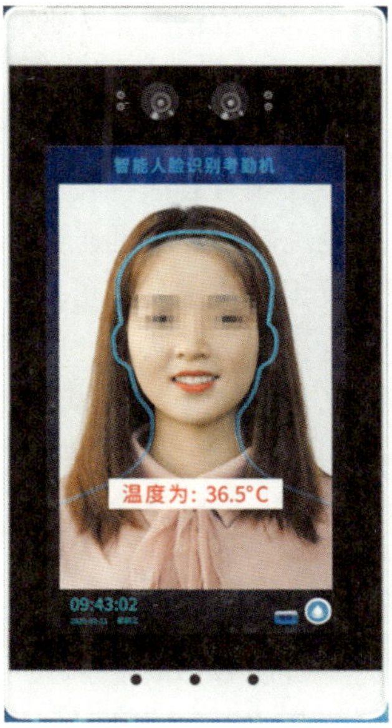

图6-1 人脸识别仪

智能音箱是语音识别、自然语言处理等人工智能技术的电子产品类应用与载体，随着智能音箱的迅猛发展，其也被视为智能家居的未来入口。究其本质，智能音箱就是能完成对话环节的拥有语音交互能力的机器。通过与它直接对话，消费者能够完成自助点歌、控制家居设备和唤起生活服务等操作。

（3）无人驾驶汽车。

无人驾驶汽车是智能汽车的一种，也称为轮式移动机器人，主要依靠车内以计算机系统为主的智能驾驶控制器来实现无人驾驶。无人驾驶中涉及的技术包含多个方面，如计算机视觉、自动控制技术等。

美国、英国、德国等国家从20世纪70年代开始就投入到无人驾驶汽车的研究中，中国从20世纪80年代起也开始了无人驾驶汽车的研究。例如，Google的GoogleX实验室正在积极研发无人驾驶汽车GoogleDriverlessCar；百度也已启动了“百度无人驾驶汽车”研发计划，其自主研发的无人驾驶汽车Apollo还曾亮相2018年央视春晚。

（4）机器翻译。

机器翻译是计算语言学的一个分支，是利用计算机将一种自然语言转换为另一种自然语言的过程。机器翻译用到的技术主要是神经机器翻译技术（Neural Machine Translation，NMT），该技术当前在很多语言上的表现已经超过人类。

随着经济全球化进程的加快及互联网的迅速发展，机器翻译技术在促进政治、经济、文化交流等方面的价值凸显，也给人们的生活带来了许多便利。例如，我们在阅读英文文献时，可以方便地通过有道翻译、百度翻译和Google翻译等网站将英文转换为中文，免去了查字典的麻烦，提高了学习和工作的效率，如图6-2所示。

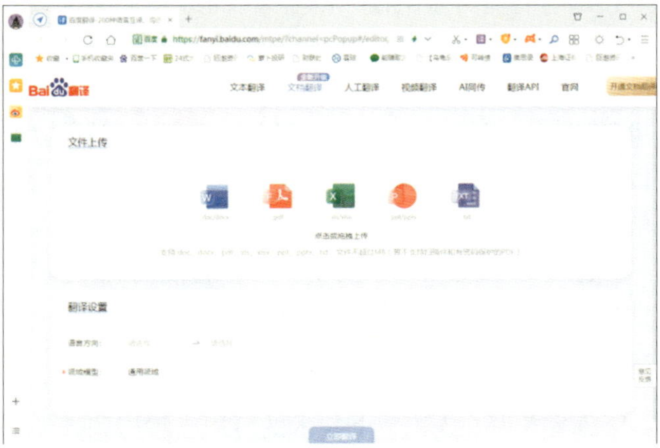

图6-2 百度翻译

（5）声纹识别。

声纹识别是一种生物鉴权技术，也称为说话人识别，包括说话人辨认和说话人确认。

声纹识别的工作过程就是把说

话人的声纹信息录入数据库中，当说话人再次说话时，系统会采集这段声纹信息并自动与数据库中已有的声纹信息进行对比，从而识别出说话人的身份。

相比于传统的身份识别方法（如钥匙、证件），声纹识别具有抗遗忘、可远程鉴权的特点，在现有算法优化和随机密码的技术手段下，声纹也能做到有效防录音、防合成，因此安全性高、响应迅速且识别精准。同时，相较于人脸识别、虹膜识别等生物特征识别技术，声纹识别技术具有可通过电话信道、网络信道等方式采集用户的声纹特征的特点，因此，在远程身份确认上，声纹识别极具优势。

目前，声纹识别技术有声纹核身、声纹锁和黑名单声纹库等多项应用案例，可广泛应用于金融、安防、智能家居等领域。

（6）智能客服机器人。

智能客服机器人是一种利用机器模拟人类行为的人工智能实体形态，它能够实现语音识别和自然语义理解，具有业务推理、话术应答等能力，如图6-3所示。

图6-3　智能客服机器人

当用户访问网站并发出会话时，智能客服机器人会根据系统获取的访客地址、IP和访问路径等信息，快速分析用户意图，回复用户的真实需求。同时，智能客服机器人拥有海量的行业背景知识库，能对用户咨询的常规问题进行标准回复，提高应答准确率。

智能客服机器人广泛应用于商业服务与营销场景，为用户解决问题、提供决策依据。同时，智能客服机器人在应答过程中，可以结合丰富的对话语料进行自适应训练，因此，其在应答话术上将变得越来越精确。

随着智能客服机器人的垂直发展，它已经可以深入解决很多企业的细分场景下的问题。比如电商企业面临的售前咨询问题，对大多数电商企业来说，用户所咨询的售前问题普遍围绕价格、优惠、货品来源渠道等主题，传统的人工客服每天都会对这几类重复性的问题进行回答，导致无法及时为存在更多复杂问题的用户群体提供服务。而智能客服机器人可以针对用户的各类简单、重复性高的问题进行解答，还能为用户提供全天候的咨询应答、解决问题的服务，它的广泛应用也大大降低了企业的人工客服成本。

除了以上这些应用场景，人工智能还有许多其他的应用。例如，智能外呼机器人、个性化推荐、医学图像处理、图像搜索等。

4. 人工智能未来发展趋势

不容置疑，人工智能技术的应用已渗透到人类社会中，近年来，人工智能技术正飞速发展，社会生活的方方面面都受到人工智能技术的影响，或许在不久的将来，所有行业都可智能化，所有物体都将能被感知。人类社会正跟随着人工智能发展的脚步，走向第四次工业革命浪潮。那么，人工智能未来有什么新的发展趋势？

2021年，在杭州举办的全球人工智能会议上，腾讯优图联合厦门大学人工智能研究院发布了人工智能趋势报告，报告说明，今后的人工智能发展趋势：机器提升自动化智能、虚实技术发展、AI神经计算方向。

“人工智能是我们作为人类正在研究的最重要的技术之一。它对人类文明的影响将比火或电更深刻”。2020年1月，谷歌公司首席执行官桑达尔·皮查伊在瑞士达沃斯世界经济论坛上接受采访时如是说。

尽管目前很难想象机器自主决策所产生的影响，但人工智能领域新的突破和发展将继续拓宽我们的想象边界，也许未来将在增强人类的劳动技能、更大更好的语言建模、网络安全领域的人工智能、人工智能与元宇宙、低代码和无代码人工智能、自动驾驶交通工具、创造性人工智能等领域“大显身手”。

6.1.5 技能训练

练习：

1. 拨打通信、银行、保险等服务行业客户电话，体验使用智能客服机器人及智能语音系统进行业务查询等服务。
2. 到高铁站、大型超市等场所观摩或体验人脸识别系统的使用。

任务 6.2　大数据的应用

6.2.1 任务要点

- 概念。
- 起源与发展。
- 应用场景。
- 发展趋势。

6.2.2 任务要求

我们越来越多地在不同场合听到不同的人谈论“大数据”，也许你觉得大数据高深莫测，距离我们的生活太遥远；也许你会认为大数据是一堆庞大的数据，都是高科技和新技术。大数据包含海量数据不假，大数据涉及新技术也不假，但大数据就在我们身边，因为我们就是大数据中的一份子。那么究竟什么是大数据呢？大数据与人工智能又有什么关系？这就是本节我们需要了解的知识。

6.2.3 知识储备

1. 什么是大数据

大数据（Big Data），指的是所涉及的资料量规模巨大到无法透过主流软件工具，在合理时间内达到撷取、管理和处理。

大数据的定义目前并没有统一的说法。

“大数据”研究机构Gartner给出的定义是：“大数据”是需要新处理模式才能具有更强的决策力、洞察发现力和流程优化能力来适应海量、高增长率和多样化的信息资产。

麦肯锡全球研究所给出的定义是：“大数据”是一种规模大到在获取、存储、管理、分析方面远远超出了传统数据库软件工具能力范围的数据集合，具有海量的数据规模、快速的数据流转、多样的数据类型和价值密度低四大特征。

大数据的特色在于对海量数据进行分布式数据挖掘，但它必须依托云计算的分布式处理、分布式数据库和云存储、虚拟化技术。

随着云时代的来临，大数据也引起了越来越多的关注。《著云台》的分析师团队认为，大数据通常用来形容一个公司创造的大量非结构化数据和半结构化数据，这些数据在下载到关系型数据库用于分析时会花费过多的时间和金钱。大数据分析常和云计算联系在一起，因为实时的大型数据集分析需要像MapReduce一样的框架来向数十、数百或数千的计算机分配工作。

大数据需要特殊的技术，以有效地处理大量的容忍经过时间内的数据。适用于大数据的技术，包括大规模并行处理（MPP）数据库、数据挖掘电网、分布式文件系统、分布式数据库、云计算平台、互联网和可扩展的存储系统。

其最小的基本单位是bit，按从小到大给出所有单位的顺序为bit、Byte、KB、MB、GB、TB、PB、EB、ZB、YB、BB、NB、DB，它们按照进率1024（2的十次方）来计算（bit与Byte除外，即8bit=1Byte）：1KB=1024Bytes=8192bit，1MB=1024KB，…，以此类推，1NB=1024BB，1DB=1024NB。

2. 大数据特征

从上面的大数据定义可以看到，不管是哪种描述，大数据无非具有四个主要特征，即“4V”特征：

一是海量性（Volume）。数据体量巨大，从TB级别，跃升到DB级别。

二是多样性（Variety）。数据类型繁多，涉及到网络日志、视频、图片、地理位置信息等。

三是快速性（Velocity）。处理速度快，1秒定律。

四是价值性（Value）。价值密度低，商业价值高。

随着大数据技术在不断地发展，业界对大数据的特征认识也在逐步完善，涵盖范围也更加全面。大数据的特征也在不断发展中，从3V、4V、5V、6V，也许以后还有7V、8V等。目前大数据增加了可变性（Variability）（妨碍了处理和有效地管理数据的过程）、真实性（Veracity）（数据的可信性、真伪性、来源和信誉、有效性等）等特征。

随着5G、云计算、人工智能、物联网、大数据等数据信息技术的迅速发展，全球数据流量呈几何级增长的态势。《中国大数据白皮书（2020）》显示，2020年全球生产的数据量将达到47ZB（1ZB=10亿TB=1万亿GB），到2035年将达到2142ZB；中国生产的数据量将达到全球生产的数据量的五分之一。

6.2.4 知识链接

1. 大数据的起源

大数据的概念起源于美国。1998年，由美国高性能计算公司SGI的首席科学家约翰·马西（John Mashey）在一个国际会议报告中指出，随着数据量的快速增长，必将出现数据难理解、难获取、难处理和难组织四个难题，并用"Big Data（大数据）"来描述这一挑战，在计算领域引发思考。

此后，随着大数据概念的不断演变，及大数据技术的不断发展，从2009年起，大数据开始成为互联网行业的热门词汇，并于2012年、2013年达到其宣传高潮，2014年后，大数据概念体系逐渐成形，对其认知亦趋于理性。现如今，大数据已成为信息化时代发展不可或缺的一环，引发了商业领域的重大变革，无处不在，影响着我们的工作、生活和学习，并将继续发挥更大的影响力。

（1）大数据的名字来源。

虽然大数据是近些年来才开始受到人们的关注，但早在1980年，著名的未来学家托夫勒就在他的著作《第三次浪潮》中称赞大数据是第三次浪潮中最华彩的乐章。《自然》杂志于2008年9月推出了名为大数据的封面专栏。2009年以来，"大数据"成为互联网科技行业的一个热词。

（2）大数据的最早应用。

收集和分析"大数据"的想法来自世界著名的管理咨询公司麦肯锡。麦肯锡看到各种网络平台上的海量个人信息具有非常大的商业价值，于是投入大量人力、物力进行研究，并于2011年6月发布了《大数据》报告，对其影响力、关键技术和应用领域进行了详细分析。麦肯锡的报告得到了业界的高度重视，随后逐渐引起了各界的关注。

2. 大数据的发展

数据技术的发展历史就是人类追求美好生活过程最真实的写照。从文明之初的"结绳记事"，到文字发明后的"文以载道"，再到近现代科学的"数据建模"，数据一直伴随着人类社会的发展变迁，承载了人类基于数据和信息认识世界的努力和取得的巨大进步。然而，直到以电子计算机为代表的现代信息技术出现后，为数据处理提供了自动的方法和手段，人类掌握数据、处理数据的能力才实现了质的跃升。信息技术及其在经济社会发展方方面面的应用（即信息化），推动数据（信息）成为继物质、能源之后的又一种重要战略资源。

20世纪90年代至21世纪初期，数据库技术成熟，数据挖掘理论成熟，大数据仅仅是作为一种构想或假设被极少数学者开始研究和讨论，其含义也就限于数据量的巨大。为数据挖掘提供了大量的数据，但在数据收集、处理和存储等方面缺乏研究。这个阶段就是大数据萌芽期，正处于数据挖掘阶段。

21世纪初至2010年，这10年中，正是互联网行业飞速发展时期，IT技术也不断地推陈出新，大数据最先在互联网行业得到重视。2001年，麦塔集团 （META Group）分析师道格·莱尼提出数据增长的三个方向：量（Volume，数据量大小）、速（Velocity，数据输入输出的速度）、类（Variety，数据多样性），合称“3V”。在此基础上，麦肯锡公司增加了价值密度（Value），构成大数据“4V”特征。

开源分布式架构（Hadoop）技术诞生，成为大数据分析的主要技术，专门用于存储和分析大数据集，其灵活性使它对管理非结构化数据（语音、视频、原始文本）特别有用。2007年，数据密集型科学的出现，为大数据的发展提供了科学上的基础。2008年，美国《自然》杂志推出了一系列有关大数据的专刊，详细讨论了有关大数据的一系列问题，大数据开始引起人们的关注。2010年美国信息技术顾问委员会（PITAC）发布了一篇名为《规划数字化未来》的报告，详细叙述了政府工作中对大数据的收集和使用，美国政府已经高度关注大数据的发展。

这一时期，大数据作为一个新兴名词开始被理论界所关注，大数据研究的焦点转向性能，云计算，大规模的数据集并行运算算法，其概念和特点得到进一步的丰富，大数据基础技术日趋成熟，相关的数据处理技术相继出现，大数据开始展现活力。

2011年至今，是大数据兴盛期，大数据基础技术成熟之后，学术界及企业界纷纷开始转向应用研究。2011年，麦肯锡发布了题为《海量数据，创新、竞争和提高生成率的下一个新领域》的研究报告，详细介绍了大数据在各个领域中的应用情况，以及大数据的技术架构，提醒各国政府为应对大数据时代的到来，应尽快制定相应的战略。2012年在瑞士达沃斯召开世界经济论坛，发布了名为《大数据，大影响》的报告，向全球正式宣布大数据时代的到来。另外，国内外学术界也针对大数据进行了一系列的研究，像《纽约时报》《自然》《人民日报》等都推出大篇幅对大数据的应用、现状和趋势进行报道，同时哲学与社会科学界也出现了许多有影响力的著作，像舍恩伯格的《大数据时代》、城田真琴的《大数据冲击》等。从2013年开始大数据技术向商业、科技、医疗、政府、教育、经济、交通、物流及社会的各个领域渗透，因此2013年也被称为大数据元年。

3. 大数据应用场景

目前，人类社会已处在数据技术时代中，大数据思维所到之处，即会触发全产业链的创新、跨界、变革。无论是企业还是个人，不仅需要在剧变中信念笃定，更需要可掌控的、科学的依据——大数据来为人类打开未来的通道！大数据技术已经逐渐走进我们的生活，并应用于各个领域，它不仅给许多行业带来了巨大的经济效益，也为我们的生活带来了许多改变和便利。例如，零售商、银行、制造商、电信供销商和保险公司等都在利用数据挖掘技术，从定价、促销和人口统计数据，到经济、风险、竞争和社交媒体如何影响他们的商业模式、收入、运营和客户关系等各个领域之间的关系。下面，我们将从以下几个方面来介绍大数据应用场景。

（1）零售业大数据应用——精准营销。

零售行业大数据应用有两个层面，一个层面是零售行业可以了解客户的消费喜好和趋势，进行商品的精准营销降低营销成本。另一个层面是依据客户购买的产品，为客户提供可能购买的其他产品，扩大销售额，也属于精准营销范畴。

例如，著名的“啤酒与尿布”问题，一个经典的大数据案例，其实，这是美国沃尔玛超市对积累的原始交易数据进行了关联规则挖掘，得到一个意外发现，即男性顾客在购买婴儿尿片时，常常会顺便搭配几瓶啤酒来犒劳自己，于是尝试推出了将啤酒和尿布这两种感觉上并无关联的物品摆在一起的促销方案。没想到这个举措居然使尿布和啤酒的销量都大幅增加了。

未来考验零售企业的是如何挖掘消费者需求，以及高效整合供应链满足其需求能力，因此，信息技术水平的高低成为获得竞争优势的关键要素。

（2）金融业大数据应用——理财利器。

金融行业的大数据面临的往往是同样的问题，但是情况可能要好一些。类似企业和个人的一些信用记录现在有全国性质的统一数据库能够拿到部分数据，但是对于单个银行来说，同样是无法拿到客户在其他银行的行为记录数据的。另外，银行本身在做很多信贷风险分析时，确实需要大量数据做相关性分析，但很多数据来源于政府各个职能部门，包括工商税务、质量监督、检察院法院等，这些数据短期仍然是无法拿到的。还有就是企业或个人本身日常产生的各种行为数据则更难获取，那么对客户的风险性评估还是得借用原来的老方法而已。

大数据在金融行业应用范围较广，典型的案例有花旗银行利用IBM沃森电脑为财富管理客户推荐产品；美国银行利用客户单击数据集为客户提供特色服务，如有竞争的信用额度；招商银行利用客户刷卡、存取款、电子银行转账、微信评论等行为数据进行分析，每周给客户发送针对性广告信息，里面有客户可能感兴趣的产品和优惠信息。

例如，银行业可以利用数据挖掘来分析出一些交易数据背后的商业价值；保险业可以利用数据来提升保险产品的精算水平，提高利润水平和投资收益；证券业可以通过对客户交易习惯和行为分析，帮助证券公司获得更多的收益。

（3）医疗业大数据应用——看病高效。

借助于大数据平台可以收集不同病例和治疗方案，以及病人的基本特征，可以建立针对疾病特点的数据库，帮助医生进行疾病诊断，并通过对大量的病例、病理报告、治愈方案、药物报告等数据进行整理和分析，将会极大地辅助医生提出治疗方案，帮助病人早日康复。

另外，在未来，如果基因技术发展成熟，可以根据病人的基因序列特点进行分类，建立医疗行业的病人分类数据库。在医生诊断病人时可以参考病人的疾病特征、化验报告和检测报告，参考疾病数据库来快速帮助病人确诊，明确定位疾病。在制定治疗方案时，医生可以依据病人的基因特点，调取相似基因、年龄、人种、身体情况相同的有效治疗方案，制定出适合病人的治疗方案，帮助更多人及时进行治疗。同时这些数据也有利于医药行业开发出更加有效的药物和医疗器械。

目前，虽然医疗行业的数据应用一直在进行，但是数据没有打通，没有办法进行大规模应用，如果未来这些数据统一收集纳入统一的大数据平台，则将为人类健康造福。

（4）教育业大数据应用——因材施教。

信息技术已在教育领域有了越来越广泛的应用，教学、考试、师生互动、校园安全、家校关系等，只要技术达到的地方，各个环节都被数据包裹。

通过大数据的分析来优化教育机制，也可以做出更科学的决策，这将带来潜在的教育革命，在不久的将来，个性化学习终端将会更多地融入学习资源云平台，根据每个学生不同的兴趣爱好和特长，推送相关领域的前沿技术、资讯、资源乃至未来职业发展方向。

（5）农业行业大数据应用——量化生产。

借助于大数据提供的消费能力和趋势报告，政府可为农业生产进行合理引导，依据需求进行生产，降低菜贱伤农的概率，避免产能过剩造成不必要的资源和社会财富浪费。

通过大数据的分析将会更精确地预测未来的天气，帮助农民做好自然灾害的预防工作，帮助政府实现农业的精细化管理和科学决策。

大数据同时也会帮助农民依据消费者消费习惯来决定增加哪些品种的种植，减少哪些品种农作物的生产，提高单位种植面积的产值，同时有助于快速销售农产品，完成资金回流。牧民可以通过大数据分析来安排放牧范围，有效利用牧场。渔民可以利用大数据安排休渔期、定位捕鱼范围等。

农业关乎到国计民生，科学的规划将有助于社会整体效率的提升。大数据技术可以帮助政府实现农业的精细化管理，实现科学决策。在数据驱动下，结合无人机技术，农民可以采集农产品生长信息，病虫害信息。相对于过去雇佣飞机成本将大大降低，同时精度也将大大提高。

（6）环保行业大数据应用——防灾减害。

气象对社会的影响涉及方方面面。传统上依赖气象的主要是农业、林业和水运等行业部门，而如今，气象俨然成为了21世纪社会发展的资源，并支持定制化服务满足各行各业用户的需要。借助于大数据技术，天气预报的准确性和实效性将会大大提高，预报的及时性将会大大提升，同时对于重大自然灾害，如龙卷风，通过大数据计算平台，人们将会更加精确地了解其运动轨迹和危害的等级，有利于帮助人们提高应对自然灾害的能力。天气预报的准确度的提升和预测周期的延长将会有利于农业生产的安排。

（7）智慧城市大数据应用——科学管理。

大数据技术可以了解经济发展情况、各产业发展情况、消费支出和产品销售情况等，依据分析结果，科学地制定宏观政策，平衡各产业发展，避免产能过剩，有效利用自然资源和社会资源，提高社会生产效率。大数据技术也能帮助政府进行支出管理，透明、合理的财政支出将有利于提高公信力和监督财政支出。

4. 大数据未来发展趋势

大数据成为时代发展的一个必然产物，而且大数据正在加速渗透到我们的日常生活中，从衣食住行各个层面均有体现。大数据时代，一切可量化，一切可分析。未来，大数据一定是跟多种技术为依托且相互结合，沿着异构计算、批流融合、云化、兼容AI和内存计算等方向持续更迭，5G技术和物联网技术应用的成熟，又将带来海量视频和物联网数据，支持这些数据的处理也会是大数据技术未来发展的方向。

推演信息技术的未来发展趋势，较长时期内仍将保持渐进式发展态势，随着技术发展带来的数据处理能力的提升将远远落后于按指数增长模式快速递增的数据体量，数据处理能力与数据资源规模之间的“剪刀差”将随时间持续扩大，大数据现象将长期存在。在此背景下，大数据现象倒逼技术变革，将使得信息技术体系进行一次重构，将带来颠覆式发展的机遇。例如，计算机体系结构以数据为中心的宏观走向和存算一体的微观走向，软件定义方法论的广泛采用，云边端融合的新型计算模式等；网络通信向宽带、移动、泛在发展，海量数据的快速传输和汇聚带来的网络的Pb/s级带宽需求，千亿级设备联网带来的Gb/s级高密度泛在移动接入需求；大数据的时空复杂度急需在表示、组织、处理和分析等方面的基础性原理性突破，高性能、高时效、高吞吐等极端化需求呼唤基础器件的创新和变革；软硬件开源开放趋势导致产业发展生态的重构等。

6.2.5 技能训练

练习：

1. 收集、整理、归纳身边有哪些大数据应用场景。
2. 想一想身边的人有哪些行为可能会成为大数据的收集对象。

任务 6.3　物联网技术的应用

6.3.1 任务要点

- 概念。
- 起源与发展。
- 应用场景。
- 发展趋势。

6.3.2 任务要求

1. 了解掌握物联网的有关概念。
2. 了解物联网的起源与发展。
3. 熟知我们身边物联网的应用场景。
4. 了解物联网的发展趋势。

6.3.3 知识储备

1. 什么是物联网

物联网（Internet of Things），英文缩写为IoT。早期的定义：把所有物品通过射频识别等信息传感设备与互联网连接起来，实现智能化识别和管理。

随着物联网的发展，它的定义和范围已经有了扩展与变化。物联网是在互联网基础上的延伸和扩展的网络，将各种信息传感设备与互联网结合起来而形成的一个巨大网络，实现在任何时间、任何地点，人、机、物的互联互通，如图6-4所示。

图6-4　物联网示意图

“中国式”物联网定义：物联网（Internet of Things）指的是将无处不在（Ubiquitous）的末端设备（Devices）和设施（Facilities），包括具备“内在智能”的传感器、移动终端、工业系统、楼控系统、家庭智能设施、视频监控系统等和“外在使能”（Enabled）的，如贴上RFID的各种资产（Assets）、携带无线终端的个人与车辆等“智能化物件或动物”或“智能尘埃”（Mote），通过各种无线、有线的长距离、短距离通信网络实现互联互通（M2M）、应用大集成（Grand Integration）以及基于云计算的SaaS营运等模式，在内网（Intranet）、专网（Extranet）、互联网（Internet）环境下，采用适当的信息安全保障机制，提供安全可控乃至个性化的实时在线监测、定位追溯、报警联动、调度指挥、预案管理、远程控制、安全防范、远程维保、在线升级、统计报表、决策支持、领导桌面（集中展示的Cockpit Dashboard）等管理和服务功能，实现对“万物”的“高效、节能、安全、环保”的“管、控、营”一体化。

2. 物联网特征

根据物联网的定义可以总结出物联网主要具有以下几个特征。一是全面感知，即利用RFID、传感器、二维码等随时随地获取物体的信息；二是可靠传递，通过各种电信网络与互联网的融合，将物体的信息实时准确地传递出去；三是智能处理，利用云计算、模糊识别等各种智能计算技术，对海量的数据和信息进行分析和处理，对物体实施智能化的控制。

3. 常见的物联网协议

（1）MQTT协议。

MQTT（Message Queue Telemetry Transport，消息队列遥测传输）协议是IBM的Andy Stanford-Clark和Arcom的Arlen Nipper于1999年为了一个通过卫星网络连接输油管道的项目开发的。为了满足低电量消耗和低网络带宽的需求，MQTT协议在设计之初就包含了以下几个特点：

- 实现简单。
- 提供数据传输的QoS。
- 轻量、占用带宽低。
- 可传输任意类型的数据。
- 可保持的会话（Session）。

MQTT协议可以为大量的低功率、工作网络环境不可靠的物联网设备提供通信保障。而它在移动互联网领域也大有作为，很多Android App的推送功能都是基于MQTT协议实现的，一些IM的实现也是基于MQTT协议的。

（2）MQTT-SN协议。

MQTT-SN（MQTT for Sensor Network）协议是MQTT协议的传感器版本。MQTT协议虽然是轻量的应用层协议，但是MQTT协议是运行于TCP协议栈之上的，TCP对于某些计算能力和电量非常有限的设备来说，比如传感器，就不太适用了。

MQTT-SN协议运行在UDP上，同时保留了MQTT协议的大部分信令和特性，如订阅和发布等。MQTT-SN协议引入了MQTT-SN网关这一角色，网关负责把MQTT-SN协议转换为MQTT协议，并和远端的MQTT Broker进行通信。MQTT-SN协议支持网关的自动发现。

（3）CoAP。

CoAP（Constrained Application Protocol）是一种运行在资源比较紧张的设备上的协议。CoAP通常也是运行在UDP上的。

CoAP设计得非常小巧，最小的数据包只有4字节。CoAP采用C/S架构，使用类似于HTTP协议的请求——响应的交互模式。设备可以通过类似于coap://192.168. 1.150:5683/2ndfloor/temperature的URL来标识一个实体，并使用类似于HTTP的PUT、GET、POST、DELET请求指令来获取或者修改这个实体的状态。

同时，CoAP提供一种观察模式，观察者可以通过OBSERVE指令向CoAP服务器指明观察的实体对象。当实体对象的状态发生变化时，观察者就可以收到实体对象的最新状态，类似于MQTT协议中的订阅功能。

（4）LwM2M协议。

LwM2M（Lightweight Machine-To-Machine）协议是由Open Mobile Alliance（OMA）定义的一套适用于物联网的轻量级协议。它使用RESTful接口，提供设备的接入、管理和通信功能，也适用于资源比较紧张的设备。

LwM2M协议底层使用CoAP传输数据和信令。而在LwM2M协议的架构中，CoAP可以运行在UDP或者SMS（短信）之上，通过DTLS（数据报传输层安全）来实现数据的安全传输。

LwM2M协议架构主要包含三种实体——LwM2M Bootstrap Server、LwM2M Server和LwM2M Client。

LwM2M Bootstrap Server负责引导LwM2M Client注册并接入LwM2M Server，之后LwM2M Server和LwM2M Client就可以通过协议指定的接口进行交互了。

（5）HTTP。

正如之前所讲，物联网也是互联网，HTTP这个在互联网中广泛应用的协议，在合适的环境下也可以应用到物联网中。

在一些计算和硬件资源比较充沛的设备上，比如运行安卓操作系统的设备，完全可以使用HTTP上传和下载数据，就好像在开发移动应用一样。设备也可以使用运行在HTTP上的WebSocket主动接收来自服务器的数据。

（6）LoRaWAN协议。

LoRaWAN协议是由LoRa联盟提出并推动的一种低功率广域网协议，它和我们之前介绍的几种协议有所不同。MQTT协议、CoAP都是运行在应用层，底层使用TCP或者UDP进行数据传输，整个协议栈运行在IP网络上。而LoRaWAN协议则是物理层/数据链路层协议，它解决的是设备如何接入互联网的问题，并不运行在IP网络上。

LoRa（Long Range）是一种无线通信技术，它具有使用距离远、功耗低的特点。在上面的场景下，用户就可以使用LoRaWAN技术进行组网，在工程设备上安装支持LoRa的模块。

通过LoRa的中继设备将数据发往位于隧道外部的、有互联网接入的LoRa网关，LoRa网关再将数据封装成可以在IP网络中通过TCP或者UDP传输的数据协议包（如MQTT协议），然后发往云端的数据中心。

（7）NB-IoT协议。

NB-IoT（Narrow Band Internet of Things）协议与LoRaWAN协议一样，是将设备接入互联网的物理层/数据链路层的协议。

与LoRA不同的是，NB-IoT协议构建和运行在蜂窝网络上，消耗的带宽较低，可以直接部署到现有的GSM网络或者LTE网络。设备安装支持NB-IoT的芯片和相应的物联网卡，然后连接到NB-IoT基站就可以接入互联网。而且NB-IoT协议不像LoRaWAN协议那样需要网关进行协议转换，接入的设备可以直接使用IP网络进行数据传输。

NB-IoT协议相比传统的基站，增益提高了约20dB，可以覆盖到地下车库、管道、地下室等之前信号难以覆盖的地方。

6.3.4 知识链接

1. 物联网的起源

物联网理念最早可以追溯到比尔·盖茨1995年《未来之路》一书。在书中，比尔•盖茨已经提及物物互联，只是当时受限于无线网络、硬件及传感设备的发展，并未引起世人的重视。1998年，美国麻省理工学院创造性地提出了当时被称作EPC系统的物联网构想。1999年，建立在物品编码，RFID技术和互联网的基础上，美国Auto—ID中心首先提出物联网概念。

2005年11月17日，世界信息峰会上，国际电信联盟发布了《ITU互联网报告2005：物联网》，其中指出“物联网”时代的来临。

如今物联网已经渗透到我们生活的方方面面。事实上，物联网技术的原理就是在互联网的基础上，利用RFID、无线数据通信等技术，构建覆盖全球千千万万物品的“物联网”。

在这个网络中，物品可以在没有人工干预的情况下相互通信。我们也可以简单理解为物联网=物+联网，物=处理器+传感器+动作器，联网=数据传输+服务器+用户端。物联网终端采集数据，将数据传输到服务器，服务器对数据进行存储和处理，并将数据显示给用户。物联网技术能够让万物实现互联通，使各个行业具备精准定位、智慧监控、远程监控等功能，离不开以下三种技术的支持，即RFID技术、传感器技术、无线传输技术。

2. 物联网的发展

尽管物联网的历史说得上是相当的悠久，但是真正的物联网其实也就是近几年开始起步，比如说价格低廉但是功耗很低的组件再加上现在极为广泛的网络连接以及企业消费者的兴趣推动。从最基础的智能烤面包机一直到非常高端的智慧城市，从供应链上的标签到医疗植入物，从恒温器到无人驾驶的智能汽车，这些无一不在物联网历史上留下浓墨重彩的一笔。物联网到底是怎么样从最开始的一无所有，什么连接都没有，到现在每个月都在以有着数以百万计的速度更新着新设备和新传感器上线更新，不断地发展到像今天这样拥有着数量超越地球上人口的联网设备。

物联网的历史可以一直追踪到1969年的ARPANET，它是现代的互联网先驱，ARPANET是由美国的高级国防研究机构的DARPA开发并且逐渐地投入使用的。这也是现代的物联网行业中“网络”的基础。

1980年，ARPANET的出现其实是由当时的商业提供商对公共民众进行开放的，ARPANET到最终能够让人们根据自己的个人需要来连接具体的东西。

1982年出现了一台能够联网出售可口可乐的自动售卖机，这是来自卡内基梅隆大学的一位程序员设计的，这位程序员通过操作将这台自动售卖机连接到互联网上，这样的联网操作使人们去自动售卖机买饮料的时候可以提前检查在售卖机中是否有冷饮。这台自动售卖机一般都被认为是最早的物联网设备。

1990年，John Romkey曾经在互联网上受到了很多用户的挑战，他经过反复的思考之后终于决定了响应挑战，John Romkey将一台烤面包机连接到了互联网上，并且成功地通过网络进行了打开和关闭的操作，这台烤面包机使得我们更接近一般意义上所认为的现代物联网设备。

1993年出现了世界上的第一个网络摄像头，剑桥大学的工程师开发了一种拍摄照片的系统。这个系统可以以每分钟三次的速度拍摄咖啡机的照片，并且能够通过浏览器显示图像让这些照片放到网上云，以方便人员随时查看咖啡机的状况。

1995年，美国政府的GPS卫星计划终于在这个时候完成了第一个版本，自此物联网设备开始提供最重要功能——位置。

1998年，IPv6成为了标准草案，这件事情使得更多的设备能够被连接到互联网。32位的IPv4大概能为43亿台设备提供唯一网络地址，128位的IPv6有更多的唯一网络地址，若以土地面积来说每平方厘米可获得2.2×1020个网络地址。

1999年，对物联网来说是最重要的一年，因为物联网这个词终于出现了。麻省理工学院的凯文·阿什顿在演示中提到了“物联网”这个术语，以此来说明识别跟踪技术的潜力。

2000年，LG推出了联网冰箱计划。这个计划配有屏幕和跟踪器来跟踪冰箱里的东西，但是它的费用达到了2万美元的高价并没有赢得消费者的青睐。

2004年，物联网开始出现在各种书名中，并通过媒体广为流传。

2007年，第一部iPhone手机出现，为公众提供了与世界和其他连网设备互动的全新方式。

2008年，第一届国际物联网大会在瑞士举行。这一年物联网设备数量超过了地球上人口的数量。

总之，物联网的发展目前主要分为以下三个阶段：已存在的一些各行业基于各种行业数据交换和传输标准的联网监测监控，两化融合引等MAI应用系统的初级阶段；在物联网理念推动下，基于局部统一的数据交换标准实现的跨行业、跨业务综合管理大集成系统，包括一些基于SaaS模式和“私有云”的M2M营运系统的中级阶段；基于物联网统一数据标准，SOA，Web Service，云计算虚拟服务的on Demand系统，最终实现基于“公有云”TaaS“everyThing as a Service”的高级阶段。

3. 物联网应用场景

（1）物联网也是互联网。

物联网，即物的互联网，属于互联网的一部分。物联网将互联网的基础设施作为信息传递的载体，即现代的物联网产品一定是“物”通过某种方式接入了互联网，而“物”通过互联网上传/下载数据，以及与人进行交互。

例如，通过手机App远程启动汽车，当用户通过App完成启动操作时，指令从已接入互联网的手机发送到云端平台，云端平台找到已接入互联网的车端电脑，然后下发指令，车端电脑执行启动命令，并将执行的结果反馈到云端平台；同时，用户的这次操作被记录在云端，用户可以随时从App上查询远程开锁的历史记录。

这就是一个典型的物联网场景，它是属于互联网应用的一种。“物”接入互联网，数据和信息通过互联网交互，同时数据和其他互联网应用一样汇聚到了云端。

（2）物联网的主体是“物”。

前面说现代物联网应用是一种互联网应用，但是物联网应用和传统互联网应用又有一个很大的不同，那就是传统互联网生产和消费数据的主体是人，而现代物联网生产和消费数据的主体是物。

在现代物联网的应用场景下，数据的生产方是“物”，比如智能设备或者传感器，数据的消费者往往也是“物”。

在智慧农业的应用中，孵化室中的温度传感器将孵化室中的温度周期性地上传到控制中心。当温度低于一定阈值时，中心按照预设的规则远程打开加温设备。在这一场景中，数据的生产者是温度传感器，数据的消费者是加温设备，二者都是“物”，人并没有直接参与其中。

物联网和传统互联网最大的不同：数据的生产者和消费者主要是物，数据内容也是和“物”息息相关的。

（3）物联网和人工智能。

“人工智能”一词可谓是近年来IT领域最火的词语之一。纵观人工智能的发展路线，可以看到，人工智能的发展之所以能够突飞猛进，主要有以下两个原因。

① 硬件的发展使得深度学习神经网络的学习时间迅速缩短。

② 在大数据的时代，获取大量数据的成本变低。

事实上，第二个原因尤为重要，神经网络由于其特性，需要海量的数据进行学习，可供学习的有效数据量往往决定了最后训练出的神经网络的效果，甚至算法的重要性都可以排在数据量之后。

而物联网设备，比如智能家电、可穿戴设备等，每天都在产生海量的数据，这些数据经过处理和清洗后，都可以作为不错的训练数据反哺神经网络。同时，训练出来的神经网络又可以重新应用到物联网设备中，进而形成一个良性循环。

物联网应用人工智能方法进行数据采集—迭代的循环。通过物联网设备采集并训练数据，在数据中心完成训练后，将模型应用到物联网设备，并评估效果进行下一次迭代。

物联网是人工智能落地的一个非常好的应用场景。随着人工智能的迅速发展，物联网这个同样在很多年前就提出的理论和技术，也会迎来新的春天。

目前，互联网数据入口渐渐朝几大巨头（如阿里、腾讯）汇聚，规模较小的公司获取数据的代价越来越高，物联网这块还未完全开发的数据领域就显得尤为重要。

前端设备最终会趋于相同，出现同质化竞争，而如何采集和使用好设备产生的海量数据，才是你是否具有竞争优势的决定性因素。

4. 物联网未来发展趋势

随着5G时代的来临，物联网的发展将会非常迅速。同时，物联网方向的新增融资也一直处于上升趋势。下面再从应用场景角度来谈一下物联网行业的未来发展趋势。

物联网的应用场景非常广泛，包括智慧城市、智慧建筑、车联网、智慧社区、智能家居、智慧医疗、工业物联网等。在不同的场景下，物联网应用的差异非常大，终端和网络架构的异构性强，这意味着在物联网行业存在足够多的细分市场，这就很难出现一家在市场份额上具有统治力的公司，同时由于市场足够大，所以能够让足够多的公司存活。这种情况在互联网行业是不常见的，互联网行业的头部效应非常明显，市场的绝大部分份额往往会被头部的两三家公司占据。

物联网模式相对于互联网模式来说更“重”一些。物联网的应用总是伴随着前端设备，这也就意味着用户的切换成本相对较高，毕竟拆除设备、重新安装设备比动动手指重新下载一个应用要复杂不少。

这也就意味着，资本的推动力在物联网行业中相对更弱。如果你取得了先发优势，那么后来者想光靠资本的力量赶上或者将你挤出市场，那他付出的代价要比在互联网行业中大很多。

所以说，物联网行业目前仍然是一片蓝海，小规模公司在这个行业中也完全有能力和大规模公司同台竞争。在AI和区块链的热度冷却后，物联网很有可能会成为下一个风口。当然，在风口来临之前，提前进行一些知识储备是非常有必要的。

如果说互联网连接的是计算机，那么物联网连接的就是世间万物，物联网可以通过先进的识别技术，把所有物体的状况转化为各种参数，再通过互联网实现信息共享，形成一个关联万物的网络。由此可以看出，物联网是在互联网的基础上，进一步延伸、扩展而得到的网络。不同的是，向互联网上传数据的是人，而向物联网上传数据的则是各种物体。

另外，物体间届时也将能够进行信息交换，这项神奇技术的背后，离不开大数据和云计算技术的支持。目前，物联网已经在某些领域，初步渗透到人们的生活，在不远的未来，随着感知、识别技术的发展，它还将为人们带来更多的便利。由此可见，物联网的作用就是给予不同的物件一个身份证，对其进行分门别类，再连接起来。

6.3.5 技能训练

练习：

1. 体验多种交通出行方式并归纳物联网在其中的应用。

2. 体验生活中的物联网技术应用案例。例如，智能家居产品、智能交通、智能安防、智能温控等系统。

任务 6.4 利用新一代信息技术网络求职

6.4.1 任务要点

- Python语言特点。
- 编写Python网络爬虫的常备技术。
- Python网络爬虫的操作步骤。

6.4.2 任务要求

1. 了解Python语言有关特点。
2. 了解编写Python网络爬虫的常备技术。
3. 熟悉Python网络爬虫的操作步骤。

6.4.3 知识储备

1. Python语言

Python是一种跨平台的计算机程序设计语言。它是一个高层次的结合了解释性、编译性、互动性和面向对象的脚本语言。最初被设计用于编写自动化脚本（Shell），随着版本的不断更新和语言新功能的添加，越多被用于独立的、大型项目的开发。

Python特点：

（1）简单：Python是一种代表简单主义思想的语言。阅读一个良好的Python程序就感觉像是在读英语一样，它使你能够专注于解决问题而不是去搞明白语言本身。

（2）易学：Python极其容易上手，因为Python有极其简单的说明文档。

（3）速度快：Python 的底层是用C语言编写的，很多标准库和第三方库也都是用C语言编写的，运行速度非常快。

（4）免费、开源：Python是FLOSS（自由/开放源码软件）之一。使用者可以自由地发布这个软件的拷贝、阅读它的源代码、对它做改动、把它的一部分用于新的自由软件中。FLOSS是基于一个团体分享知识的概念。

（5）高层语言：用Python语言编写程序的时候无需考虑诸如如何管理你的程序使用的内存一类的底层细节。

（6）可移植性：由于它的开源本质，Python已经被移植在许多平台上（经过改动使它能够工作在不同平台上）。

（7）解释性：一个用编译性语言比如C或C++写的程序可以从源文件（即C语言或C++语言）转换到一个你的计算机使用的语言（二进制代码，即0和1）。这个过程通过编译器和不同的标记、选项完成。

运行程序的时候，连接/转载器软件把你的程序从硬盘复制到内存中并且运行。而Python语言写的程序不需要编译成二进制代码，用户可以直接从源代码运行程序。

在计算机内部，Python解释器把源代码转换成称为字节码的中间形式，然后再把它翻译成计算机使用的机器语言并运行。这不仅使得使用Python更加简单，也使得Python程序更加易于移植。

（8）面向对象：Python既支持面向过程的编程也支持面向对象的编程。在“面向过程”的语言中，程序是由过程或仅仅是可重用代码的函数构建起来的。在“面向对象”的语言中，程序是由数据和功能组合而成的对象构建起来的。

（9）可扩展性：如果需要一段关键代码运行得更快或者希望某些算法不公开，则可以部分程序用C或C++编写，然后在Python程序中使用它们。

（10）可嵌入性：可以把Python嵌入C/C++程序，从而向程序用户提供脚本功能。

（11）丰富的库：Python标准库确实很庞大。它可以帮助处理各种工作，包括正则表达式、文档生成、单元测试、线程、数据库、网页浏览器、CGI、FTP、电子邮件、XML、XML-RPC、HTML、WAV文件、密码系统、GUI（图形用户界面）、Tk和其他与系统有关的操作，这被称作Python的“功能齐全”理念。除了标准库以外，还有许多其他高质量的库，如wxPython、Twisted和Python图像库等。

（12）规范的代码：Python采用强制缩进的方式使得代码具有较好的可读性。而Python语言写的程序不需要编译成二进制代码。

2. MySQL数据库

MySQL是一个关系型数据库管理系统，由瑞典MySQL AB公司开发，属于Oracle旗下产品。MySQL是最流行的关系型数据库管理系统之一，在Web应用方面，MySQL是最好的RDBMS（Relational Database Management System）应用软件之一。

MySQL特点：一是性能卓越服务稳定，很少出现异常宕机；二是开源、自主性强、使用成本低；三是历史悠久、社区及用户非常活跃，遇到问题，可以很快获取到帮助；四是软件体积小，安装及维护成本低，且易于维护；五是支持多种操作系统，提供多种API接口，支持多种开发语言。

3. PyCharm开发工具

PyCharm是一种Python IDE，带有一整套可以帮助用户在使用Python语言开发时提高其效率的工具，比如调试、语法高亮、Project管理、代码跳转、智能提示、自动完成、单元测试、版本控制。此外，该IDE提供了一些高级功能，以用于支持Django框架下的专业Web开发。

特点：PyCharm拥有一般IDE具备的功能，比如，调试、语法高亮、项目管理、代码跳转、智能提示、自动完成、单元测试、版本控制。另外，PyCharm还提供了一些很好的功能用于Django开发，同时支持Google App Engine，PyCharm支持IronPython。

4. 其他技术

在客户机中保存信息的Cookie技术，用于浏览器和服务器的交互。Cookie由浏览器创建，创建后不保存在服务器，而是发给浏览器，最终保存在浏览器。在下一次访问网站时，浏览器将Cookie发送给服务器，以及CSS、HTML5、JS等。

6.4.4 知识链接

Python网络爬虫的操作步骤：首先准备所需库，编写爬虫调度程序；然后编写URL管理器，并编写网页下载器；接着编写网页解析器；最后编写网页输出器即可。

1. 准备所需库

需要准备一款名为BeautifulSoup（网页解析）的开源库，用于对下载的网页进行解析.我们用的是PyCharm编译环境，所以可以直接下载该开源库。

步骤如下。

（1）选择“File”|“Settings”命令，如图6-5所示。

（2）打开“Project:PythonProject”下的“Project Interpreter”，如图6-6所示。

（3）在弹出的界面中单击加号（+）按钮添加新的库，如图6-7所示。

（4）在搜索框中输入“bs4”，然后选择bs4，单击Install Packge进行下载，如图6-8所示。

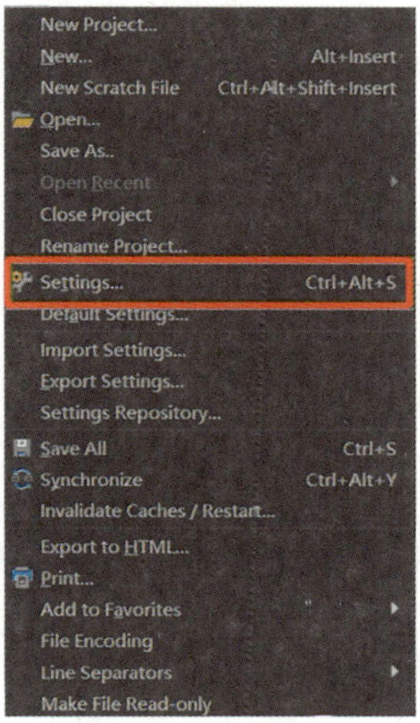

图6-5　选择“File” | “Settings”命令

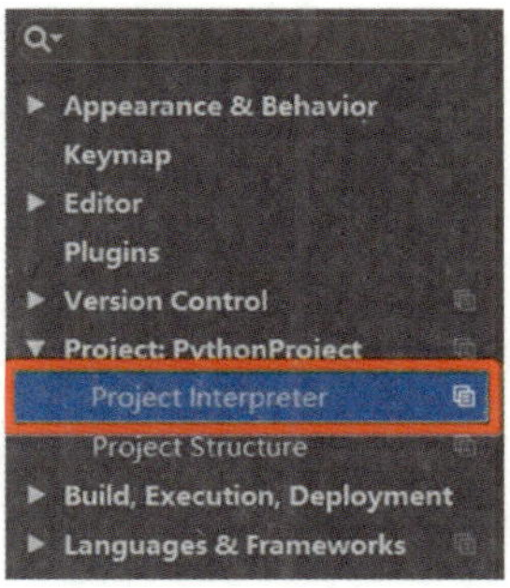

图6-6　打开“Project Interpreter”

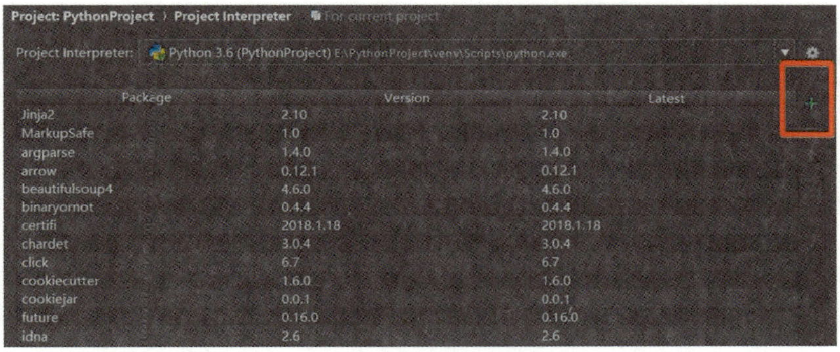

图6-7　添加新的库

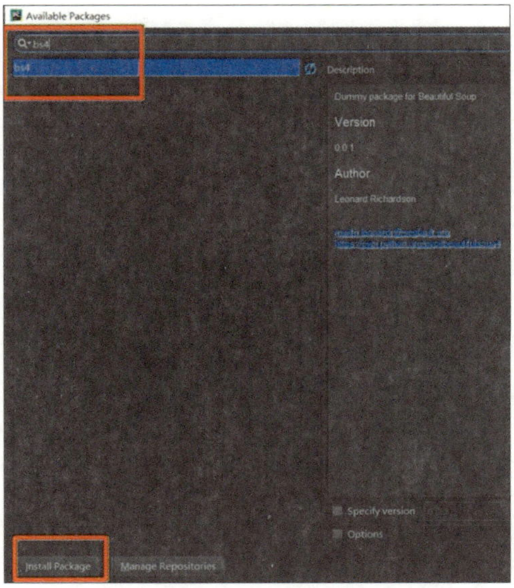

图6-8　下载开源库

2. 编写爬虫调度程序

这里的bike_spider是项目名称引入的四个类分别对应下面的四段代码：URL管理器、URL下载器、URL解析器和URL输出器。代码如下所示：

```
# 爬虫调度程序
from bike_spider import url_manager， html_downloader， html_parser，
html_outputer
# 爬虫初始化
class SpiderMain(object):
    def __init__(self):
        self.urls = url_manager.UrlManager()
        self.downloader = html_downloader.HtmlDownloader()
        self.parser = html_parser.HtmlParser()
        self.outputer = html_outputer.HtmlOutputer()
    def craw(self， my_root_url):
        count = 1
        self.urls.add_new_url(my_root_url)
        while self.urls.has_new_url():
            try:
                new_url = self.urls.get_new_url()
                print("craw %d : %s" % (count， new_url))
                # 下载网页
                html_cont = self.downloader.download(new_url)
                # 解析网页
                new_urls， new_data = self.parser.parse(new_url， html_cont)
                self.urls.add_new_urls(new_urls)
                # 网页输出器收集数据
                self.outputer.collect_data(new_data)
                if count == 10:
                    break
                count += 1
            except:
                print("craw failed")
        self.outputer.output_html()
if __name__ == "__main__":
    root_url = "http://baike.baidu.com/item/Python/407313"
    obj_spider = SpiderMain()
    obj_spider.craw(root_url)
```

3. 编写URL管理器

把已经爬取过的URL和未爬取的URL分开存放，以便我们不会重复爬取某些已经爬取过的网页。代码如下所示：

```
# URL 管理器
class UrlManager(object):
   def __init__(self):
       self.new_urls = set()
       self.old_urls = set()
   def add_new_url(self, url):
       if url is None:
           return
       if url not in self.new_urls and url not in self.old_urls:
           self.new_urls.add(url)
   def add_new_urls(self, urls):
       if urls is None or len(urls) == 0:
           return
       for url in urls:
           self.new_urls.add(url)
   def get_new_url(self):
       # pop 方法会帮我们获取一个 URL 并且移除它
       new_url = self.new_urls.pop()
       self.old_urls.add(new_url)
       return new_url
   def has_new_url(self):
       return len(self.new_urls) != 0
```

4. 编写网页下载器

通过网络请求来下载页面。代码如下所示：

```
# 网页下载器
import urllib.request
class HtmlDownloader(object):
   def download(self, url):
       if url is None:
           return None
       response = urllib.request.urlopen(url)
       # code 不为 200 则请求失败
       if response.getcode() != 200:
```

```
        return None
    return response.read()
```

5. 编写网页解析器

对网页进行解析时，需要知道要查询的内容都有哪些特征，我们可以打开一个网页，单击鼠标右键查找元素来了解所查内容的共同之处。代码如下所示：

```
# 网页解析器
import re
from bs4 import BeautifulSoup
from urllib.parse import urljoin
class HtmlParser(object):
    def parse(self, page_url, html_cont):
        if page_url is None or html_cont is None:
            return
        soup = BeautifulSoup(html_cont, "html.parser", from_encoding="utf-8")
        new_urls = self._get_new_urls(page_url, soup)
        new_data = self._get_new_data(page_url, soup)
        return new_urls, new_data
    def _get_new_data(self, page_url, soup):
        res_data = {"url": page_url}
        # 获取标题
        title_node                 =              soup.find("dd"              ,
class_="lemmaWgt-lemmaTitle-title").find("h1")
        res_data["title"] = title_node.get_text()
        summary_node = soup.find("p", class_="lemma-summary")
        res_data["summary"] = summary_node.get_text()
        return res_data
    def _get_new_urls(self, page_url, soup):
        new_urls = set()
        # 查找出所有符合下列条件的 URL
        links = soup.find_all("a", href=re.compile(r"/item/"))
        for link in links:
            new_url = link['href']
            # 获取到的 URL 不完整，要作拼接
            new_full_url = urljoin(page_url, new_url)
            new_urls.add(new_full_url)
        return new_urls
```

6. 编写网页输出器

输出的格式有很多种，我们选择以HTML的形式输出，这样我们可以得到一个HTML页面。代码如下所示：

```
# 网页输出器
class HtmlOutputer(object):
  def __init__(self):
      self.datas = []
  def collect_data(self, data):
      if data is None:
          return
      self.datas.append(data)
  #以 HTML 表格形式进行输出
  def output_html(self):
      fout = open("output.html", "w", encoding='utf-8')
      fout.write("<html>")
      fout.write("<meta charset='utf-8'>")
      fout.write("<body>")
      # 以表格输出
      fout.write("<table>")
      for data in self.datas:
          # 一行
          fout.write("<tr>")
          # 每个单元行的内容
          fout.write("<td>%s</td>" % data["url"])
          fout.write("<td>%s</td>" % data["title"])
          fout.write("<td>%s</td>" % data["summary"])
          fout.write("</tr>")
      fout.write("</table>")
      fout.write("</body>")
      fout.write("</html>")
      # 输出完毕后一定要关闭输出器
      fout.close()
```

如果是用Python网络爬虫爬取就业信息，则主要爬取有关岗位、薪资、工作要求、学历要求、工作性质、所在城市、公司地址、福利、公司名称、公司涉及领域、公司情况、公司规模、公司网址及信息来源等。创建数据库表保存所爬取的信息，可根据不同地区、不同城市或关键字（如岗位）爬取数据，形成数据可视化（实验报告每次只爬取一页数据，所以数据比较少）。

6.4.5 技能训练

练习：

1．关注新闻媒体中有关大数据的信息，分析大数据的功能和应用。

2．根据收集到的信息分析和阐述大数据+人工智能对人们的日常生活和工作学习有什么影响和意义。

项目小结

本项目主要介绍了人工智能、大数据、物联网技术的有关概念及其起源、发展、应用场景、未来发展趋势等，并介绍了利用新一代信息技术进行网络求职的方法，如编程技术及相关软件的使用等。

通过本项目的学习，学生能够初步了解人工智能、大数据、物联网技术的基本知识和发展趋势，并了解Python网络爬虫操作。未来已来，只有未雨绸缪，不断地接受和学习先进的思想和科学技术，才能在瞬息万变的时代中站稳脚跟，进而独立潮头。

项目测评

1．拨打通信、银行、保险等服务行业客服电话，体验使用智能客服机器人及智能语音系统进行业务查询等服务。

2．到高铁站、大型超市等场所观摩或体验人脸识别系统的使用。

3．收集、整理、归纳身边的大数据应用场景。

4．想一想身边的人有哪些行为可能会成为大数据的收集对象。

5．体验多种交通出行方式并归纳物联网在其中的应用。

6．体验生活中的物联网技术应用案例，如智能家居、智能交通、智能安防、智能温控等系统。